# Image Super-Resolution Reconstruction

# 图像超分辨率重建

王龙光　郭裕兰　王应谦　著

中山大学出版社
·广州·

版权所有　翻印必究

图书在版编目（CIP）数据

图像超分辨率重建／王龙光，郭裕兰，王应谦著．--广州：中山大学出版社，2025.7．-- ISBN 978-7-306-08388-3

Ⅰ．TP391.413

中国国家版本馆 CIP 数据核字第 2025UU6534 号

TUXIANG CHAOFENBIANLÜ CHONGJIAN

| 出　版　人：王天琪
| 策划编辑：廖翠舒
| 责任编辑：廖翠舒　刘　丽
| 封面设计：曾　斌
| 责任校对：林　峥
| 责任技编：靳晓虹
| 出版发行：中山大学出版社
| 电　　话：编辑部 020-84110776，84113349，84111997，84110779，84110283
| 　　　　　发行部 020-84111998，84111981，84111160
| 地　　址：广州市新港西路 135 号
| 邮　　编：510275　　传　　真：020-84036565
| 网　　址：http://www.zsup.com.cn　　E-mail：zdcbs@mail.sysu.edu.cn
| 印　刷　者：广州市友盛彩印有限公司
| 规　　格：787mm×1092mm　1/16　20 印张　325 千字
| 版次印次：2025 年 7 月第 1 版　2025 年 7 月第 1 次印刷
| 定　　价：128.00 元

如发现本书因印装质量影响阅读，请与出版社发行部联系调换

# 作者简介

  **王龙光** 博士，中山大学博士后、空军航空大学讲师，中国科协青年人才托举工程入选者。主要研究方向为底层视觉和三维视觉，特别是二者的交叉领域。共发表论文80余篇，以第一作者身份发表论文15篇，其中 *IEEE Transactions on Pattern Analysis and Machine Intelligence*（TPAMI）论文3篇、*IEEE/CVF Conference on Computer Vision and Pattern Recognition*（CVPR）论文5篇。谷歌学术总被引5000余次，单篇最高被引580余次，连续2年入选全球前2%顶尖科学家榜单。主持国家及省部级项目6项，曾获全军优秀博士学位论文、中国图象图形学学会青年科学家会议最佳论文、深圳市优秀科技学术论文成果等奖励。作为客座编辑在 *IET Computer Vision* 等期刊多次组织图像复原专刊，担任第六届中国模式识别与计算机视觉大会（The 6th Chinese Conference on Pattern Recognition and Computer Vision，PRCV 2023）领域主席、The International Conference on Digital Image Computing：Technigues and Applications（DICTA 2024）竞赛主席等，在CVPR、视觉与学习青年学者研讨会（Vision And Learning SEminar，VALSE）等会议上多次组织底层视觉与三维视觉相关的研讨会与挑战赛。

**郭裕兰** 中山大学电子与通信工程学院教授，博士生导师，国家高层次青年人才。主要研究领域为三维视觉与空间智能，在 IEEE TPAMI 和 CVPR 等期刊和会议发表学术论文 200 余篇，谷歌学术总被引 2 万余次，入选 ScholarGPS 全球前 0.05% 科学家，连续 5 年入选 Elsevier 中国高被引学者，获中国计算机学会科技成果奖自然科学一等奖(序 2)、吴文俊人工智能优秀青年奖等奖励。担任中国图象图形学学会三维视觉专委会副主任委员，*IEEE Transactions on Image Processing*(TIP)高级领域编辑(SAE)。曾担任 VALSE 2025 和 DICTA 2024 等会议程序委员会主席，共 10 余次担任 CVPR、International Conference on Computer Vision (ICCV)、European Conference on Computer Vision(ECCV)、NeurIPS、ACM Multimedia 等国际会议领域主席。

**王应谦** 博士，国防科技大学电子科学学院助理研究员，硕士生导师。入选第十届中国科协青年人才托举工程、2024 年 Stanford 全球前 2% 顶尖科学家。长期从事光场图像处理、图像超分辨等方面的研究，主持国家自然科学基金青年基金项目 1 项，以第一作者在 IEEE TPAMI、IEEE TIP、CVPR、ECCV 等期刊和会议发表论文 10 余篇，谷歌学术被引 5500 余次(截至 2025 年 6 月)，1 篇以第一作者身份发表的论文入选 ESI 前 1‰ 热点论文。以第一发起人在 CVPR 研讨会上举办光场图像超分辨挑战赛，开发了光场图像超分辨开源工具箱 BasicLFSR。获中国电子教育学会优秀博士学位论文、国防科技大学优秀博士学位论文、国防科技大学青年创新奖等。

# 序　　言

　　图像，作为记录美好瞬间、传递情感信息、探知外部环境的重要手段和载体，在遥感、医疗、安防、娱乐等生产生活的诸多领域得到了广泛应用。随着应用需求的不断提升，用户对图像清晰度的要求也越来越高，导致部分场景下原始图像的分辨率难以满足其使用需求。然而，受功耗、体积以及光学衍射极限等因素的限制，通过硬件进一步提升图像分辨率的空间较为有限。在这种情况下，图像超分辨率重建技术应运而生，其能够在不改变硬件的前提下通过发掘图像数据先验信息来提升分辨率，因而得到了广泛的关注并逐步发展成为图像处理领域的研究热点。

　　本书首先阐述了图像超分辨率重建的相关理论知识；其次结合单帧、双目、视频、高光谱、光场等不同的成像体制与应用场景，分别介绍了典型的图像超分辨率重建算法，并给出了具体的代码实现方案；最后对图像超分辨率重建算法的加速问题进行了分析，并介绍了典型的加速算法。

　　通过阅读本书，读者不仅能够建立对图像超分辨率重建任务的认知，还能够掌握典型图像超分辨率重建算法的代码实现，有助于在具体应用中解决实际问题。同时，本书还同步配套了相关网站，以适时更新图像超分辨率领域的最新工作及相关资源和代码，帮助读者及时了解和掌握该领域的前沿进展。

# 目 录

第1章　绪论 ································································· 1
　1.1　背景与意义 ························································· 1
　1.2　发展现状 ····························································· 6
　　1.2.1　单帧图像超分辨率重建 ································· 6
　　1.2.2　双目图像超分辨率重建 ································· 11
　　1.2.3　视频图像超分辨率重建 ································· 12
　　1.2.4　高光谱图像超分辨率重建 ····························· 14
　　1.2.5　光场图像超分辨率重建 ································· 16
　1.3　面临的挑战 ························································· 18
　1.4　全书的结构安排 ·················································· 19

第2章　图像超分辨率重建基础知识 ·································· 21
　2.1　图像退化模型 ····················································· 21
　2.2　常用数据集 ························································· 23
　　2.2.1　单帧图像超分辨率重建常用数据集 ················ 23
　　2.2.2　双目图像超分辨率重建常用数据集 ················ 25
　　2.2.3　视频图像超分辨率重建常用数据集 ················ 26
　　2.2.4　高光谱图像超分辨率重建常用数据集 ············ 27
　　2.2.5　光场图像超分辨率重建常用数据集 ················ 28
　2.3　常用评价指标 ····················································· 29
　　2.3.1　单帧图像超分辨评价指标 ····························· 29
　　2.3.2　视频图像超分辨评价指标 ····························· 32
　　2.3.3　高光谱图像超分辨评价指标 ·························· 33

第3章　单帧图像超分辨率重建算法 ································· 35
　3.1　单目成像的理论基础 ············································ 35
　　3.1.1　成像模型 ····················································· 35
　　3.1.2　当前的进展与挑战 ········································ 37

3.2 面向多种退化的单帧图像超分辨率重建算法 ················· 38
   3.2.1 退化编码网络 ················································· 38
   3.2.2 退化感知的超分辨网络 ······································· 41
   3.2.3 实验结果与分析 ··············································· 42
3.3 任意倍率的单帧图像超分辨率重建算法 ······················· 60
   3.3.1 网络设计启发 ················································· 60
   3.3.2 倍率感知的插件模块 ·········································· 62
   3.3.3 实验结果与分析 ··············································· 65
3.4 代码实现 ······························································ 82
   3.4.1 面向多种退化的单帧图像超分辨率重建 ·················· 82
   3.4.2 任意倍率的单帧图像超分辨率重建 ······················· 85
3.5 本章小结 ······························································ 88

## 第 4 章 双目图像超分辨率重建算法 ································· 90
4.1 双目成像的理论基础 ················································· 90
   4.1.1 成像模型 ························································ 90
   4.1.2 当前的进展与挑战 ············································ 91
4.2 基于视差注意力机制的双目图像超分辨率重建算法 ········· 93
   4.2.1 视差注意力机制 ··············································· 93
   4.2.2 基于视差注意力机制的双目图像超分辨网络 ············ 98
   4.2.3 Flickr1024 双目图像数据集 ······························· 100
   4.2.4 实验结果与分析 ············································· 103
4.3 代码实现 ···························································· 113
   4.3.1 代码组成 ······················································ 113
   4.3.2 代码运行 ······················································ 114
4.4 本章小结 ···························································· 115

## 第 5 章 视频图像超分辨率重建算法 ································ 117
5.1 视频成像的理论基础 ··············································· 117
   5.1.1 成像模型 ······················································ 117
   5.1.2 当前的进展与挑战 ·········································· 117
5.2 基于高分辨率光流估计的视频图像超分辨率重建算法 ··· 119
   5.2.1 光流重建模块 ················································ 119
   5.2.2 运动补偿模块 ················································ 121
   5.2.3 重建模块 ······················································ 122

5.2.4　损失函数 ······················································· 123
　　5.2.5　实验结果与分析 ············································· 124
5.3　代码实现 ······························································· 142
　　5.3.1　代码组成 ······················································· 142
　　5.3.2　代码运行 ······················································· 143
5.4　本章小结 ······························································· 144

## 第6章　高光谱图像超分辨率重建算法 ·························· 145
6.1　高光谱成像的理论基础 ··········································· 145
　　6.1.1　成像模型 ······················································· 145
　　6.1.2　当前的进展与挑战 ·········································· 146
6.2　基于Transformer的高光谱图像超分辨率重建算法 ··· 148
　　6.2.1　特征提取 ······················································· 149
　　6.2.2　端元特征萃取 ················································ 149
　　6.2.3　端元特征注入 ················································ 151
　　6.2.4　超分辨率重建 ················································ 151
　　6.2.5　实验结果与分析 ············································· 151
6.3　代码实现 ······························································· 166
　　6.3.1　代码组成 ······················································· 166
　　6.3.2　代码运行 ······················································· 167
6.4　本章小结 ······························································· 167

## 第7章　光场图像超分辨率重建算法 ····························· 168
7.1　光场成像的理论基础 ··············································· 168
　　7.1.1　光场图像获取 ················································ 168
　　7.1.2　光场图像表征 ················································ 172
　　7.1.3　当前的进展与挑战 ·········································· 174
7.2　基于解耦机制的光场图像超分辨重建算法 ················ 175
　　7.2.1　光场解耦机制 ················································ 175
　　7.2.2　网络结构 ······················································· 178
　　7.2.3　实验结果与分析 ············································· 180
7.3　基于退化建模与调制的光场图像超分辨率重建算法 ··· 188
　　7.3.1　模糊核先验嵌入模块 ······································· 189
　　7.3.2　退化调制卷积模块 ·········································· 191
　　7.3.3　光场解耦模块 ················································ 191

7.3.4 实验结果与分析 …… 193
7.4 代码实现 …… 207
　　7.4.1 基于解耦机制的光场图像超分辨率重建 …… 207
　　7.4.2 基于退化建模与调制的光场图像超分辨率重建 …… 208
7.5 本章小结 …… 210

# 第8章 图像超分辨率重建加速算法 …… 211
8.1 当前的进展与挑战 …… 211
8.2 基于动态稀疏卷积的神经网络加速算法 …… 214
　　8.2.1 图像超分辨率中的稀疏性 …… 214
　　8.2.2 稀疏掩膜超分辨网络 …… 216
　　8.2.3 实验结果与分析 …… 220
8.3 基于查表的神经网络量化加速算法 …… 235
　　8.3.1 网络量化理论基础 …… 235
　　8.3.2 可微分量化查询表 …… 238
　　8.3.3 实验结果与分析 …… 243
8.4 代码实现 …… 257
　　8.4.1 基于动态稀疏卷积的神经网络加速算法 …… 257
　　8.4.2 基于查表的神经网络量化加速算法 …… 259
8.5 本章小结 …… 261

# 第9章 结语 …… 263
9.1 全书总结 …… 263
9.2 未来展望 …… 265

# 参考文献 …… 268

# 第1章 绪 论

## 1.1 背景与意义

视觉是人类感知外部世界的最主要途径,提供了超过80%的外界信息,对日常生产和生活具有重要意义。计算机视觉致力于利用相机和计算机来模拟人类视觉,通过获取外部世界的图像,并对图像进行处理、分析和理解,实现对外部世界的感知。在计算机视觉中,图像作为视觉信息的重要载体,其分辨率直接决定了视觉信息的丰富程度,进而影响着后续图像处理的性能。

近年来,随着成像传感器的快速发展,可见光成像、红外成像、高光谱成像等技术都得到了长足的发展。然而,在实际应用中,受制造成本、器材功耗、传输带宽、成像条件等多方面因素的限制,相机采集到的原始图像的分辨率有时仍难以满足应用需求。低分辨率的图像造成了大量细节信息的丢失,一方面降低了图像的视觉质量,另一方面影响了对图像中视觉信息的提取,限制了后续图像处理的性能效果。[1]如图1.1所示,随着图像分辨率的下降,飞机的细节信息损失严重,在4.8 m分辨率下,只有一个模糊的轮廓信息,这大大降低了飞机的可辨识度及检测识别精度。为了解决这一问题,图像超分辨率重建(image super-resolution reconstruction)技术应运而生。该技术旨在利用图像处理技术以及图像先验信息,从低分辨率图像中重建得到高分辨率图像,恢复图像中损失的细节信息。随着图像超分辨率重建技术的不断发展,其在遥感探测、军事侦察、安防监控、医学影像、影音娱乐、显微成像、通信传输等诸多领域都有着广阔的应用前景。[2-8]

(a) 88×112（空间分辨率0.6 m） (b) 44×56（空间分辨率1.2 m）

(c) 22×28（空间分辨率2.4 m） (d) 11×14（空间分辨率4.8 m）

图1.1 不同分辨率下的图像对比

(1) 遥感探测。

遥感探测致力于利用可见光、红外光与高光谱成像等手段，从飞机或卫星等平台对地表进行探测成像，通过对探测图像的处理和分析，完成环境监测、城市规划、资源勘探及灾害预防等工作。遥感探测具有探测范围广、成像速度快、受地表条件影响小等优势，因而在农业、气象、航空、航海等诸多领域得到了广泛应用。由于成像距离较远且成像环境较为复杂，遥感探测得到的图像通常分辨率较低，难以满足更细粒度的图像解译需求。因此，利用图像超分辨率重建技术提升遥感图像的分辨率，能够为遥感图像解译提供更多的有效信息，[9-14]如图1.2所示。

图1.2 遥感图像超分辨率重建结果

(2)军事侦察。

情报信息对军事战争的胜负起着决定性的作用。为了获取战场和敌方的情报信息,一般利用机载、星载的光学传感器和雷达等探测设备进行军事侦察。由于探测距离较远且成像环境通常较为恶劣,军事侦察获得的图像通常分辨率较低,图像质量较差。因此,利用图像超分辨率重建技术,增强获取的侦察图像的分辨率,重建图像中的细节信息,能够有效提升后续目标检测和目标识别的精度,提供更加精准的侦察情报,[15-19]如图1.3所示。

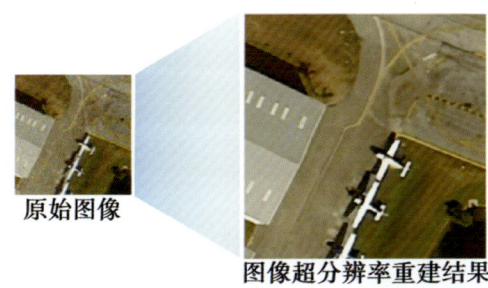

图1.3 侦察图像超分辨率重建结果

(3)安防监控。

随着智慧城市的建设发展,各类安防摄像头已经遍布公共场所,有效保障了居民的人身财产安全。受相机、存储和传输成本限制,安防监控使用的摄像头通常分辨率较低,采集到的图像较为模糊,这给人脸识别、车牌识别等任务造成了困难。利用图像超分辨率重建技术,从低分辨率图像中重建得到细节更加清晰的高分辨率图像,提供更多人脸和车牌的细节信息,增强其可辨识度,能够为警方的案件侦办等提供巨大的便利,[20-24]如图1.4所示。

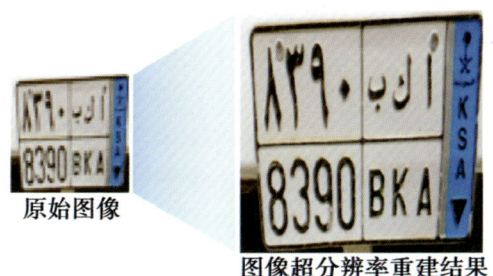

图1.4 安防影像超分辨率重建结果

(4)医学影像。

随着医学影像技术的发展,一些非侵入式的成像方式开始得到广泛应用,如计算机断层成像(computed tomography,CT)、磁共振成像(magnetic resonance imaging,MRI)以及超声波成像(ultrasonic imaging,US)等,为医生进行临床诊断提供了丰富的信息和有力的依据。受设备成本及成像机理等因素的限制,同时出于减弱对患者身体损伤的考虑,得到的医学图像通常分辨率较低、细节较为模糊,给医生的诊断带来了困难。利用图像超分辨率重建技术,对低分辨率医学图像进行超分辨处理,能够恢复得到分辨率更高、细节更加清晰的高分辨率图像,有助于发现细小的病灶,提高病理诊断的准确率,[25-31]如图1.5所示。

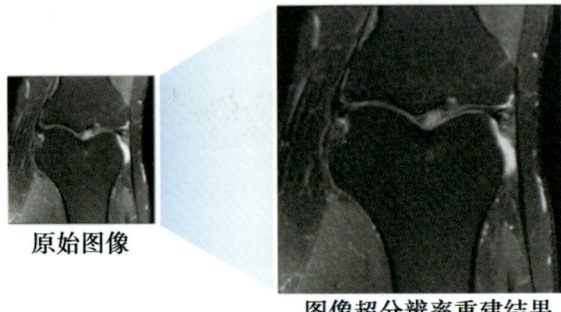

图1.5 医学影像超分辨率重建结果

(5)影音娱乐。

随着显示技术和制造工艺的发展,手机、电脑、电视等设备显示屏的分辨率越来越高,带动影音娱乐行业对显示效果的追求也越来越高。目前,4K甚至8K的高清显示屏开始得到应用,但实际上很多图像和游戏画面仍达不到4K的分辨率,不能充分展示高清显示屏的视觉优势。因此,利用图像超分辨率重建技术,增强低分辨率图像的分辨率,得到更加清晰、细节更加丰富的高分辨率图像,能够在高清显示屏上显示出更好的视觉效果,给用户带来更好的观看体验,[32-37]如图1.6所示。

图1.6 手机影像超分辨率重建结果

(6) 显微成像。

在生命科学研究中,发现新现象、揭示新机制都离不开对微观世界的精细观测,这对显微镜的分辨率提出了较高的要求。传统光学显微镜受光学衍射极限的限制,分辨率下限在 250 nm,在该分辨率下,其难以对更小的粒子进行有效观测。在近期的研究中,利用图像超分辨率重建技术,利用显微镜的多次观测成像,重建得到分辨率更高的图像,突破了衍射极限的限制,实现了更高分辨率的显微成像,[38-39]如图1.7所示。凭借超分辨率显微镜这一研究成果,3 位科学家获得了 2014 年的诺贝尔化学奖,推动了相关领域的研究工作。

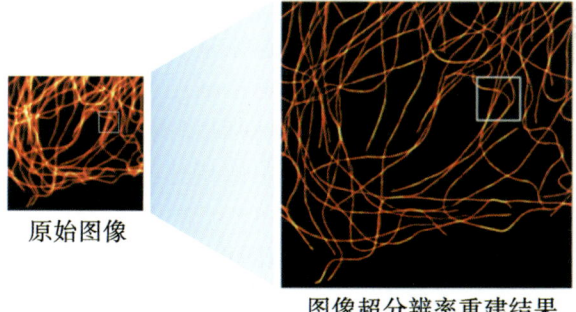

图1.7 显微图像超分辨率重建结果

(7) 通信传输。

随着相机和显示屏分辨率的不断提升,图像的数据量越来越大,图像的传输成本越来越高。在卫星与地面间的数据传输等场景下,由于传输带宽有限,难以对高分辨率图像进行实时传输;另外,随着短视频、视频会议、远程办公等的兴起,海量数据的传输也给企业带来了传输带宽和成本的压力。为此,可以首先在发送端对图像进行降采样,然后在接收端利用图像超分辨率重建技术对高分辨率图像进行重建,从而大大降低图像传输的成本和时延[40-42]。

综上所述,鉴于图像超分辨率重建在军事和民用的诸多领域中的巨大应用价值,研究图像超分辨率重建技术具有重要意义。

## 1.2 发展现状

图像超分辨率重建根据输入图像的类型和数目的不同,可以进一步分为单帧图像超分辨率重建、双目图像超分辨率重建、视频图像超分辨率重建、高光谱图像超分辨率重建以及光场图像超分辨率重建等。本节首先分别对上述几种图像超分辨率重建技术的发展进行回顾和梳理,然后对图像超分辨率重建轻量化技术的研究现状进行总结。

### 1.2.1 单帧图像超分辨率重建

单帧图像超分辨率重建旨在利用一张低分辨率图像重建得到一张高分辨率图像,其作为图像超分辨率重建的最基本设置,是最受研究人员关注的研究方向。早期关于单帧图像超分辨率重建技术的研究主要聚焦于图像单一退化模型(即双三次退化),近年来越来越多的研究人员开始关注真实场景中图像超分辨所面临的多种退化和多种倍率问题。

#### 1.2.1.1 面向单一退化的单帧图像超分辨率重建

早期传统的单帧图像超分辨率重建技术可以大致分为基于插值的单帧图像超分辨率重建技术和基于迭代重建的单帧图像超分辨率重建技术。基于插值的单帧图像超分辨率重建技术[43-48]利用样条函数作为图像的先验信息,利用邻域像元对插值像元进行拟合估计。由于样条函数对不同图像的适应性较差,此类方法在边缘位置附近容易产生明显的模糊和振铃效应。基于迭代重建的单帧图像超分辨率重建技术[49-53]利用贝叶斯概率框架，结合平滑性、稀疏性等先验知识构造损失函数并对其进行迭代优化，得到最终的超分辨结果。此类方法需要多次迭代才能达到收敛，运行速度较慢。

随着机器学习的兴起，研究人员提出了基于样本学习的单帧图像超分辨率重建技术[54-58]。该方法从大量配对的高分辨率和低分辨率图像块样本中学习一个超完备字典，并利用字典信息进行高分辨率图像重建。由于此类方法利用大量图像数据中的分布规律作为先验信息，因此取得了比传统方法更高的性能和更好的视觉效果。

近年来，随着深度学习技术的快速发展以及其在图像分类[59-63]、目标检测[64-68]等任务中的成功应用，研究人员开始尝试将神经网络应用到图像超分辨率重建任务上[69-76]。Dong 等[77]提出了首个基于神经网络的单帧图像超分辨率网络（super-resolution convolutional neural network，SRCNN），该方法利用 3 层卷积神经网络来学习低分辨率图像到高分辨率图像之间的非线性映射关系。之后，Kim 等[78]对 SRCNN 进行了加深，提出了一个具有 20 层卷积层的更深的超分辨率网络（very deep super-resolution network，VDSR），并取得了比 SRCNN 更高的性能。后来，Tai 等[79]提出了一种具有循环结构的超分辨率网络——深度递归残差网络（deep recursive residual network，DRRN）。该网络通过循环使用共享参数的基础模块，在不引入额外参数的条件下构造了一个具有 52 层卷积层的超分辨率网络，同时利用残差连接缓解了训练困难的问题。

随着残差网络[59,80]的提出以及其在图像分类、目标检测、语义分割等任务上取得了远超已有网络的性能，研究人员开始将残差网络引入图像超分辨率重建领域。Lim 等[81]对残差模块进行了改进，去掉了其中的批归一化（batch normalization，BN）层，并在残差连接上添加了可学习的缩放系数。利用改进后的残差模块作为基础模块，Lim 等[81]构造了一个增强的深度超分辨率网络（enhanced deep super-resolution network，EDSR），并取得了 New Trends in Image Restoration and Enhancement（NTIRE）2017 单帧图像超分辨率重建比赛的冠军。之后，Zhang 等[82]提出了残差密集网络（residual dense network，RDN），将网络深度进一步提高到了 100 层。随着网络深度的增加，模型容量大大增加，因此 RDN 取得了优异的超分辨性能。

受传统方法中基于迭代优化的超分辨率重建算法的启发，Haris 等[83]提出了深度反向投影网络（deep back-projection network，DBPN）。该网络通过迭代使用上采样层和降采样层来模拟迭代优化过程，在网络前向传播过程中提供了一种反向校准机制。得益于这一反向校准机制，DBPN取得了NTIRE 2018和The 2018 Perceptual Image Retoration and Manipulation（PIRM）2个单帧图像超分辨率重建比赛的冠军。受DBPN的启发，Li 等[84]进一步提出了一个带反馈机制的超分辨率网络（super-resolution feedback network，SRFBN）。该网络采用了循环神经网络（recurrent neural network，RNN）结构，将上一次循环的输出作为下一次循环的输入，实现了前向传播过程中的反馈机制。

随着网络层数的加深，Zhang 等[85]认为网络中的不同通道所携带的信息量不同，因此引入了通道注意力机制，提出了深度残差通道注意力网络（residual channel attention network，RCAN），让网络注意力集中到重要的通道上。受此启发，Dai 等[86]进一步提出了二阶通道注意力机制，利用不同特征的二阶特性更好地发掘通道间的相关性。除通道注意力机制外，Zhang 等[85]还将空间注意力机制引入超分辨率网络中，提出了剩余非局部注意网络（residual non-local attention network，RNAN）。该网络利用空间上图像块的非局部一致性，取得了更高的超分辨性能。在这一工作的基础上，Mei 等[87]认为图像块的非局部一致性还存在于不同尺度上，进一步提出了跨尺度的空间注意力机制，实现了更好的图像超分辨率重建效果。

在数据集方面，为了推动基于神经网络的图像超分辨率重建技术的发展，研究人员先后提出了 Set5[88]、Set14[89]、B100[90]、Urban100[91]、Manga109[92]以及DIV2K[93]等数据集，并将其广泛应用于单帧图像超分辨率重建任务的训练和测评。其中Set5和Set14是图像处理领域较早的2个数据集，在多个图像处理任务中作为测试集使用。由于这2个数据集的图像数量较少，研究人员提出了包含100张图像的B100数据集，但该数据集中的图像尺寸仍较小，图像清晰度和细节丰富程度仍相对较低。为此，研究人员又收集了包含100张城市场景高分辨率图像的Urban100数据集以及包含109张漫画图像的Manga109数据集，这2个数据集的图像尺寸较大且细节十分丰富。之后，研究人员收集了DIV2K数据集，该数据集包含1000张高分辨率图像,作为 NTIRE 2017 竞赛中单帧图像超分辨率重建赛道的官方数据集,大大推动了单帧图像超分辨率重建领域的发展。

#### 1.2.1.2 面向多种退化的单帧图像超分辨率重建

虽然面向单一退化的单帧图像超分辨率网络已经取得了不错的超分辨效果,但当真实的图像退化不是双三次退化时,这些网络的性能均会发生明显的下降。因此,越来越多的研究人员开始关注单帧图像超分辨率重建在实际应用中面临的图像多种退化问题。根据推理过程中低分辨率图像的图像退化是否已知,面向多种退化的单帧图像超分辨率重建可以进一步分为面向多种退化的非盲超分辨率重建和盲超分辨率重建两大类。

非盲超分辨率重建致力于在图像退化模型已知时,对不同图像退化下的低分辨率图像进行超分辨率重建。Zhang 等[69]首先提出了用于图像多种退化的多退化超分辨率网络(super-resolution network for multiple degradations,SRMD),该网络将图像退化与低分辨率图像一起作为网络的输入,实现了不同退化下的图像超分辨率重建。在此基础上,Xu 等[94]进一步提出了可变退化的统一动态卷积超分辨率网络(unified dynamic convolutional network for super-resolution with variational degradations,UDVD),该网络利用动态卷积对图像中不同区域的不同退化进行处理。之后,Zhang 等[95]将半二次方分裂(half-quadratic splitting,HQS)优化思想与神经网络相结合,提出了深度展开超分辨率网络(deep unfolding super-resolution network,USRnet)。该网络通过交替地对数据项和先验项进行估计,得到最终的超分辨结果。不同于上述方法关注设计新网络完成非盲超分辨率重建任务,Hussein 等[96]提出利用校正滤波器将其他退化得到的低分辨率图像转换为双三次退化下的低分辨率图像,进而利用现成的双三次退化下开发的超分辨率网络完成图像超分辨率重建。

由于真实世界中的图像退化非常复杂,当真实退化超出上述非盲超分辨方法在训练过程中使用的图像退化范围时,其超分辨性能会发生明显下降。为了解决这一问题,Shocher 等[97]提出了零样本超分辨率网络(zero-shot super-resolution network,ZSSR)。该网络在测试过程中能够利用新的图像退化和低分辨率图像进行训练,进而让网络适配到该图像退化上。然而,由于 ZSSR 在测试过程中需要数千次迭代才能达到收敛,该网络的运行效率较低。为了解决这一问题，Soh 等[98]利用元学习（meta-learning）技术对其进行了改进，提出了元迁移学习的零样本超分辨率网络（meta-transfer learning for zero-shot super-resolution network，MZSR）。该网络在测试过程中仅需数次迭代即可适配到输入的图像退化上，使得运行效率大大提升。

不同于非盲超分辨率重建，盲超分辨率重建主要考虑到图像退化的真值在实际应用中难以获得的实际情况，致力于在图像退化模型未知时，对不同图像退化下的低分辨率图像进行超分辨率重建。一种最直接的思路是，首先利用图像退化估计算法[99-100]对图像中的退化模型进行估计，然后利用非盲图像超分辨率重建方法对低分辨率图像进行超分辨率重建。然而，当图像退化估计具有较大误差时，这一误差会被图像超分辨率网络放大，导致超分辨性能较差。为了解决这一问题，Gu 等[101]提出了迭代核校正方法（iterative kernel correction，IKC）网络，利用超分辨结果对退化核进行迭代校正，最终得到更加准确的退化估计和超分辨结果。受此启发，Luo 等[102]进一步提出了深度适配网络（deep adaptation network，DAN），利用迭代优化的思想，交替地对图像退化和超分辨结果进行估计。

### 1.2.1.3　面向多种倍率的单帧图像超分辨率重建

已有的单帧图像超分辨率重建算法主要是针对指定的单一整数放大倍率(如2倍、3倍、4倍)设计的，只能够处理单一倍率的图像超分辨任务。但在不同的实际应用场景中，用户对放大倍率有多样化的需求，甚至存在非整数倍率超分辨（2.5 倍超分辨）和非对称倍率超分辨（长宽分别进行 2.5 倍和 4 倍超分辨）的需求。为了满足多种倍率的图像超分辨需求，已有的方法需要针对每种放大倍率训练一个独立的网络。然而，由于无法穷举所有可能的放大倍率，这种方法不具有可行性。为了解决这一问题，Lim 等[81]提出了多尺度深度超分辨率（multi-scale deep super-resolution，MDSR）网络，该网络将 2 倍、3 倍和 4 倍超分辨率模型整合到了一个统一的网络中，从而增强了模型的紧凑性。但 MDSR 仍只能处理 2 倍、3 倍和 4 倍的图像超分辨任务，无法满足非整数倍率的图像超分辨需求。

为了解决非整数倍率的图像超分辨需求，Hu 等[103]提出了 Meta-SR 网络。该网络利用放大倍率信息作为网络的输入，预测上采样层中的滤波器，进而实现了任意非整数倍率的图像超分辨。但 Meta-SR 只在网络末端的上采样层中使用了放大倍率信息，而在主干模块中的特征学习阶段没有引入放大倍率信息。在 Meta-SR 的基础上，Fu 等[104]认为在进行不同放大倍率的图像超分辨时，网络主干模块中的特征也应该有所差异。为此，他们提出了基于关系的注意力网络(relation-specific attention network，RSAN)，利用尺度注意力机制，根据放大倍率信息对主干模块中的特征进行适配，取得了更好的超分辨效果。

## 1.2.2 双目图像超分辨率重建

双目图像超分辨率重建旨在利用左右目相机采集得到的双目低分辨率图像重建得到一张高分辨率的左目图像。与单帧图像相比，双目图像提供的另一个视角的额外观测信息，对提高超分辨性能有着积极的作用。随着近年来双目相机在智能手机、自动驾驶、机器人等设备上的广泛应用，双目图像超分辨率重建开始得到研究人员的关注。

Bhavsar 和 Rajagopalan[105]认为，双目图像超分辨率重建需要高精度的视差估计来提供左右目图像的对应关系，同时高精度的视差估计又依赖高分辨率的图像来提供更多的图像细节，二者紧密耦合。因此，Bhavsar 和 Rajagopalan 将双目图像超分辨和视差估计建模到了一个统一的贝叶斯概率框架中，通过对损失函数的迭代优化，最终得到高分辨率的双目图像与视差估计结果。

随着深度学习在单帧图像超分辨率重建任务上的成功应用，研究人员开始关注深度学习在双目图像超分辨率重建任务上的应用。Jeon 等[106]提出了首个双目图像超分辨率网络，该网络通过构造一个图像立方体来隐式地获取双目图像间的互补信息。具体来说，首先将右图向左分别平移 1~64 个像元，得到 64 个副本图像；然后将 64 个副本图像与左图沿通道维度级联在一起，送入卷积神经网络中进行高分辨率图像重建。在不考虑遮挡的情况下，对于左图中视差小于 64 个像元的区域，一定存在某个平移后的副本图像与之粗略对齐，因此可以通过卷积操作来实现左右图像间互补信息的融合。然而，该方法使用的图像立方体只能够捕获 64 个像元内的视差，对于视差超过 64 个像元的区域，则无法捕获双目图像间的对应关系。

为了解决这一问题，Yan 等[107]将视差估计网络与双目图像超分辨率网络整合在一起，提出了 StereoIRN 网络。该网络能够利用视差估计子网络得到的视差结果对双目图像信息进行融合，进而得到优异的超分辨性能。在此基础上，Dai 等[108]受 Bhavsar 和 Rajagopalan[105]的启发，提出了视差估计与双目图像超分辨相互促进的 SSRDE-FNet。该网络认为视差估计与双目图像超分辨是紧密耦合、互相促进的 2 个任务，因此采用递归结构迭代完成视差估计与双目图像超分辨。具体来说，首先对双目低分辨率图像进行超分辨率重建，得到高分辨率图像特征；然后利用高分辨率图像特征进行视差估计，得到高分辨率视差估计；最后利用高分辨率视差估计结果进一步提升双目图像超分辨性能。

在数据集方面，早期的研究人员大多使用双目立体匹配任务中一些常用的数据集（Middlebury[109-113]、KITTI 2012[114]和 KITTI 2015[115]），其中 Middlebury 数据集包含 Middlebury 2001、Middlebury 2003、Middlebury 2005、Middlebury 2006 以及 Middlebury 2014 等 5 个子集，共有 65 对双目图像，且主要是在室内场景下拍摄得到的双目图像。KITTI 2012 和 KITTI 2015 数据集分别包含 389 对和 400 对双目图像，主要是在道路场景下使用自动驾驶汽车上的双目相机采集得到的。由于这些数据集的图像数量较少、图像分辨率较低、覆盖场景较为单一，本书收集并提出了第一个面向双目图像超分辨率重建的数据集 Flickr1024，该数据集包含 1024 张高质量的双目图像，覆盖了人、车辆、城市、自然风光等各式各样的场景。Flickr1024 数据集自提出后，被后续的双目图像超分辨率重建算法广泛使用，同时作为 NTIRE 2022 竞赛中双目图像超分辨率重建赛道的官方数据集。

### 1.2.3 视频图像超分辨率重建

视频图像超分辨率重建旨在利用低分辨率的视频序列图像重建得到高分辨率的视频序列图像。与单帧图像超分辨率重建不同，视频图像超分辨率重建的结果是一段视频序列，因此还需要关注序列中的帧间连贯性。近年来，随着短视频、直播平台等的快速发展与普及，视频图像超分辨率重建开始得到越来越多研究人员的关注[116-120]。

最早的视频图像超分辨率重建算法由 Tsai 和 Huang 提出[121]，之后，视频图像超分辨率重建开始得到快速发展。早期的传统方法[122-123]主要关注帧间只存在仿射变换的简单场景，由于真实场景中的帧间运动更为复杂，这些方法难以应用到真实视频中。为了处理更复杂的帧间运动，Protter 等[124]提出利用非局部方法自适应融合帧间信息，Takeda 等[125]进一步利用 3D 核回归方法来发掘帧间的运动信息。由于这 2 种方法只能够利用图像块尺度上的运动信息，因此超分辨结果较为模糊。为了利用像元级的运动信息，后续工作[52,126-127]将光流估计、图像超分辨及退化估计建模到了一个统一的贝叶斯概率框架中，通过迭代优化得到最终的超分辨结果。

随着深度学习在单帧图像超分辨率重建中的成功应用，研究人员开始尝试利用神经网络处理视频图像超分辨率重建任务。Kappeler 等[128]提出了 2 个阶段的视频图像超分辨率重建方法，首先利用传统方法对帧间图像进行运动估计和运动补偿，然后利用神经网络，从补偿后的多帧图像中重建高分辨率图像。在这 2 个阶段架构的基础上，Liao 等[129]提出利用具有不同参数的光流估计方法进行运动估计和运动补偿，从而得到更准确的帧间运动信息。

由于 2 个阶段的视频图像超分辨率重建框架割裂了运动估计和图像超分辨率重建过程，上述方法的性能受到了严重限制。为了解决这一问题，Caballero 等[130]提出了首个端对端的视频高效亚像素卷积神经网络（video efficient sub-pixel convolutional neural network，VESPCN）。该网络将运动估计、运动补偿以及图像超分辨率重建整合到了一个端对端的神经网络中，取得了比两个阶段架构更好的超分辨性能。受此启发，Tao 等[131]进一步提出了亚像素运动补偿（sub-pixel motion compensation，SPMC）网络，利用长短期记忆（long short-term memory，LSTM）来融合补偿后图像的帧间信息。Liu 等[132]提出了基于时域动态学习的视频超分辨（learning temporal dynamics for video super-resolution，TDVSR）网络，该网络同时使用不同数量的图像帧进行超分辨率重建，并利用时域自适应融合网络对重建结果进行聚合，得到最终的超分辨结果。Sajjadi 等[133]提出了时域递归视频超分辨率（frame-recurrent video super-resolution，FRVSR）网络，该网络使用递归结构，能够利用历史帧的超分辨结果对当前帧低分辨率图像进行超分辨率重建。

上述方法都需要显式地进行帧间光流估计和运动补偿,且光流估计结果中的误差可能会被超分辨率网络放大,进而影响最终的超分辨性能。为了解决这一问题,Huang 等[134]使用双向递归网络来隐式地对帧间的运动信息进行利用,避免了显式的运动估计和运动补偿,可以在视频序列中捕获长时的运动信息。Jo 等[135]提出了基于动态上采样滤波(dynamic upsampling filters,DUF)的深度视频超分辨率网络,该网络通过学习动态上采样滤波器来利用帧间的运动信息,同样也避免了对帧间光流的显式估计。Tian 等[136]提出了时域可变形视频超分辨率网络(temporally deformable alignment network for video super-resolution,TDAN),将可变形卷积引入视频图像超分辨任务,利用可变形卷积隐式地捕获序列帧间的运动信息,并取得了优异的视频超分辨性能。受此启发,Wang 等[137]提出了增强可变形视频复原卷积网络(enhanced deformable convolutional network for video restoration,EDVR),该网络利用金字塔可变形卷积模块,能够更好地处理帧间的复杂运动,特别是帧间具有较大位移的场景。凭借此,他们取得了 NTIRE 2019 视频图像超分辨率重建比赛的冠军。

在数据集方面,研究人员收集了 Vid4 及 Vimeo[138]等数据集,并将其广泛应用于视频图像超分辨率重建领域的研究中。其中 Vid4 数据集是视频图像超分辨率重建领域最早使用的数据集,共包括 4 段 31 帧视频序列。由于 Vid4 数据集的图像数量有限,研究人员又收集了规模更大的 Vimeo 数据集,该数据集共包括 64612 段 7 帧的视频序列,为视频图像超分辨率重建算法的训练提供了更充足的训练数据。

### 1.2.4 高光谱图像超分辨率重建

高光谱图像超分辨率重建旨在利用一张低分辨率高光谱图像和一张高分辨率多光谱图像重建得到一张高分辨率高光谱图像。在高光谱图像超分辨率重建任务中,空域超分辨问题和谱域超分辨问题紧密耦合在一起。高光谱图像超分辨率重建在遥感探测等诸多领域都得到了广泛应用,并得到了研究人员的广泛关注。

传统的高光谱图像超分辨率重建方法主要分为基于贝叶斯融合的方法和基于光谱解混的方法两大类。基于贝叶斯融合的方法[139-141]主要利用贝叶斯概率框架，通过结合先验信息构造损失函数并对其进行迭代优化，得到最终的高分辨率高光谱图像。Akhtar等[9]提出了在贝叶斯框架下利用稀疏先验进行字典学习，并利用学习到的字典重建高分辨率高光谱图像。Simoes等[142]提出利用平滑先验来约束重建的高分辨率高光谱图像的平滑性，取得了较好的视觉效果。还有学者基于光谱解混的方法[139,143]，进一步考虑了高光谱成像过程中的光谱混合效应，通过矩阵分解对光谱进行解混，并利用解混后的光谱完成高分辨率高光谱图像的重建。Yokoya等[139]提出了一种耦合非负矩阵分解方法，对高分辨率多光谱图像和低分辨率高光谱图像进行解混，得到端元和丰度图来完成高分辨率高光谱图像的重建。在耦合非负矩阵分解方法的基础上，Lanaras等[143]引入了稀疏正则进行光谱解混，进一步提升了高光谱图像超分辨率重建的效果。

传统的高光谱图像超分辨率重建方法需要多次迭代才能得到超分辨率重建结果，运行时间较长，其时效性通常难以满足实际需求。近年来，深度学习方法在图像识别[59-60]、目标检测[66,144]、图像分割[145-146]、图像超分辨[35,77]等多个计算机视觉任务上得到了成功应用，引起了研究人员的广泛关注。许多研究人员开始尝试将深度学习方法应用到高光谱图像超分辨率重建上。Xie等[147]受近端梯度下降算法(proximal gradient algorithm)的启发，提出了利用深度卷积网络来端对端地进行高分辨率高光谱图像的重建。Qu等[148]提出了一个无监督的高光谱图像超分辨率重建网络，并利用稀疏狄利克雷分布(Dirichlet distribution)来进行无监督的训练。之后，Zheng等[149]提出了一个耦合自编码器网络，能够无监督地对高分辨率多光谱和低分辨率高光谱图像进行解耦学习，进而完成高光谱图像的超分辨率重建。Yao等[150]在Zheng等[149]工作的基础上，引入了跨模态的注意力机制，并对正则损失函数进行了优化，这进一步提升了高光谱图像的超分辨率重建效果。Dong等[151]受传统方法中迭代优化策略的启发，利用神经网络对图像退化和正则过程分别进行建模，并提出了一种循环网络结构来模拟这一迭代优化过程。与传统方法相比，基于深度学习的高光谱图像超分辨率重建方法因具有更高的重建性能和更快的运行效率，而在实际中得到了越来越广泛的应用。

在数据集方面，研究人员利用CAVE[152]、Harvard[153]以及

Chikusei[154]等数据集开展了相关研究。其中，CAVE 数据集共包含 32 张高光谱图像，主要是在室内由高光谱相机采集得到；Harvard 数据集共包含 50 张高光谱图像，主要是在校园内由高光谱相机采集得到。与这 2 个数据集不同，Chikusei 数据集是一个遥感高光谱图像数据集，覆盖了道路、河流、植被等多种不同地物类型。

### 1.2.5　光场图像超分辨率重建

光场图像超分辨率重建又称光场空间超分辨率重建，旨在通过低分辨率的光场图像生成高分辨率的光场图像，进而提升光场图像的空间分辨率。实现光场图像超分辨率重建的一个简单直接的方案是对每一幅阵列子图像分别使用单图超分辨率重建方法。然而，这样会导致无法使用互补的角度信息。相较于单图超分辨率重建方法，光场图像超分辨率重建方法可以利用视角之间的互补信息进一步提升重建的性能。

Yoon 等[155]提出了首个基于卷积神经网络的光场图像超分辨率重建网络(light field convolutional neural network，LFCNN)。该网络先将输入的阵列子图像分为 2 张或 4 张 1 组并进行级联，再将级联的子图像输入至 3 层卷积神经网络中进行特征提取与映射。尽管该网络结构简单且深度仅有 3 层，却实现了比传统方法更加优越的超分辨率重建精度。随着单图超分辨率重建技术的快速发展，许多光场图像超分辨率重建网络引入了先进的单图超分辨率重建算法，并通过设计相应的模块进一步结合视角之间的互补信息，从而提升了光场图像超分辨率重建的性能。Fan 等[156]提出了一个 2 阶段的光场图像超分辨率重建网络，首先使用 VDSR 算法[157]单独对每张子图像进行超分辨率重建，然后基于区域配准的融合网络，结合光场不同视角的互补信息，从而对初始超分辨率重建结果进行优化。Cheng 等[158]沿用了这 2 个阶段的思路，首先采用预训练的 VDSR[157]来结合从外部数据集上学习得到的空间上下文先验，生成初始的超分辨率重建结果；然后提出增强子网络和融合子网络，利用光场子图像之间的相似性进一步优化初始超分辨率重建结果。Yuan 等[159]采用单图超分辨率重建算法 EDSR[160]对光场图像进行初始超分辨率重建，并设计了一个极平面图像增强网络来结合光场图像空间与角度的相关性，从而对初始超分辨率重建结果进行优化。综上所述，研究者们通过采用先进的单图超分辨率重建方法不断提升了光场图像超分辨率重建的性能。然而，此类方法无法在同一阶段结合光场的空间信息与角度信息，从而限制了光场图像超分辨率重建的性能。

为了进一步提升光场图像超分辨率重建的性能，研究人员又提出了多种方案来充分结合光场的空间和角度信息。Wang 等[161]提出了基于双向循环的光场图像超分辨率重建网络 LFNet，通过迭代来建模相邻阵列子图像之间的关联。Yeung 等[162]设计了空间角度可分离卷积，通过交替处理光场的空间与角度信息，实现了光场图像的超分辨率重建。Zhang 等[163]提出了一种多分支残差网络，首先，将阵列子图像沿水平、竖直、对角、反对角 4 个方向进行堆叠，然后设计了 4 个分支分别融合相应角度方向的信息，从而在超分辨率重建的过程中结合光场图像不同方向上的极线约束。随后，Zhang 等[164]采用三维卷积对不同角度方向的阵列子图像进行特征提取，通过同时结合空间信息与角度信息来提升光场图像超分辨率重建的性能。Meng 等[165]采用四维卷积从光场数据中同时结合空间和角度信息，并基于四维卷积提出了高维密集残差网络（high dimensional dense residual network，HDDRNet），同时实现了光场空间与角度的超分辨率重建。Jin 等[166]提出了一种"多对一"的光场图像超分辨率框架（all-to-one network，ATO），并通过设计光场结构一致性的正则化损失函数来保持超分辨率光场图像的角度一致性。邓武等[167]提出了融合全局与局部视角的光场超分辨率重建方法。该方法采用卷积神经网络结合光场的全局信息与局部信息提升图像的空间分辨率，并同时结合深度和颜色特征生成新视角。安平等[168]提出了基于视点图像与极平面图像特征融合的光场超分辨率重建方法，该方法首先将低分辨率光场图像按水平和垂直极平面方向堆叠，分别输入 3 层卷积层提取中间特征，然后通过空间角度卷积融合所提取的中间特征，再上采样得到高分辨率光场图像。

光场图像的不同视角通常对超分辨率重建的结果具有不同的重要性和贡献。许多学者已针对此问题开展研究，他们采用注意力机制自适应地将权重分配给不同的视角或通道，从而进一步提升光场图像超分辨率重建的性能。Mo 等[169]提出了密集双注意力网络（dense dual attention network，DDAN），设计了视角注意力模块和通道注意力模块，自适应地捕获跨视角与跨通道的信息，并对更富含信息量（对超分辨性能有增益）的视角和通道进行自适应加权。Wang等[170]提出了基于互相关机制的光场图像超分辨率重建方法，采用注意力机制对每个视角的图像特征进行对齐，并通过级联多个互相关注意力引导模块，搭建了一个深度神经网络（mutual attention guidance network，MAGNet）。

## 1.3 面临的挑战

尽管深度学习方法在图像超分辨率重建领域已经取得了部分成果，但仍面临以下4个方面的挑战。

（1）图像超分辨率重建具有欠定性。

图像超分辨率重建作为图像退化过程的逆过程，属于数学上典型的逆问题，具有显著的欠定性和病态性，同一张低分辨率图像可以对应无穷多个高分辨率图像和图像退化模型的组合。图像超分辨率重建的欠定性是制约图像超分辨性能的重要瓶颈，也是图像超分辨率重建面临的主要挑战。

（2）图像超分辨率重建算法的灵活性欠佳。

大部分已有的基于深度学习的图像超分辨率重建算法主要聚焦于特定整数倍（如2倍、3倍、4倍）的图像超分辨任务，需要对每一个放大倍率单独训练一个超分辨率网络，且无法满足实际应用中人们对非整数倍率（如2.2倍、3.85倍）和非对称放大倍率（如从100×100的图像超分辨到200×300的图像）的图像超分辨需求，灵活性较差。如何利用一个神经网络实现对低分辨率图像不同倍率的图像超分辨率重建仍然是一个具有开放性的问题。

（3）图像超分辨率重建算法的计算复杂度较高。

随着深度学习方法在图像超分辨率重建领域展现出超越传统方法的巨大潜力，研究人员通过设计越来越大的网络模型来推动超分辨性能的不断提升。例如，常用的图像超分辨率网络RCAN[85]就有超过400层卷积层，网络参数量超过一千万。这些网络在取得较高性能的同时，也带来了非常庞大的计算开销，使其难以在计算资源受限的端侧设备上进行部署应用，这给图像超分辨率重建算法在实际场景中的应用带来了巨大的挑战。

(4)不同成像体制给图像超分辨率重建带来挑战。

随着成像技术和相机制造工艺的不断发展,单目、双目、光场、高光谱相机等在人们日常生活中得到了越来越广泛的应用,在不同的应用场景下发挥了重要作用。在不同的成像体制和应用场景下,相机采集得到的图像具有不同的数据结构和数据特性,如何利用这些数据进行图像超分辨率重建,仍然是一个富有挑战性的问题。

## 1.4 全书的结构安排

全书共分为 9 章,各章节之间的关系如图 1.8 所示。其中,第 1 章和第 2 章主要介绍图像超分辨率重建的背景应用、研究现状和理论基础,第 3 章至第 7 章介绍面向不同场景的图像超分辨率重建算法,第 8 章介绍图像超分辨率重建加速算法,第 9 章对全书内容进行总结并对未来研究进行展望。

全书各章节的主要内容安排如下。

第 1 章为绪论。本章首先介绍图像超分辨率重建的背景与应用,然后对其研究现状进行梳理,最后介绍全书的主要工作和内容安排。

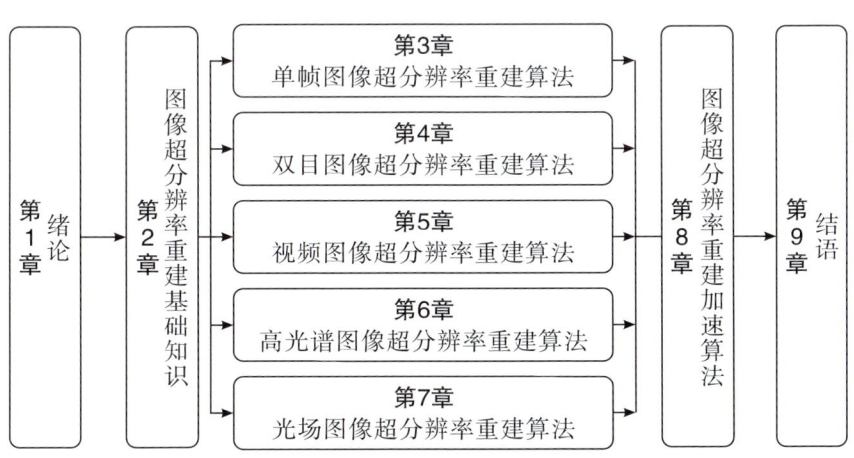

图 1.8　全书的章节结构与关系

第 2 章介绍图像超分辨率重建基础知识。首先介绍图像超分辨率重建的基本概念以及图像退化模型、常用数据集、常用评价指标等基础知识；然后对图像超分辨率重建的理论性能进行分析。

第 3 章介绍单帧图像超分辨率重建算法。首先回顾单目成像的理论基础，梳理当前存在的技术挑战；然后介绍一种面向多种退化的单帧图像超分辨率重建算法与一种任意倍率的单帧图像超分辨率重建算法。

第 4 章介绍双目图像超分辨率重建算法。首先回顾双目成像的理论基础，梳理当前存在的技术挑战；然后介绍一种基于视差注意力机制的双目图像超分辨率重建算法。

第 5 章介绍视频图像超分辨率重建算法。首先回顾视频成像的理论基础，梳理当前存在的技术挑战；然后介绍一种基于高分辨率光流估计的视频图像超分辨率重建算法。

第 6 章介绍高光谱图像超分辨率重建算法。首先回顾高光谱成像的理论基础，梳理当前存在的技术挑战；然后介绍一种基于 Transformer 的高光谱图像超分辨率重建算法。

第 7 章介绍光场图像超分辨率重建算法。首先回顾光场成像的理论基础，梳理当前存在的技术挑战；然后介绍一种基于解耦机制的光场图像超分辨率重建算法和一种基于退化建模与调制的光场图像超分辨率重建算法。

第 8 章介绍图像超分辨率重建加速算法。本章提出一种基于动态稀疏卷积的神经网络加速算法。

第 9 章为结语。本章首先对全书进行总结，然后对下一步研究进行展望和讨论。

# 第 2 章　图像超分辨率重建基础知识

图像超分辨率重建（image super-resolution reconstruction）是一种利用图像处理手段提升图像分辨率的技术，旨在从低分辨率图像中恢复重建出细节更丰富、更加清晰的高分辨率图像。如图 2.1 所示，图像超分辨率重建是图像退化过程的逆过程，属于数学上典型的逆问题，具有显著的欠定性和病态性。图像超分辨率重建作为计算机视觉中经典的低层视觉问题，不仅在学术研究中具有重要的科学价值，而且在实际中有着广阔的应用价值。

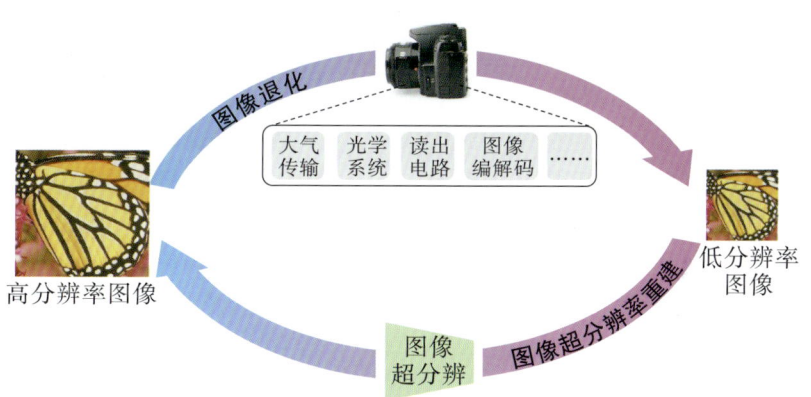

图 2.1　图像退化与图像超分辨率重建的关系

## 2.1　图像退化模型

在真实场景中，相机拍摄得到低分辨率图像的退化过程通常较为复杂，受大气传输、光学系统、读出电路、图像编解码等多个流程中多方面因素的共同影响。例如，在大气传输过程中，雾霾、雨雪、湍流等都会造成图像的退化；在光学系统中，系统的光学传递函数会造成截止频率效应；在读出电路中，暗电流噪声、读取噪声、量化噪声等会在图像中引入噪声；在图像编解码过程中，常用的JPEG等图像编解码方式也会造成图像中信息的损失。

由于实际中的图像退化过程非常复杂，难以准确建模，为了便于分析，通常将低分辨率图像$I^{\text{LR}}$的退化过程简化为图像模糊、图像降采样、加性噪声和图像编解码4个过程：

$$I^{\text{LR}} = C(D(B(I^{\text{HR}})) + n) \quad (2.1)$$

其中，$I^{\text{HR}}$为潜在的高分辨率图像，$B(\cdot)$表示物体运动、相机散焦以及光学系统传递函数等造成的模糊效应，$D(\cdot)$表示图像降采样，$n$表示读出电路等造成的加性噪声，$C(\cdot)$表示图像编解码造成的图像退化。

虽然式(2.1)对真实场景中复杂的图像退化过程进行了简化建模，但其中不同的退化效应所描述的退化空间仍太过巨大。为此，研究人员在式(2.1)的基础上，进一步提出了3种常用的图像退化设定，且在图像超分辨率重建领域得到了广泛的应用。

（1）双三次降采样。

双三次降采样是在图像超分辨率领域最早开始使用，也是使用最广泛的图像退化模型。该退化设定没有考虑图像退化过程中的模糊效应、噪声效应和编解码效应，而简单地认为低分辨率图像$I^{\text{LR}}$是高分辨率图像$I^{\text{HR}}$经过双三次降采样得到的：

$$I^{\text{LR}} = (I^{\text{HR}}) \downarrow_{\text{bicubic}} \quad (2.2)$$

其中，$\downarrow_{\text{bicubic}}$表示双三次降采样。虽然这一退化设定对真实场景中的图像退化过程[式(2.1)]进行了较大程度的简化，但基于该退化设定开发的算法在真实图像中仍具有一定的泛化能力。因此，这一简单的退化设定在图像超分辨率重建领域得到了广泛使用，并推动了整个领域的快速发展。

（2）高斯模糊+$s$折降采样。

考虑到单一的双三次降采样过于简单，研究人员提出了结合高斯模糊和折降采样的退化设定。该退化设定认为，低分辨率图像$I^{\text{LR}}$是高分辨率图像$I^{\text{HR}}$经过高斯模糊和降采样得到的：

$$I^{\text{LR}} = (I^{\text{HR}} \otimes k) \downarrow_{s-\text{fold}} \quad (2.3)$$

其中，$k$为模糊核，$\otimes$表示卷积操作，$\downarrow_{s-\text{fold}}$表示$s$折降采样，$s$表

示降采样倍率。在该退化设定下，$k$一般只考虑各向同性的高斯模糊核。

（3）高斯模糊 + 双三次降采样 + 高斯噪声。

在高斯模糊 + $s$ 折降采样的退化设定的基础上，研究人员又提出了结合高斯模糊、双三次降采样和高斯噪声的更贴合真实图像退化过程的退化设定。该退化设定认为，低分辨率图像 $I^{LR}$ 是高分辨率图像 $I^{HR}$ 经过高斯模糊、双三次降采样和加性噪声得到的：

$$I^{LR} = (I^{HR} \otimes k) \downarrow_{bicubic} + n \tag{2.4}$$

在该退化设定下，$k$一般只考虑各向同性和各向异性的高斯模糊核，$n$一般只考虑高斯白噪声。

## 2.2 常用数据集

公开的数据集是不同算法进行性能对比评测的重要基准，同时也为基于深度学习的算法提供了统一的训练数据。作为训练数据集，需要包含尽可能多的图像数据，同时涵盖尽可能多的场景类型；作为测试数据集，为了考量算法在各种场景下的性能，需要尽可能覆盖各种不同场景。同时，鉴于图像超分辨率重建任务的特点，数据集中的图像应该具有尽可能高的图像质量，图像细节应该清晰丰富。随着超分辨率重建领域的不断发展，研究人员收集了越来越多的图像数据集用于图像超分辨的研究，这些数据集不仅包含不同数量、不同分辨率的图像，也涵盖不同种类的场景。

### 2.2.1 单帧图像超分辨率重建常用数据集

单帧图像超分辨率重建是整个图像超分辨率重建领域发展最早的方向，因此相关数据集也是建立最早、数量最多的。常用的单帧图像超分辨数据集主要包括 Set5[88]、Set14[89]、T91[171]、B100[90]、Urban100[91]、Manga109[92]、OutdoorScene[172]、DIV2K[93]、Flickr2K[173]、RealSR[174] 以及 City100[175] 等，各数据集的特点如表 2.1 所示，数据集下载链接请扫描二维码（图 2.2）获取。

图 2.2　数据集下载链接二维码

表2.1 单帧图像超分辨率重建常用数据集

| 数据集 | 图像数量/张 | 平均图像尺寸/像素 | 场景种类 |
| --- | --- | --- | --- |
| Set5[88] | 5 | 313×336 | 人、鸟、蝴蝶 |
| Set14[89] | 14 | 492×446 | 人、动物、昆虫等 |
| T91[171] | 91 | 264×204 | 人、车辆、花等 |
| B100[90] | 100 | 320×480 | 人、动物、植物等 |
| Urban100[91] | 100 | 984×797 | 城市、建筑、道路等 |
| Manga109[92] | 109 | 435×381 | 漫画 |
| OutdoorScene[172] | 10624 | 553×440 | 动物、建筑、风景等 |
| DIV2K[93] | 1000 | 1972×1437 | 人、动物、建筑等 |
| Flickr2K[173] | 2650 | 1782×1698 | 人、动物、建筑等 |
| RealSR[174] | 459 | 1400×900 | 城市、风景、图案等 |
| City100[175] | 100 | 1218×870 | 城市 |

Set5 和 Set14 是图像处理领域收集较早的 2 个数据集，在多个图像处理任务中作为测试集使用。早期的单帧图像超分辨率重建研究也使用这 2 个数据集作为测试集对算法的性能进行评测。Set5 和 Set14 数据集分别包含 5 张和 14 张图像，平均图像分辨率分别为 313 像素×336 像素和 492 像素×446 像素。考虑到 Set5 和 Set14 数据集比较小且覆盖场景较为单一，不能很好地评测算法在复杂场景下的性能，研究人员收集了数据量更大的 T91 和 B100 数据集，用于单帧图像超分辨率重建的评测。其中，T91 和 B100 数据分别包含 91 张和 100 张图像，涵盖的场景也更加丰富。

虽然 T91 和 B100 数据集能提供更多的测试数据，但这 2 个数据集中的图像尺寸仍较小，图像清晰度和细节丰富程度也相对较低。为了更好地评估图像超分辨率重建算法的性能，研究人员又收集了包含 100 张城市场景高分辨率图像的 Urban100 数据集。该数据集图像尺寸较大且细节十分丰富，是图像超分辨率重建领域难度较大的一个数据集。由于 Urban100 数据集只包含城市场景，为了评测算法在不同场景下的性能，研究人员还收集了漫画风格的 Manga109 数据集。

随着深度学习在图像超分辨率重建领域的应用，数据集除提供测试数据外,还需要为神经网络提供训练数据。为此,研究人员收集了 DIV2K、Flickr2K 以及 OutdoorScene 等多个数据量更大的数据集。DIV2K 数据集是 NTIRE 2017 竞赛中单帧图像超分辨率重建赛道提供的官方数据集,共包含 1000 张图像。其中,800 张作为训练集,100 张作为验证集,100 张作为测试集。Flickr2K 数据集包含从网络中收集的 2650 张高分辨率图像,且涵盖多种多样的场景。OutdoorScene 数据集主要面向户外场景,共包含 10624 张图像。

上述数据集只提供高分辨率图像,研究人员需要利用 2.1 节中介绍的图像退化模型设定合成低分辨率图像,构成高分辨率-低分辨率图像对进行网络训练。如 2.1 节所述,虽然这些图像退化设定具有一定的代表性,但仍难以完全覆盖真实场景中的图像退化情况。为此,研究人员利用不同焦距的相机采集了真实的高分辨率和低分辨率配对图像,提出了 RealSR 和 City100 这 2 个数据集。其中,RealSR 数据集包含 459 对高分辨率-低分辨率图像对,数据集中的部分数据被用于 NTIRE 2019 竞赛的真实图像超分辨率重建赛道。City100 数据集共包含 100 对高分辨率-低分辨率图像对,主要面向城市场景。

### 2.2.2 双目图像超分辨率重建常用数据集

随着双目相机在智能手机、自动驾驶等场景中的广泛使用,双目图像超分辨率重建开始得到研究人员的关注。为了推动双目图像超分辨率重建领域的发展,研究人员使用了双目立体匹配任务中一些常用的数据集(Middlebury[109-113]、KITTI 2012[114]、KITTI 2015[115] 和 ETH3D[176]),同时本书还提出了第一个面向双目图像超分辨率重建任务的数据集 Flickr1024(4.2.3 节),各数据集的特点如表 2.2 所示,数据集下载链接请扫描二维码(图 2.3)获取。

图 2.3 数据集下载链接二维码

表2.2 双目图像超分辨率重建常用数据集

| 数据集 | 图像数量/对 | 平均图像尺寸/像素 | 场景种类 |
| --- | --- | --- | --- |
| Middlebury[109-113] | 65 | 1556×2106 | 室内 |
| KITTI 2012[114] | 389 | 1237×374 | 道路 |
| KITTI 2015[115] | 400 | 1241×375 | 道路 |
| ETH3D[176] | 200 | 797×468 | 室内、树林等 |
| Flickr1024 | 1024 | 990×739 | 人、车辆、城市、风景等 |

Middlebury 数据集包含 Middlebury 2001、Middlebury 2003、Middlebury 2005、Middlebury 2006 以及 Middlebury 2014 等 5 个子集，共有 65 对双目图像，主要是在室内场景下拍摄得到的双目图像。KITTI 2012 和 KITTI 2015 数据集分别包含 389 对和 400 对双目图像，主要是在道路场景下使用自动驾驶汽车上的双目相机采集得到的。ETH3D 数据集共包含 200 对双目图像，主要是在室内及校园内使用双目相机采集得到的。以上 3 个数据集均为双目立体匹配任务常用的评测数据集，双目图像超分辨率重建领域也经常使用其中的图像进行评测。

由于 Middlebury、KITTI 2012、KITTI 2015 和 ETH3D 数据集图像数量较少、图像分辨率较低，且覆盖场景较为单一，难以为双目图像超分辨网络提供充足的训练数据。为此，本书收集并提出了第一个面向双目图像超分辨率重建的数据集 Flickr1024，该数据集包含了 1024 张高质量的双目图像，覆盖了人、车辆、城市、风景等各式各样的场景。Flickr1024 数据集自提出后被后续双目图像超分辨率重建算法广泛使用，同时作为 NTIRE 2022 竞赛中双目图像超分辨率重建赛道的官方数据集。

## 2.2.3 视频图像超分辨率重建常用数据集

在单帧图像超分辨率重建的基础上，研究人员开始关注视频图像超分辨率重建任务。为了推动视频图像超分辨率重建领域的发展，研究人员收集了多个数据集，其中常用的主要包括 Vid4、Vimeo[138] 和 REDS[177]，各数

图2.4 数据集下载链接二维码

据集的特点如表 2.3 所示，数据集下载链接请扫描二维码（图 2.4）获取。

表 2.3 视频图像超分辨率重建常用数据集

| 数据集 | 视频数量 | 平均帧数 | 平均图像尺寸/像素 | 场景种类 |
| --- | --- | --- | --- | --- |
| Vid4 | 4 | 31 | 720×528 | 城市、人、室内等 |
| Vimeo[136] | 64612 | 7 | 448×256 | 人、动物、风景、城市等 |
| REDS[175] | 300 | 100 | 1280×720 | 人、城市、道路等 |

Vid4 数据集是视频图像超分辨率重建领域最早使用的数据集，共包括 4 段 31 帧的视频序列，涵盖了城市、人、室内等场景。随着深度学习在视频图像超分辨率重建领域的应用，为了给模型训练提供充足的训练数据，研究人员收集了规模更大的 Vimeo 数据集。该数据集共包括 64612 段 7 帧的视频序列，图像分辨率均为 448×256。虽然 Vimeo 数据集的数据量非常多，但图像分辨率相对较低。为此，研究人员又提出了 REDS 数据集。该数据集共包括 300 段 100 帧的视频序列，图像分辨率为 1280×720，同时也是 NTIRE 2019 竞赛中视频图像超分辨率重建赛道的官方数据集。

## 2.2.4 高光谱图像超分辨率重建常用数据集

不同于单帧图像超分辨率重建，高光谱图像超分辨不仅关注空域信息，还关注谱域信息。为了推动高光谱图像超分辨率重建领域的发展，研究人员使用了多个高光谱图像数据集，包括 CAVE[152]、Harvard[153]、Chikusei[154] 和 Pavia University 等，各数据集的特点如表 2.4 所示，数据集下载链接请扫描二维码（图 2.5）获取。

图 2.5 数据集下载链接二维码

CAVE 数据集和 Harvard 数据集是地面采集的高光谱图像数据集。其中，CAVE 数据集共包含 32 景高光谱图像，每景图像共有 31 个谱段，空间分辨率为 512×512，主要在室内由高光谱相机采集得到；Harvard 数据集共包含 50 景高光谱图像，每景图像共有 31 个谱段，空间分辨率为 1392×1040，主要在校园内由高光谱相机采集得到。Chikusei 数据集和 Pavia University 数据集是由飞机、卫星采集得到的遥感高光谱图像数据集。其中，Chikusei 数据集提供了一张空间分辨率为 2417×2335、包含 128 个谱段的高光谱图像，Pavia University 数据集提供了一张空间分辨率为 610×340、包含 115 个谱段的高光谱图像。2 个遥感高光谱图像数据集均覆盖了道路、河流、植被等不同地物类型。

表 2.4　高光谱图像超分辨率重建常用数据集

| 数据集 | 图像数量/景 | 平均图像尺寸/像素 | 场景种类 |
| --- | --- | --- | --- |
| CAVE[152] | 32 | 512×512×31 | 室内、玩偶、油画等 |
| Harvard[153] | 50 | 1392×1040×31 | 校园、建筑等 |
| Chikusei[154] | 1 | 2417×2335×128 | 道路、河流、植被等 |
| Pavia University | 1 | 610×340×115 | 建筑、道路等 |

## 2.2.5　光场图像超分辨率重建常用数据集

在单帧和双目图像超分辨率重建的基础上，研究人员开始关注光场图像超分辨率重建任务。为了推动光场图像超分辨率重建领域的发展，研究人员收集了多个数据集，其中常用的主要包括 EPFL、HCInew 和 HCIold、INRIA、STFgantry 等，各数据集的特点如表 2.5 所示，数据集下载链接请扫描二维码（图 2.6）获取。

图 2.6　数据集下载链接二维码

表 2.5　光场图像超分辨率重建常用数据集

| 数据集 | 类型 | 训练集场景数量/个 | 测试集场景数量/个 |
| --- | --- | --- | --- |
| EPFL | Lytro 相机拍摄 | 70 | 10 |
| HCInew | 软件渲染 | 20 | 4 |
| HCIold | 软件渲染 | 10 | 2 |
| INRIA | Lytro 相机拍摄 | 35 | 5 |
| STFgantry | 相机扫描拍摄 | 9 | 2 |

## 2.3 常用评价指标

图像超分辨率重建结果的性能评价对整个领域的发展有重要意义，合理、可信的图像质量评价引导整个领域的研究方向。图像超分辨率重建的评价指标可以分为有参考评价指标和无参考评价指标2类。其中，有参考评价指标是有真值图像（即参考图像）参与的图像质量评价，主要用来评估图像超分辨结果与真值图像间的差异性，在图像超分辨率重建领域应用最为广泛；无参考评价指标是在没有参考图像时的图像质量评价，主要用来模拟人眼对图像质量进行评估。本节首先介绍单帧图像超分辨中常用的评价指标，然后介绍视频图像超分辨和高光谱图像超分辨中常用的其他评价指标。

### 2.3.1 单帧图像超分辨评价指标

单帧图像超分辨率重建作为图像超分辨率重建领域中发展最早、发展时间最长的方向，其评价指标最基础、最丰富也最完备，在双目、视频、高光谱等其他专用领域的图像超分辨率重建任务中也得到了广泛使用。

#### 1. 有参考评价指标

常用的有参考评价指标主要包括峰值信噪比（peak signal-to-noise ratio，PSNR）、结构相似度（structural similarity，SSIM）以及学习感知图像块相似度（learned perceptual image patch similarity，LPIPS）3种。

（1）峰值信噪比。

峰值信噪比是指信号最大可能功率和影响它表示精度的破坏性噪声功率的比值，常用对数分贝单位来表示。在图像超分辨率重建领域，通常将真值图像的最大量化值作为信号最大可能功率，将重建结果与参考图像间的差异作为噪声，来计算峰值信噪比结果。峰值信噪比越高，表示重建结果与参考图像越接近。一般来说，对于灰度图像，峰值信噪比在该通道内计算；对于RGB彩色图像，通常将图像投影到YCbCr空间并只在Y通道计算峰值信噪比；对于高光谱图像，通常在所有通道内一起计算峰值信噪比。对于参考图像$I^{HR}$

和图像超分辨率重建结果 $I^{SR}$，使用均方误差（mean-square error，MSE）衡量图像重构误差：

$$MSE = \frac{1}{MN}\sum_{i=1}^{M}\sum_{j=1}^{N}[I^{HR}(i,j) - I^{SR}(i,j)]^2 \quad (2.5)$$

其中，$M$ 和 $N$ 分别表示图像的宽度和高度。进而可以得到峰值信噪比：

$$PSNR = 10\log\left(\frac{max^2}{MSE}\right) \quad (2.6)$$

其中，$max$ 表示真值图像的最大量化值，例如，对于 8 比特量化的 RGB 图像来说，$max = 255$。

（2）结构相似度。

结构相似度是指图像超分辨结果与真值图像间的结构相似度。结构相似度在计算时考虑了超分辨结果和真值图像在亮度、对比度以及结构 3 种统计信息上的相似性。结构相似度越高，表示重建结果与参考图像越接近。具体来说，对于参考图像 $I^{HR}$ 和图像超分辨率重建结果 $I^{SR}$，二者在亮度、对比度以及结构上的相似性计算过程如下：

$$\begin{cases} l = \dfrac{2\mu_{hr}\mu_{sr} + c_1}{\mu_{hr}^2 + \mu_{sr}^2 + c_1} \\ c = \dfrac{2\sigma_{hr}\sigma_{sr} + c_2}{\sigma_{hr}^2 + \sigma_{sr}^2 + c_2} \\ s = \dfrac{2\sigma_{hr,sr} + c_3}{\sigma_{hr}\sigma_{sr} + c_3} \end{cases} \quad (2.7)$$

其中，$l$、$c$ 和 $s$ 分别表示真值图像和超分辨结果在亮度、对比度以及结构上的相似性，$\mu_{hr}$ 和 $\mu_{sr}$ 分别表示真值图像和超分辨结果的均值，$\sigma_{hr}$ 和 $\sigma_{sr}$ 分别表示真值图像和超分辨结果的标准差，$\sigma_{hr,sr}$ 表示真值图像和超分辨结果的协方差，$c_1$、$c_2$ 和 $c_3$ 是 3 个较小的常数参数以避免分母为零。进而可以得到结构相似度：

$$SSIM = l^\alpha c^\beta s^\gamma \quad (2.8)$$

通常情况下，将参数设置为 $\alpha = \beta = \gamma = 1$，$c_3 = \dfrac{c_2}{2}$，此时式（2.8）可以进一步简化为：

$$SSIM = \frac{(2\mu_{hr}\mu_{sr} + c_1)(2\sigma_{hr,sr} + c_2)}{(\mu_{hr}^2 + \mu_{sr}^2 + c_1)(\sigma_{hr}^2 + \sigma_{sr}^2 + c_2)} \quad (2.9)$$

(3) 学习感知图像块相似度。

LPIPS 使用深层卷积神经网络中的深层特征来对图像超分辨率重建结果进行评价，是一种与人眼感知更相符的评价指标。LPIPS 值越低表示图像质量越高。首先将参考图像 $I^{HR}$ 和图像超分辨率重建结果 $I^{SR}$ 送入预训练好的网络，得到第 $l$ 层的特征 $F_l^{HR}$，$F_l^{SR} \in \mathbb{R}^{H_l \times W_l \times C_l}$；然后将 $F_l^{HR}$ 和 $F_l^{SR}$ 沿通道维度归一化后，利用放缩向量 $w_l \in \mathbb{R}^{C_l}$ 进行放缩；最后计算每一层归一化后的特征间的平均 $L_2$ 距离并对不同层加和，得到 LPIPS 指标：

$$LPIPS = \sum_l \frac{1}{H_l W_l} \sum_{i,j} \left\| w_l \odot \left[ F_l^{HR}(i,j) - F_l^{SR}(i,j) \right] \right\|_2^2 \quad (2.10)$$

其中，$H_l$ 和 $W_l$ 分别表示网络中第 $l$ 层特征的高度和宽度，$\odot$ 表示逐通道乘法。

**2. 无参考评价指标**

常用的无参考评价指标主要包括自然图像质量评价（natural image quality evaluator，NIQE）、Ma 氏感知指标[178]、平均意见得分（mean opinion score，MOS）3 种。

(1) 自然图像质量评价。

NIQE 是一种不需要参考图像的图像质量评价指标，NIQE 值越低表示图像质量越高。该指标首先针对图像超分辨率重建结果提取空域特征，其次在图像中选取部分细节更丰富的图像块，然后用图像块中的特征拟合一个多元高斯模型，最后计算拟合后的模型参数与预设的模型参数之间的距离得到 NIQE 指标。由于预设的多元高斯模型是在多张自然图像上建立的，NIQE 指标可以反映图像超分辨率重建结果与自然图像间的差异性。由于具体的特征提取和指标计算过程较为复杂，且非本书的研究重点，这里不再进行赘述。

(2) Ma 氏感知指标。

Ma 氏感知指标是 Ma 等[178]提出的一种面向图像超分辨率重建的无参考图像评价指标，该指标利用图像在频域和空域的统计特征来对图像质量进行评价。Ma 氏感知指标越高表示图像质量越高。具体来说，首先针对图像超分辨率重建结果提取局部频域特征、全局频域特征和空域特征，然后利用集成回归树对不同特征进行处理，最后将集成回归树的输出结果送入线性回归模型得到最终的感知指标。由于几种频域和空域特征的提取公式较为复杂，且非本书的研究重点,这里不再进行赘述。

(3)平均意见得分。

平均意见得分是一种广泛使用的主观评价指标,得分越高表示图像质量越高。具体来说,首先设定图像质量得分从差到好分别为1~5分,然后利用多个用户对图像主观打分的平均分作为平均意见得分。该指标作为一种主观评价指标,能够很好地反映人眼感知的图像质量。但由于人的主观判断受环境、情绪等多方面因素的影响,导致该指标的可重复性较差。

### 2.3.2 视频图像超分辨评价指标

单帧图像超分辨率重建结果的性能评价主要关注空域图像细节的清晰程度,相比之下,视频图像超分辨率重建结果的评价还需要进一步关注重建序列中的帧间连贯性。常用的2种有参考评价指标主要包括 MOVIE(motion-based video integrity evaluation index)[179]和 VQM-VFD(video quality model for variable frame delay)[180]。

(1)MOVIE。

MOVIE 是一种利用视频帧间运动信息对视频整体质量进行评估的指标,MOVIE 值越低表示视频质量越高。首先,利用 Gabor 滤波器分别对真值视频序列和视频超分辨率重建得到的视频序列进行分解。其次,对于分解得到的空域成分,使用类似 SSIM 的评价指标进行评价;对于分解得到的时域成分,利用帧间运动信息进行评价。最后,对空域和视频的评价得分进行综合,得到最终的 MOVIE 指标。由于具体的计算过程较为复杂,且非本书的研究重点,这里不再进行赘述。

(2)VQM-VFD。

VQM-VFD 是美国国家电信和信息管理局提出的一种视频质量评价指标,VQM-VFD 值越低表示视频质量越高。首先,从真值视频序列和视频超分辨率重建得到的视频序列中利用时空域模块进行特征提取;然后,利用神经网络将提取的低层特征融合为最终的 VQM-VFD 指标。由于具体的计算过程较为复杂,且非本书的研究重点,这里不再进行赘述。

### 2.3.3 高光谱图像超分辨评价指标

高光谱图像超分辨率重建结果的评价除关注空域细节重建性能外，还关注谱域的重建精度。常用的有参考评价指标主要包括光谱角制图（spectral angle mapper，SAM）[181]、相对整体维数综合误差（erreur relative globale adimensionnelle de synthese，ERGAS）[182]以及通用图像质量指数（universal image quality index，UIQI）[183]。

（1）光谱角制图。

光谱角制图表示高光谱图像超分辨率重建结果与真值图像间的平均光谱扭曲程度。光谱角制图越小表明超分辨率重建结果中的光谱与真值图像越接近。具体来说，对于真值图像 $I^{\text{HrHSI}} \in \mathbb{R}^{H \times W \times L}$ 和高光谱图像超分辨率重建结果 $I^{\text{SR}} \in \mathbb{R}^{H \times W \times L}$，逐项元计算对应光谱间的光谱角偏差，进而得到图像全局的平均偏差：

$$SAM = \frac{1}{HW} \sum_i \sum_j \arccos(\langle I^{\text{HrHSI}}(i,j,:), I^{\text{SR}}(i,j,:) \rangle) \quad (2.11)$$

式中，$H$ 和 $W$ 分别表示高光谱图像的高度和宽度。

（2）相对整体维数综合误差。

相对整体维数综合误差同样用来描述高光谱图像超分辨率重建结果与真值图像间的光谱扭曲程度，相对整体维数综合误差越小表明超分辨率重建结果中的光谱与真值图像越接近。具体来说，对于真值图像 $I^{\text{HrHSI}} \in \mathbb{R}^{H \times W \times L}$ 和高光谱图像超分辨率重建结果 $I^{\text{SR}} \in \mathbb{R}^{H \times W \times L}$，相对整体维数综合误差的计算公式如下：

$$ERGAS = 100 \frac{H}{h} \sqrt{\frac{1}{L} \sum_{l=1}^{L} \left( \frac{rmse_l}{\mu_l} \right)^2} \quad (2.12)$$

其中，$rmse_l$ 表示第 $l$ 个谱段上真值图像与超分辨率重建结果的均方根误差，$\mu_l$ 表示真值图像第 $l$ 个谱段的均值，$H$ 和 $h$ 分别表示超分辨率重建结果与真值图像的地面空间分辨率，$L$ 表示高光谱图像的波段数。

（3）通用图像质量指数。

通用图像质量指数是一种通用的图像质量评估指标，用来描述真值图像与图像超分辨率重建结果间的扭曲程度。对于参考图像 $I^{\text{HR}}$ 和图像超分辨率重建结果 $I^{\text{SR}}$，通用图像质量指数主要考虑了二者在相关性、照度以及对比度 3 个方面的扭曲，指标越高表明超分辨结果中的图像扭曲越小，与真值图像越接近。具体来说，该指标的计算过程如下：

$$UIQI = \frac{4\sigma_{\text{hr,sr}}\mu_{\text{hr}}\mu_{\text{sr}}}{(\sigma_{\text{hr}}^2 + \sigma_{\text{sr}}^2)(\mu_{\text{hr}}^2 + \mu_{\text{sr}}^2)} \quad (2.13)$$

# 第3章 单帧图像超分辨率重建算法

单帧图像超分辨率重建是最基础的图像超分辨率重建任务，也是研究开展得最早、最多、最广泛的图像超分辨任务，因此，本书首先介绍单帧图像超分辨率重建算法。本章首先阐述了单目成像的理论基础，其次介绍了一种面向多种退化的单帧图像超分辨率重建算法和一种任意倍率的单帧图像超分辨率重建算法，然后给出了2个算法的代码实现，最后对本章内容进行了小结。

## 3.1 单目成像的理论基础

### 3.1.1 成像模型

相机成像可以理解为对场景光线的一个投影与采样的过程。图 3.1(a)展示了一个简化的相机成像过程，场景的光线通过相机孔径中的透镜(组)投影至像平面上，所成的像被电荷耦合器件(charge-coupled device，CCD)或互补金属氧化物半导体(complementary metal-oxide-semiconductor，CMOS)探测器所感知。如图 3.1(b)所示，探测器上的每个探测元对其范围内的光强进行累积得到了该探测元的输出。

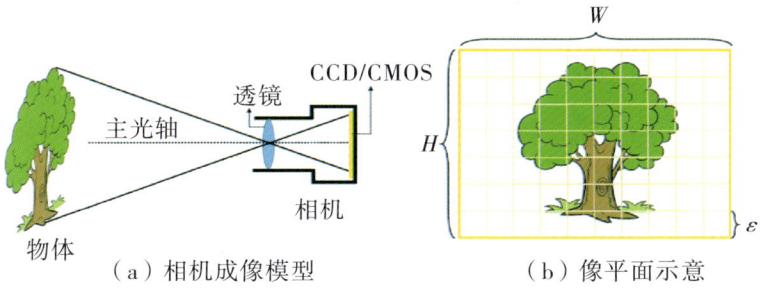

图 3.1 相机成像模型及像平面示意

设 $I_{\text{real}}:(x,y)\to\mathbb{R}$ 为成像系统像平面上的二维像函数，$k_{\text{psf}}$ 为成像系统的点扩散函数（即成像系统的单位冲激响应），$I_{\text{ideal}}:(x,y)\to\mathbb{R}$ 为不考虑点扩散时的"理想"二维像函数。可以认为实际像函数为"理想"像函数经过点扩散函数卷积后得到的，即

$$I_{\text{real}}(x,y)=\int_{-\infty}^{+\infty}\int_{-\infty}^{+\infty}k_{\text{psf}}(u,v)\cdot I_{\text{ideal}}(x-u,y-v)\mathrm{d}u\mathrm{d}v \quad (3.1)$$

记作

$$\boldsymbol{I}_{\text{real}}=\boldsymbol{I}_{\text{ideal}}\otimes\boldsymbol{k}_{\text{psf}} \quad (3.2)$$

其中，$\otimes$ 代表卷积操作。设探测器上每个探测单元的尺寸为 $\varepsilon\times\varepsilon$，探测器输出的图像为 $\boldsymbol{I}^{\text{LR}}\in\mathbb{R}^{H\times W}$，则探测器上的采样过程可以建模为

$$I^{\text{LR}}(h,w)=\int_{h-\frac{\epsilon}{2}}^{h+\frac{\epsilon}{2}}\int_{w-\frac{\epsilon}{2}}^{w+\frac{\epsilon}{2}}I_{\text{real}}(x,y)\mathrm{d}x\mathrm{d}y+n(h,w) \quad (3.3)$$

记作

$$\boldsymbol{I}^{\text{LR}}=[\boldsymbol{I}_{\text{real}}]_{\epsilon}+\boldsymbol{n} \quad (3.4)$$

其中，$[\cdot]_{\epsilon}$ 表示以 $\varepsilon\times\varepsilon$ 为单位的采样函数，$\boldsymbol{n}\in\mathbb{R}^{H\times W}$ 表示成像过程中的随机噪声。对于图像超分辨率重建任务而言，希望从图像 $\boldsymbol{I}^{\text{LR}}$ 中恢复（或估计）出理想的连续像函数 $I_{\text{ideal}}$。由于连续像函数最终需要通过图像的形式表达，因此引入理想高分辨率图，即

$$\boldsymbol{I}^{\text{HR}}=[\boldsymbol{I}_{\text{ideal}}]_{\frac{\epsilon}{\alpha}} \quad (3.5)$$

其中，$\alpha$ 为超分辨率重建过程中的上采样倍数。式(3.5)可以理解为以更加精细的成像单元$\left(\text{尺寸为}\dfrac{\varepsilon}{\alpha}\times\dfrac{\varepsilon}{\alpha}\right)$对理想像函数 $I_{\text{ideal}}$ 进行采样。由此，可以建立低分辨率观测图像 $\boldsymbol{I}^{\text{LR}}$ 与高分辨率图像 $\boldsymbol{I}^{\text{HR}}$ 之间的关系。首先引入下采样算子 $(\cdot)_{\downarrow\alpha}$，可得

$$[\boldsymbol{I}]_{\epsilon}=([\boldsymbol{I}]_{\frac{\epsilon}{\alpha}})_{\downarrow\alpha},\ \boldsymbol{I}=\boldsymbol{I}_{\text{ideal}}\text{或}\boldsymbol{I}_{\text{real}} \quad (3.6)$$

将式(3.2)与式(3.6)带入式(3.4)，可得

$$\boldsymbol{I}^{\text{LR}}=([\boldsymbol{I}_{\text{ideal}}\otimes\boldsymbol{k}_{\text{psf}}]_{\frac{\epsilon}{\alpha}})_{\downarrow\alpha}+\boldsymbol{n} \quad (3.7)$$

根据卷积-采样交换律，可得

$$[\boldsymbol{I}_{\text{ideal}}\otimes\boldsymbol{k}_{\text{psf}}]_{\frac{\epsilon}{\alpha}}=[\boldsymbol{I}_{\text{ideal}}]_{\frac{\epsilon}{\alpha}}\otimes\boldsymbol{k}_{\text{psf}} \quad (3.8)$$

将式(3.8)代入式(3.7)，可得图像退化模型为

$$\boldsymbol{I}^{\text{LR}}=(\boldsymbol{I}^{\text{HR}}\otimes\boldsymbol{k})_{\downarrow\alpha}+\boldsymbol{n} \quad (3.9)$$

式(3.9)图像退化模型可以理解为，实际观测到的低分辨率图像是理

想的高分辨率图像经过模糊、下采样、加噪声等一系列过程得到的。

## 3.1.2　当前的进展与挑战

单帧图像超分辨率重建致力于从一张低分辨率图像中恢复出一张高分辨率图像。作为低层计算机视觉中的一个经典问题,针对单帧图像超分辨率重建的研究已经持续了数十年[5,121,184-185]。近年来,深度神经网络强大的特征拟合能力使得基于神经网络的方法[77,81,85,186]取得了优异的性能,逐渐成为图像超分辨率重建研究中的主流。但在实际中,已有的单帧图像超分辨率重建方法仍难以处理复杂多变的应用场景和应用需求,主要体现在以下 2 个方面。

其一,作为一个典型的逆问题,超分辨率重建是图像退化的逆过程,与图像退化模型紧密耦合。当前大部分已有的基于深度学习的方法[187-189]是建立在图像退化模型已知且固定(通常为双三次退化模型)的假设上,当真实的图像退化模型与假设不一致时,这些方法的性能会发生明显下降。为了解决这一问题,文献[69,95,97]提出了非盲的图像超分辨率重建方法,假定真实图像的退化模型不固定但已知,将这一退化模型与图像一起送入神经网络进行超分辨率重建。然而在实际中,图像的退化模型通常是未知的。为了实现未知图像退化模型下的图像超分辨率重建,文献[95,101]首先进行退化估计得到退化模型,然后利用估计得到的退化模型来引导图像超分辨。这些方法存在 2 点不足:一是退化估计网络依赖于图像退化模型真值进行训练,而图像退化模型真值在实际中通常难以获得;二是图像退化估计通常比较耗时(比如文献[100]中需要约 60 s 估计一张图像的退化模型),难以满足真实场景中对实时性的要求。

其二,当前大部分单帧图像超分辨方法[190-193]主要聚焦于特定整数倍(如 2 倍、3 倍、4 倍)的图像超分辨。在实际应用中,由于场景不同,人们对放大倍率有着多样化的需求,有时需要对图像进行非整数倍率(如 2.2 倍、3.85 倍)的图像超分辨。然而,由于已有超分辨网络上采样模块中的滤波器是固定不变的,这些网络只能够对图像进行指定整数倍率的超分辨,而无法实现任意非整数倍的图像超分辨。为了解决这一问题,Hu 等[103]提出了元超分辨网络(meta-SR network),该网络能够根据不同的放大倍率,利用元学习在线预

测网络上采样模块中的滤波器,实现对图像任意非整数放大倍率的超分辨。虽然元超分辨网络解决了非整数放大倍率的图像超分辨问题,但在很多实际应用中,人们有时还希望对图像进行长宽不等比例的放大(比如从 100 ×100 的图像超分辨到 200 ×300 的图像),而已有的超分辨方法均无法解决这一问题。

针对多种退化下的图像超分辨问题,3.2 节提出了一种基于退化表示学习的单帧图像超分辨率重建算法。该算法不再显式地对图像退化进行估计,而是利用对比学习无监督地学习图像的退化表示来隐式地提供退化信息,不仅摆脱了对图像退化真值的依赖,还具有更高的计算效率。实验结果表明,该算法能够更好地处理不同图像退化,在合成和真实数据集上都取得了比已有方法更好的性能。针对不同放大倍率的超分辨问题,3.3 节提出了一种任意倍率的单帧图像超分辨率重建算法。该算法利用条件卷积根据放大倍率在线生成动态的卷积核,使网络适配到不同的放大倍率上,进而实现了对图像任意倍率的超分辨率重建。实验结果表明,该算法能够使用一个模型实现任意倍率的图像超分辨,在对称/非对称放大倍率下都取得了优异的超分辨性能。

## 3.2　面向多种退化的单帧图像超分辨率重建算法

本章提出的面向多种退化的单帧图像超分辨率重建算法包括退化编码网络和退化感知的超分辨网络两部分,其结构如图 3.2 所示。其中,退化编码网络负责从低分辨率图像中提取退化表示,之后退化感知的超分辨网络负责利用退化表示中的退化信息,对低分辨率图像进行超分辨率重建。

### 3.2.1　退化编码网络

#### 3.2.1.1　网络结构

本章采用 6 层卷积神经网络作为退化编码网络,从输入的低分辨率图像中学习退化表示,如图 3.2 所示。该网络使用带泄露的修正线性单元(leaky rectified linear unit,Leaky ReLU)作为激活函数,并在前5个卷积层后使用批规范化(batch normalization，BN)层对特征进行规范化处理。输入的低分辨率图像通过6层卷积神经网络后，经过一个全局池化层，得到最终的退化表示向量。

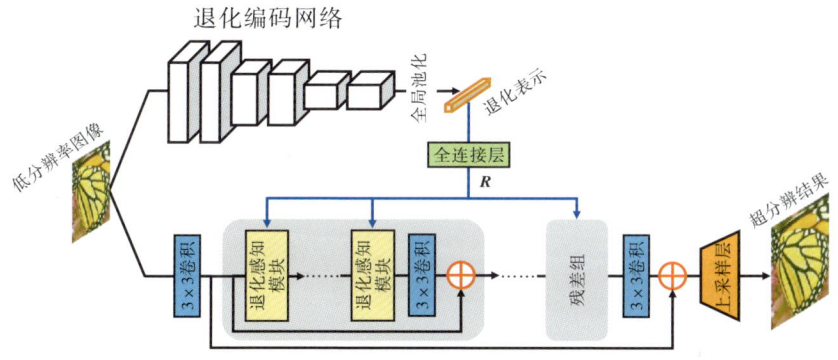

图3.2 网络结构

#### 3.2.1.2 退化表示学习

已有的盲超分辨网络[101-102]需要先进行图像退化估计，再利用估计得到的图像退化来引导图像超分辨。这些网络中的退化估计子网络依赖于图像退化的真值进行有监督训练。然而在实际中，图像退化的真值一般难以获得，此时已有的盲超分辨网络难以进行训练。为了解决这一问题，我们提出了一种退化表示学习机制，致力于无监督地从低分辨率图像中提取具有判别力的退化表示，为图像超分辨隐式地提供退化信息。

给定任意两张低分辨率图像(如图3.3中的图像1与图像2)，通常认为每张图像内不同位置处的退化模型一致，而不同图像间的退化模型存在差异[95,100]。在此基础上，首先，对于图像1中的任意一个图像块(如图3.3中橙色框所示图像块)，图像1中其他位置的图像块(如图3.3中红色框所示图像块)可以看成是正样本，而图像2中的图像块(如图3.3中蓝色框所示图像块)可以看成是负样本。然后，利用退化编码网络从这些图像块中提取退化表示向量，并参照文献[194-195]中的设置，利用多层感知机(multi-layer perceptron，MLP)进一步将退化表示映射到某一特征空间下，得到 $x$、$x^+$ 和 $x^-$。在该特征空间下，具有相同退化的 $x$ 和 $x^+$ 应该尽可能靠近，同时，

具有不同退化的 $x$ 和 $x^-$ 应该尽可能远离。为了实现这一目标，我们利用无监督对比学习的思想，使用信息噪声对比估计损失（information noise contrastive estimation loss，InfoNCE Loss）作为损失函数对退化编码网络进行优化，即

$$L_{\text{deg}} = -\log \frac{\exp(x \cdot x^+ / \tau)}{\exp(x \cdot x^+ / \tau) + \sum_{n=1}^{N} \exp(x \cdot x_n^- / \tau)} \quad (3.10)$$

其中，$N$ 为负样本的数量，$\tau$ 为温度参数，"·"表示向量的点乘。在图像退化真值未知时，本章提出的退化表示学习机制绕开了对图像退化的显式估计，利用对比学习将不同图像退化映射到特征空间中具有区分性的退化表示，进而隐式地提供了图像退化信息。

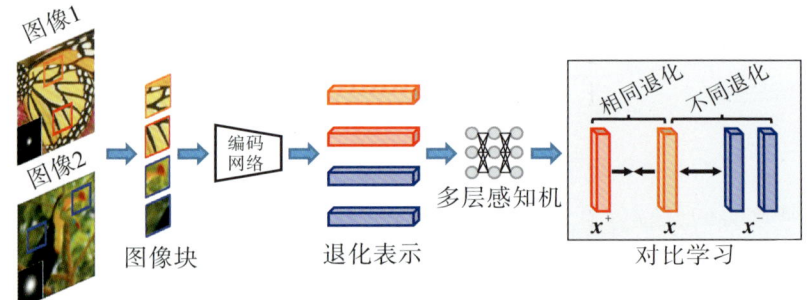

图 3.3  退化表示学习

已有的对比学习研究表明，负样本的规模和多样性对性能有重要的影响[194,196-197]。为了保证退化表示学习能够不受图像内容的影响而学习到鲁棒的退化表示，在退化编码网络训练过程中使用的负样本需要覆盖不同的图像退化及丰富的图像内容。为了实现这一目标，本章参照文献[196]中的做法，在训练过程中构建了一个长度为 $N_{\text{queue}}$ 的负样本队列，每次迭代时将当前批次的 $B$ 个低分辨率图像块更新到负样本队列中，同时移除最早进入队列的 $B$ 个负样本，这一设定能够保证负样本队列可以提供图像退化和图像内容多样的负样本。

## 3.2.2 退化感知的超分辨网络

### 3.2.2.1 网络结构

本章提出的退化感知的超分辨网络的结构如图 3.2 所示。给定输入的低分辨率图像,首先将其送入 1 层 3×3 卷积中提取浅层特征;然后将提取的特征送入 5 个残差组中提取深层特征,其中每个残差组包括 5 个退化感知模块;最后将提取的深层特征与浅层特征相加,并送入上采样层进行超分辨率重建,得到最终的超分辨结果。为了充分利用退化表示中的退化信息,我们利用一层全连接层对退化表示进行处理得到 $R$,之后将 $R$ 送入退化感知模块以提供隐式的退化信息。

### 3.2.2.2 退化感知模块

本章提出的退化感知模块包含 2 个退化感知卷积层以及 2 个 3×3 卷积层,如图 3.4 所示。退化感知模块的核心是退化感知卷积层,主要负责利用退化表示向量中的退化信息,完成特定退化下的特征学习,从而使整个超分辨网络具有处理多种不同退化的能力。

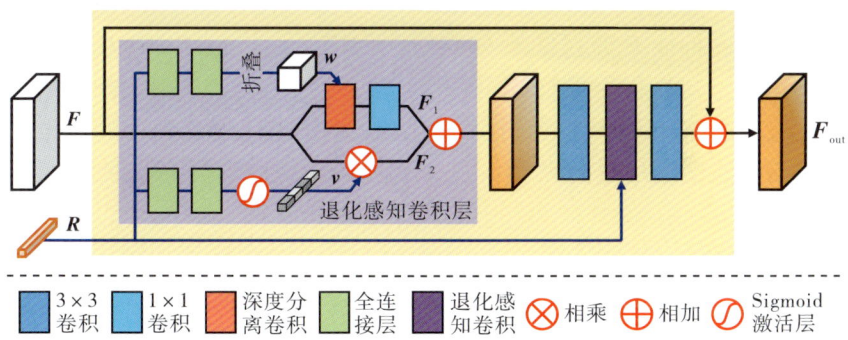

图3.4 退化感知模块

已有的超分辨网络[69,94]为了获得处理多种不同退化的能力,一般先将退化信息作为额外的特征,与图像提取的特征沿通道维度进行级联,再送入卷积神经网络中进行处理。然而,由于退化特征与图像特征之间存在域差异(domain gap),直接使用卷积层对两部分特征不加区分地进行处理会造成相互间信息的干扰[101],导致退化信息不能被很好地利用。为了解决这一问题,本章提出的退化感知卷积层从 2 个方面对退化信息的使用进行了专门的设计。

其一，文献[198]发现，在面向不同图像退化训练得到的网络模型中，滤波器在统计特性（如均值、方差等）上具有明显差异。这表明，不同图像退化需要不同的滤波器进行处理。受此启发，在退化感知卷积层中，我们首先将退化表示向量 $R$ 送入 2 层全连接层，并对输出结果进行折叠，得到 1 个深度分离卷积的卷积核 $w$；然后，使用该卷积核对输入的特征 $F$ 进行深度分离卷积操作，并将结果送入 1 个 1×1 卷积中对通道维度信息进行融合，得到特征 $F_1$。基于退化表示向量得到的深度分离卷积核能够根据退化表示向量 $R$ 中的退化信息自适应地进行调整，使网络具备处理不同图像退化的能力。

其二，文献[199]指出，通过对图像复原网络中特征不同通道的响应值进行放缩，能够让网络具备应对多种不同退化的能力。基于此，我们首先将退化表示向量 $R$ 送入另外 2 层全连接层，并利用 Sigmoid 激活函数对输出结果进行处理，得到不同通道的缩放系数 $v$；然后，将缩放系数乘到特征 $F$ 对应的通道上，对不同通道的响应值进行缩放，得到特征 $F_2$。基于退化表示向量 $R$ 得到的缩放系数能够根据其中的退化信息自适应地调整缩放比例，使网络具备处理不同图像退化的能力。

输入的特征 $F$ 经过 2 个分支后，将输出的特征 $F_1$ 和 $F_2$ 相加，得到退化感知卷积的最终输出特征。利用 2 个分支中的动态卷积核 $w$ 以及动态缩放系数 $v$，退化感知卷积能根据退化表示 $R$ 中的退化信息对自身自适应地进行调整，从而使整个网络能够处理多种不同的退化。

### 3.2.3　实验结果与分析

本小节通过一系列实验对提出的基于退化表示学习的单帧图像超分辨率重建算法的有效性和优越性进行验证。首先，3.2.3.1 节对实验设置进行介绍；其次，3.2.3.2 节将所提算法与已有算法在不同数据上进行对比实验，并对实验结果进行描述和分析；最后，3.2.3.3 节通过消融实验，对所提算法中的不同模块进行分析。

比，本章算法在真实低分辨率图像上取得了最好的视觉效果，重建结果中的文字更加清晰，更容易辨识。

图 3.7　真实低分辨率图像上 4 倍超分辨结果对比

图 3.8 进一步展示了不同算法在 AIM 真实图像超分辨率重建竞赛的 2 张真实低分辨率图像上得到的超分辨结果。从图 3.8 中可以看出，RCAN、SRMD 以及 IKC 都不能很好地恢复书脊和标志牌上的符号，重建结果中具有明显的模糊效应。相比之下，本章算法更好地恢复了图像中损失的细节信息，边缘更加清晰锐利，取得了更好的视觉效果。

遥感图像数据集：我们在遥感图像数据集上对本章算法进行评测，同时分析所提图像超分辨率重建算法对图像中小目标检测性能的影响。具体来说，首先将从 USAC-AOD 中挑选的 50 张测试图像（800×800）分别利用不同的图像超分辨率重建算法进行 4 倍超分辨，然后利用目标检测器在超分辨结果（3200×3200）中进行飞机目标检测，并对不同超分辨率重建算法的目标检测性能进行对比。在实验过程中，使用在整个 UCAS-AOD 数据集上训练得到的 RetinaNet-DAL[201] 作为检测器。

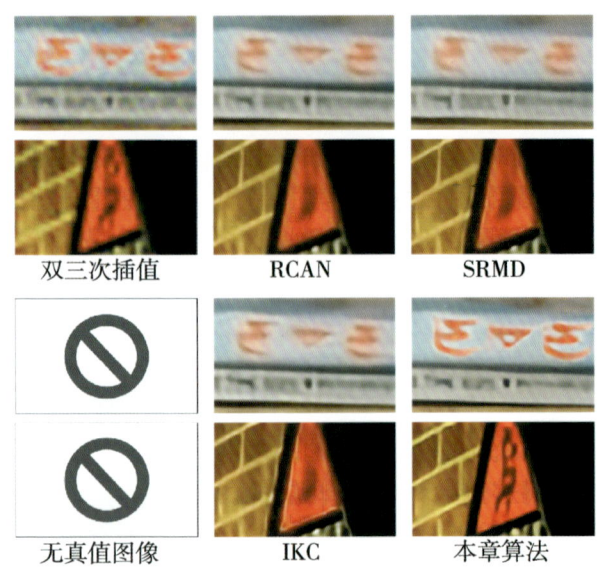

图 3.8　AIM 真实图像超分辨竞赛数据上 4 倍超分辨结果对比

图 3.9 展示了不同算法在真实低分辨率遥感图像上得到的超分辨结果。从图 3.9 中可以看出，RCAN 在面对真实场景中复杂的图像退化时，不能很好地恢复图像中损失的图像细节，得到的超分辨率重建结果具有明显的振铃效应。SRMD 在处理真实退化时，由于退化估计误差的影响，得到的重建结果具有明显的模糊效应，细节不够清晰。IKC 通过对估计得到的退化进行迭代修正，取得了更好的视觉效果，但得到的超分辨结果中仍有明显的扭曲效应。与其他算法相比，本章算法在真实低分辨率图像上取得了最好的视觉效果。例如，在第一个场景中，重建结果中的数字"015"更加清晰，更容易辨识。

表 3.3 进一步对比了不同算法的全类平均精度（mean average precision，mAP）值来分析不同算法超分辨结果中的目标检测性能。该值的大小反映了整体检测性能，值越高表明检测性能越好。从表 3.3 中可以看出，与原始图像相比，本章算法得到的超分辨结果中 mAP 值提高了 1 个百分点，这表明图像超分辨率重建能够恢复有助于目标检测的图像细节信息。与其他算法相比，目标检测器在本章算法得到的超分辨结果中取得了最高的 mAP 值，这表明本章算法能够更加准确地恢复低分辨率图像中飞机目标的细节信息，帮助目

标检测器更好地检测定位目标。

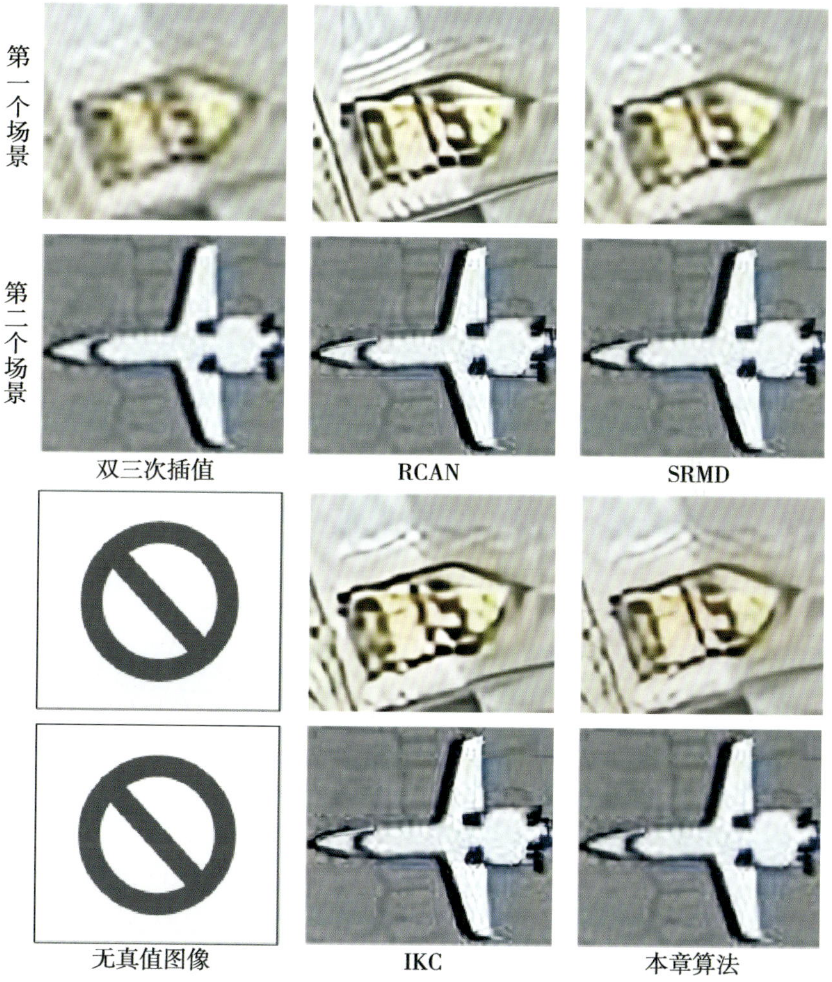

图 3.9 真实遥感图像上 4 倍超分辨结果对比

表 3.3 UCAS-AOD 数据集上目标检测性能对比

| 算法 | 原图 | RCAN | SRMD | IKC | 本章算法 |
|---|---|---|---|---|---|
| mAP/% | 85.5 | 85.7 | 85.2 | 86.0 | 86.5 |

### 3.2.3.3 算法分析

我们首先在各向同性高斯模糊退化上，通过消融实验，对本章提出的基于退化表示学习的单帧图像超分辨率重建算法中部分结构和设计的有效性进行验证；然后，对退化编码网络学习得到的退化表示进行可视化分析，其结果对比如表 3.4 所示。

表 3.4　Set14 数据集上不同退化下 4 倍超分辨的峰值信噪比结果对比

| 方法 | 退化表示学习 | 退化感知卷积 | | 真值退化 | 运行时间 | 模糊核宽度($\sigma$)/dB | | | | |
|---|---|---|---|---|---|---|---|---|---|---|
| | | 卷积核 | 缩放系数 | | | 0.2 | 1.0 | 1.8 | 2.6 | 3.4 |
| SRMD | — | — | — | √ | 3 ms | 28.44 | 28.50 | 28.49 | 28.31 | 27.55 |
| SRMD + KernelGAN | — | — | — | × | 3 ms + 190 s | 26.62 | 26.74 | 26.62 | 26.88 | 26.66 |
| SRMD + Predictor | — | — | — | × | 3 ms + 2 ms | 26.13 | 26.15 | 26.19 | 26.20 | 26.18 |
| 模型 1 | × | √ | √ | × | 70 ms | 28.46 | 28.40 | 28.30 | 27.77 | 26.79 |
| 模型 2 | √ | × | × | × | 51 ms | 28.49 | 28.38 | 27.99 | 27.54 | 26.72 |
| 模型 3 | √ | √ | × | × | 67 ms | 28.42 | 28.30 | 28.21 | 27.97 | 27.33 |
| 模型 4 | √ | √ | √ | × | 70 ms | 28.50 | 28.45 | 28.40 | 28.16 | 27.58 |
| 模型 5 | — | √ | √ | √ | 61 ms | 28.60 | 28.67 | 28.69 | 28.48 | 27.90 |

（1）退化表示学习。

在本章提出的算法中，退化表示学习主要负责从低分辨率图像中学习一个具有区分性的表示来隐式地提供退化信息。为了验证其有效性，我们在原模型（模型 4）的基础上，设计了一个对比模型（模型 1）。该模型在损失函数中不仅移除了退化表示学习损失 $L_{\text{deg}}$ 而保持了原来的网络结构，同时也移除了对退化编码网络的单独训练阶段，而直接对整个网络进行 500 代的训练。

首先，对模型 1 和模型 4 退化编码网络得到的退化表示向量进行可视化对比。具体来说，使用 B100 数据集中的 100 张图像，生成不同退化（不同模糊核宽度）下的低分辨率图像，并将这些低分辨率图像分别送入模型 1 和模型 4 的退化编码网络中得到退化表示向量。其次，利用 T-SNE（t-distributed stochastic neighbor embedding）方法[205]对高维退化表示向量进行降维可视化，得到的可视化结果如图 3.10 所示。从图 3.10(a)可以看出，当移除退化表示学习后，模型 1 难以学习到有区分性的退化表示，不同退化得到的退化表示混合在一起难以进行辨识。从图 3.10(b)可以看出，当使用退化表示学习后，模型 4 可以学习到具有区分性的退化表示，不同退化得到的退化表示能够聚到不同的类中，从而隐式地编码了退化信息。

通过对比表 3.4 中模型 1 与模型 4 可以进一步看出，当退化表示学习被移除后，模型 1 不能很好地处理不同的退化，导致其与模型 4 相比性能发生明显的下降，特别是当模糊核宽度比较大时，性能下降更加显著。由于退化表示学习能够通过学习具有区分性的退化表示来隐式地提供退化信息，模型 4 能够更好地处理不同的退化，因此取得了更高的峰值信噪比。

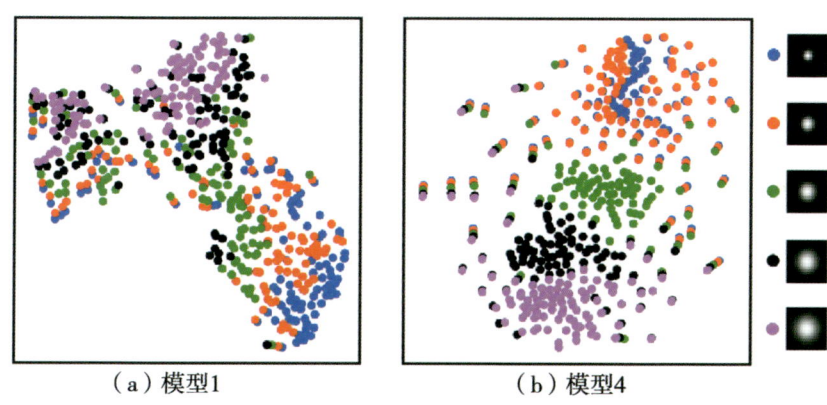

图 3.10　退化表示的可视化结果对比

（2）退化感知卷积。

在本章提出的算法中，退化感知卷积主要负责发掘退化表示中隐含的退化信息，使网络适配到不同退化上。退化感知卷积主要包括卷积核预测和缩放系数预测 2 个分支，这 2 个分支共同作用，使网络具备了处理多种退化的能力。为了验证这 2 个分支的有效性，我们设计了一个对比模型（模型 2），该模型将退化感知卷积替换为普通卷积。为了使模型 2 能够利用退化表示中的退化信息，我们参照文献[69]中的方式，将退化编码网络得到的退化表示与图像特征级联后送入普通卷积进行处理。之后，本章又设计了另外一个对比模型（模型 3），该模型在原模型的基础上移除了缩放系数预测分支。为了保证模型 2 和模型 3 与模型 4 的公平对比，我们对模型 2 和模型 3 的通道数进行了调整，以保证 2 个模型的参数量与模型 4 相当。

从表 3.4 可以看出，当去掉退化感知卷积后，模型 2 的性能发生了明显下降。当加入卷积核预测分支后，模型 3 的性能有所提升，但与模型 4 相比仍有较大的性能损失，特别是当模糊核宽度比较大时，性能下降更加显著。这表明，退化感知卷积中的卷积核预测与缩放系数预测分支对网络处理多种不同退化均有积极的作用，使得模型 4 在不同退化下均具有更高的峰值信噪比。

（3）盲超分与非盲超分。

本章提出的退化表示学习致力于在退化未知（盲超分场景）时隐式地提供退化信息。我们进一步对比了本章所提算法在盲超分与非盲超分场景下的性能，并分析了本章算法的性能上限。在非盲场景下，图像退化真值可以准确地获得，因此我们将退化编码网络替换为 5 层全连接层，直接从图像退化中提取退化表示向量。同样地，先对该模型（模型 5）进行 500 代训练，再将其与模型 4 进行性能对比。

从表 3.4 可以看出，当使用真值图像退化时，模型 5 取得了比模型 4 更好的性能，特别是当模糊核宽度比较大时，峰值信噪比的提升更大。与同样非盲超分辨算法 SRMD 相比，模型 5 在不同退化上均取得了显著优于 SRMD 的结果。由于 SRMD 依赖于显式的退化估计来提供退化信息，该算法对退化估计精度十分敏感，在盲超分场景下性能发生明显下降。例如，当模糊核宽度 $\sigma=3.4$ 时，峰值信噪比结果由 27.55 dB 下降到 26.66 dB（SRMD + KernelGAN）和 26.18 dB（SRMD + Predictor）。相比之下，本章算法受益于提出的退化表示学习，在盲超分场景下取得了更高的性能。

进一步分析退化感知卷积在不同图像退化下得到的卷积核和缩放系数。如图 3.11 所示，不同高斯模糊核宽度（$\sigma=0.2$ 和 $\sigma=3.4$）学习得到的卷积核具有不同的图案，这表明本章提出的退化感知卷积中的卷积核预测分支可以适配到不同的图像退化上。图 3.12 进一步展示了不同高斯模糊核宽度下的缩放系数。从图 3.12 中可以看出，在不同宽度的高斯模糊核下，缩放系数预测分支会自适应地给不同通道分配不同的缩放系数。

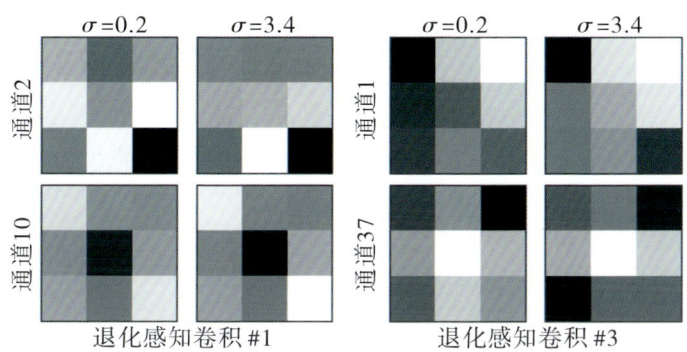

图3.11 不同退化核宽度下的卷积核可视化结果对比

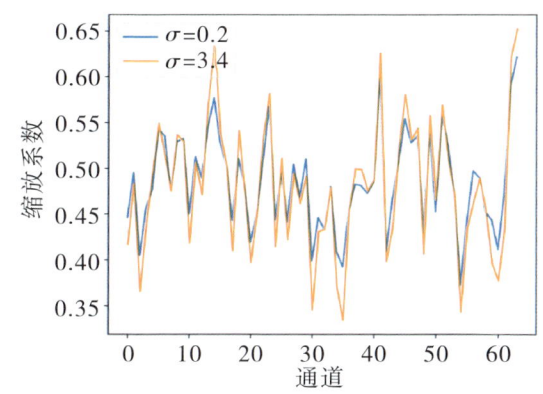

图3.12 不同退化核宽度下的缩放系数可视化结果对比

(4) 退化表示分析。

本章提出的退化表示学习致力于从低分辨率图像中提取与图像内容无关的退化信息,通过实验来说明本章算法得到的退化表示关于图像内容的鲁棒性。首先,从 Set14 数据集中随机选取 10 张图像,并使用某一给定的图像退化生成 10 张低分辨率图像($I_1$, $I_2$, ⋯, $I_{10}$);其次,将 10 张低分辨率图像逐个送入退化编码网络中提取退化表示向量,并利用得到的退化表示向量对 $I_1$ 进行超分辨率重建。需要特别说明的是,虽然 $I_1$ 与 $I_i$($i=2, 3, ⋯, 10$)具有不同的图像内容,但图像退化相同。如图3.13所示,当使用不同图像得到的退化表示对 $I_1$ 进行超分辨时,峰值信噪比结果相对比较稳定,这表明本章提出的退化表示学习对图像内容具有较好的鲁棒性,能够在不同的图像内容中提取到与图像内容无关的退化信息。

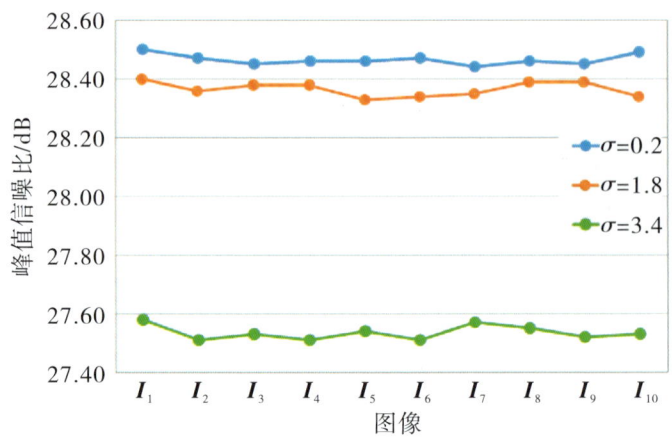

图 3.13　不同图像内容对超分辨率性能的影响

图 3.10(b)展示了本章提出的退化表示学习机制能够对不同的各向同性高斯模糊核学习到具有差异性的退化表示。为了进一步说明退化表示学习在更复杂退化下的有效性,我们进一步分析了不同各向异性高斯模糊核以及不同噪声强度下的退化表示的差异性。如图 3.14 所示,本章提出的退化表示学习对不同模糊核和不同噪声强度都具有较好的区分性,既能轻松地将不同噪声强度下得到的退化表示聚类到不同的簇中,又能大致将不同模糊核得到的退化表示区分开。

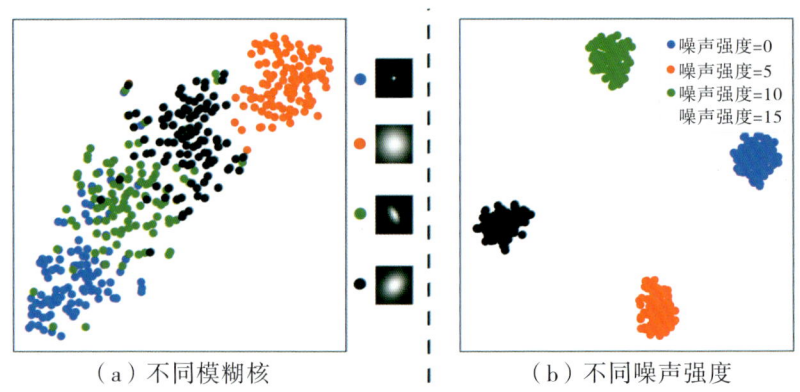

（a）不同模糊核　　　　　　　　（b）不同噪声强度

图 3.14　不同模糊核及不同噪声强度下退化表示的可视化结果对比

在直觉上，高斯模糊核越大时，边缘处的模糊效应越明显，因此边缘、纹理区域应该可以提供辨识不同退化的更多线索，这些区域更有助于提取具有区分性的退化表示。为了验证这一观点，我们随机选取了一张低分辨率图像 $I$，并在该图像中随机裁取图像块送入退化编码网络提取退化表示向量，同时将得到的退化表示向量送入退化感知的超分辨网络进行超分辨率重建。统计得到的不同图像块的平均梯度与对应的超分辨峰值信噪比的关系如表 3.5 所示。从表 3.5 中可以看出，图像超分辨峰值信噪比与图像块梯度大致呈正相关关系，这表明图像块内边缘、纹理越丰富，梯度越大，提取得到的退化表示向量具有越强的可区分性，能够提供更加准确的退化信息。

表3.5　图像块梯度与峰值信噪比结果的关系

| 指标 | 图像块1 | 图像块2 | 图像块3 | 图像块4 | 图像块5 | 图像块6 | 图像块7 | 图像块8 | 图像块9 | 图像块10 | 全图 |
| --- | --- | --- | --- | --- | --- | --- | --- | --- | --- | --- | --- |
| 梯度 | 8.12 | 8.75 | 9.23 | 9.55 | 10.14 | 10.28 | 10.88 | 11.58 | 12.21 | 12.37 | 10.25 |
| 峰值信噪比/dB | 25.30 | 25.33 | 25.39 | 25.43 | 25.50 | 25.52 | 25.58 | 25.58 | 25.59 | 25.59 | 25.52 |

（5）训练集外的图像退化。

本章所提网络在训练时，使用了文献[101]中的图像退化设置。虽然该图像退化设置已经覆盖了较大的图像退化空间，但仍不能完全覆盖真实场景中的全部退化。因此，我们进一步将本章算法在训练集外的图像退化上的泛化能力与 IKC 进行对比。如图 3.15 所示，在高斯模糊核宽度为 3.0 时，本章算法与 IKC 都取得了较好的视觉效果；随着高斯模糊核宽度逐渐增加，本章算法相较于 IKC 具有更好的重建效果；在训练集外的图像退化上，本章算法取得了比 IKC 更好的泛化性能，图像细节信息更加清晰；当图像退化与训练集偏离较远时（$\sigma = 5.0$），本章算法得到的重建结果中也开始出现一些模糊效应。综上所述，与 IKC 相比，本章算法在训练集外的图像退化上具有更好的泛化性能，但当图像退化偏离较大时，泛化能力同样有限。

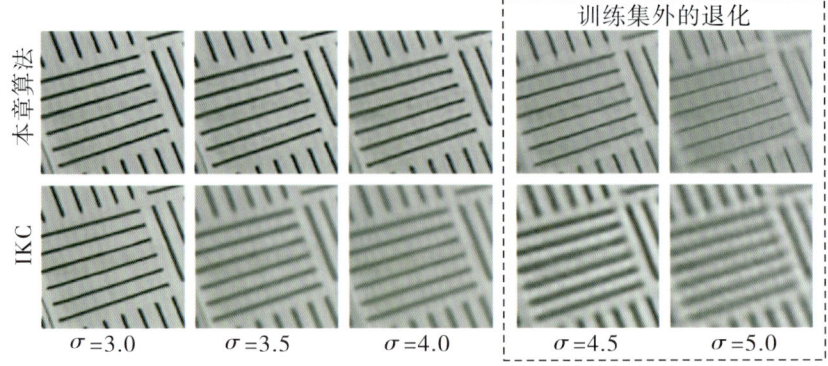

图 3.15 训练集外的图像退化上的超分辨结果

## 3.3 任意倍率的单帧图像超分辨率重建算法

本章提出的任意倍率的单帧图像超分辨率重建算法致力于将倍率感知的插件模块,嵌入到已有的超分辨网络中,实现任意倍率的超分辨。该模块主要包括多个倍率感知的特征适配模块以及 1 个倍率感知的上采样层,如图 3.16 所示。对于给定的超分辨网络,首先,在每 $K$ 个主干模块后插入 1 个倍率感知的特征适配模块,并根据输入的放大倍率对主干网络中的特征进行调制;其次,将主干网络得到的特征送入倍率感知的上采样层中,实现任意倍率的特征上采样;最后,利用 1 层 $3\times3$ 卷积完成最终高分辨率图像的重建。

### 3.3.1 网络设计启发

文献[81]指出,不同倍率的超分辨率重建任务之间存在相关关系,因此,我们希望设计一个可以处理任意倍率超分辨任务的网络。在直觉上,由于不同放大倍率对应的图像退化过程的图像退化模型不同[95],网络需要针对不同放大倍率学习具有一定区分性的特征以提高不同倍率下的超分辨性能。因此,本节将对不同倍率超分辨任务间的关系进行分析来指导网络设计。

# 第 3 章　单帧图像超分辨率重建算法

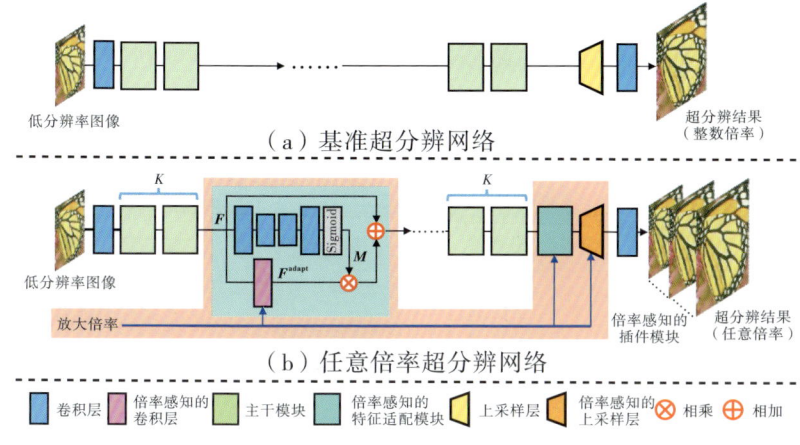

图 3.16　倍率感知的插件模块

为了分析不同倍率超分辨任务间的关系，本小节选择 EDSR[81]作为基准网络，对 2 倍、3 倍、4 倍超分辨网络中对应层的特征相似性进行统计分析。首先，将低分辨率图像送入 2 倍、3 倍、4 倍的 EDSR 网络中进行前向传播；其次，计算在 2 倍、3 倍、4 倍的 EDSR 网络中对应层的特征间的相似性。具体来说，对于 EDSR 网络中的第 $i$ 层，首先参照文献 [206] 中特征相似性的计算方式，将 2 倍、3 倍、4 倍的特征减去均值以避免全局分量的影响；其次对于图像中任意一个位置 $p$，计算 2 倍、3 倍、4 倍的特征中 $p$ 位置对应的特征向量 $\boldsymbol{f}_i^{\times 2}$、$\boldsymbol{f}_i^{\times 3}$、$\boldsymbol{f}_i^{\times 4}$ 间的余弦相似性。

$$S_i(p) = \frac{1}{3}\left(\frac{(\boldsymbol{f}_i^{\times 2})^{\mathrm{T}}\boldsymbol{f}_i^{\times 3}}{\|\boldsymbol{f}_i^{\times 2}\|\,\|\boldsymbol{f}_i^{\times 3}\|} + \frac{(\boldsymbol{f}_i^{\times 2})^{\mathrm{T}}\boldsymbol{f}_i^{\times 4}}{\|\boldsymbol{f}_i^{\times 2}\|\,\|\boldsymbol{f}_i^{\times 4}\|} + \frac{(\boldsymbol{f}_i^{\times 3})^{\mathrm{T}}\boldsymbol{f}_i^{\times 4}}{\|\boldsymbol{f}_i^{\times 3}\|\,\|\boldsymbol{f}_i^{\times 4}\|}\right)$$

(3.13)

图 3.17 展示了 2 个场景下的特征相似性可视化结果。从图 3.17 中可以看出，不同主干模块和图像中不同区域上的特征相似性具有明显差异。也就是说，不同主干模块和图像中不同区域上的特征对放大倍率变化具有不同的敏感程度。因此，为了实现对图像任意倍率的超分辨，需要根据图像不同区域中的特征相似性，对它们进行不同程度的特征调制。对于一些区域，不同放大倍率的特征间具有较高的相似性，此时可以直接将该特征用于任意放大倍率的超分辨任务上；相反，对于一些区域，不同放大倍率的特征间相似性较低，此时需要对这些区域上的特征进行有针对性的调制使其适配到对应

的放大倍率上。基于这一启发，本章提出通过倍率感知的插件模块，来实现对图像任意倍率的超分辨率重建。

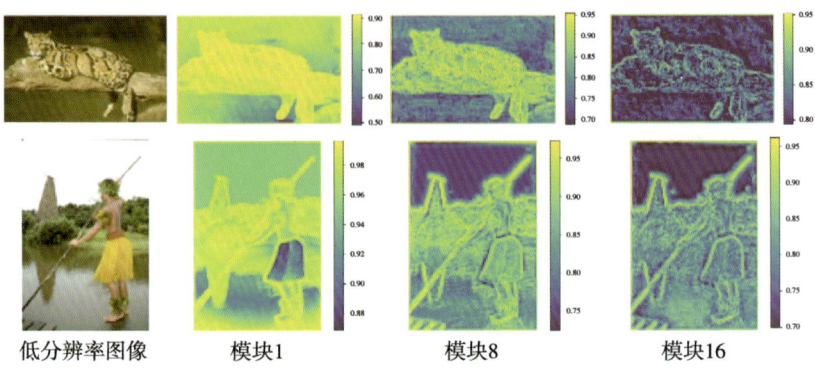

低分辨率图像　　模块1　　　　模块8　　　　模块16

图 3.17　特征相似性可视化结果

### 3.3.2　倍率感知的插件模块

#### 3.3.2.1　倍率感知的特征适配模块

倍率感知的特征适配模块主要负责对主干网络中的特征进行调制，使其适配到对应的放大倍率上。如图 3.16(b)所示，对于输入的特征 $F$，将其送入一个 4 层沙漏网络中进行处理，并将得到的结果送入 1 层 Sigmoid 激活层得到 1 张引导图像 $M$；同时，将 $F$ 送入倍率感知的卷积层中进行特征调制，得到调制后的特征 $F^{adapt}$。最后，利用引导图像 $M$ 对输入特征 $F$ 和调制后的特征 $F^{adapt}$ 进行融合：

$$F^{fuse} = F + F^{adapt} \times M \qquad (3.14)$$

如 3.3.1 节中所分析，对于不同放大倍率间具有较高相似性的图像区域，$F$ 可以直接用于不同倍率的超分辨任务而不需要进行特征调制，也就是说 $M$ 在这些区域应该趋近于 0；相反，对于不同放大倍率间具有较低相似性的图像区域，需要利用 $F^{adapt}$ 对特征 $F$ 进行调制，也就是说 $M$ 在这些区域应该趋近于 1。因此，引导图像 $M$ 发挥了门控机制的作用，引导特征适配模块对图像不同区域进行不同程度的调制。

倍率感知的特征适配模块的核心是倍率感知的卷积层，其结构如图 3.18 所示。该卷积层利用图像放大倍率作为额外的输入，对输入的特征进行有针对性的处理，使其适配到对应的放大倍率上。首先，将水平和竖直的放大倍率 $s_h$ 和 $s_v$ 送入具有 2 层全连接层的模型控制器中生成权重系数；其次，利用这些权重系数对专家滤波器进行线性组合，得到倍率感知的滤波器；最后，利用得到的滤波器对输入特征进行处理，得到最终调制后的特征。专家滤波器作为倍率感知的卷积层中待优化的一组滤波器，能够与网络中的其他参数一起在训练过程中被更新。所提算法期望不同的专家滤波器能够学习到面向不同倍率超分辨任务的知识，这样利用权重系数对这些专家滤波器进行融合，就可以得到面向任意放大倍率的专用滤波器。不同于原始卷积层中静态的滤波器，本章提出的倍率感知的卷积层能够根据不同放大倍率，动态地在线生成对应的滤波器，因此能够更好地处理不同放大倍率的超分辨任务。

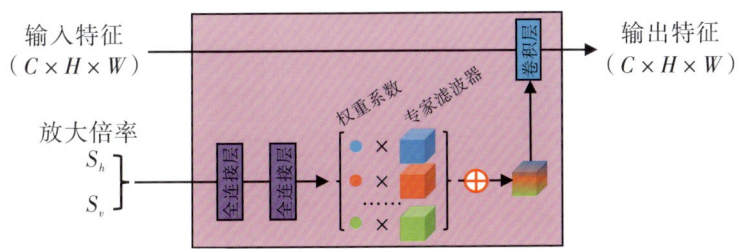

图 3.18　倍率感知的卷积层

#### 3.3.2.2　倍率感知的上采样层

亚像素卷积层(sub-pixel convolution)在已有的超分辨网络中被广泛用作上采样层，用于对特征进行整数倍的上采样。如图 3.19(a)所示，对于 $s$ 倍($s$=2,3,4)超分辨任务，首先将尺寸为 $C_{in} \times H \times W$ 的特征送入卷积层得到尺寸为 $r^2 C_{out} \times H \times W$ 的特征；其次将该特征展平，得到尺寸为 $C_{out} \times rH \times rW$ 的特征，进而实现对特征的整数倍放大。整个亚像素卷积层的处理过程可以分为采样和空变滤波 2 步，如图 3.19(b)所示。对于要得到的高分辨率空间的任意一个位置($x$, $y$)，先在低分辨率空间对该位置及其邻域进行采样；再计算($x$, $y$)的子位置(即计算 $x$ 和 $y$ 除以 $s$ 的余数)，在 $s^2$ 个滤波器中选择对应的滤波器对采样得到的邻域进行卷积操作。可以看出，虽然亚像素卷积层可以很好地处理整数倍的超分辨任务，但不能直接处理非整数倍的超分辨任务。

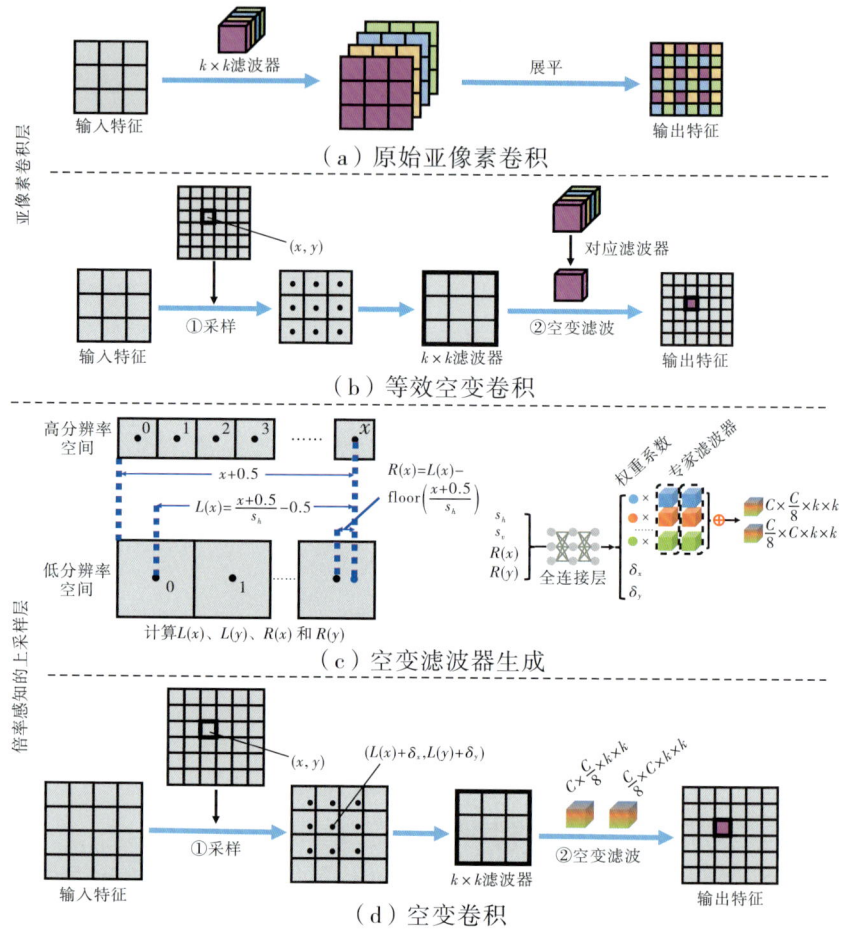

图 3.19 已有网络中的上采样层与本章提出的尺度感知的上采样层

为了解决这一问题,本章提出了倍率感知的上采样层,用于任意倍率的特征上采样。首先,如图 3.19(c)所示,对于高分辨率空间下任意一个位置 $(x, y)$,计算其在低分辨率空间下的坐标 $L(x)$ 和 $L(y)$ 以及相对子位置 $R(x)$ 和 $R(y)$:

$$\begin{cases} L(x) = \dfrac{x+0.5}{s_h} - 0.5 \\ L(y) = \dfrac{y+0.5}{s_v} - 0.5 \end{cases} \quad (3.15)$$

$$\begin{cases} R(x) = L(x) - \text{floor}\left(\dfrac{x+0.5}{s_h}\right) \\ R(y) = L(y) - \text{floor}\left(\dfrac{y+0.5}{s_v}\right) \end{cases} \tag{3.16}$$

其次,如图 3.19(c)所示,将 $R(x)$、$R(y)$、$s_h$ 和 $s_v$ 一起送入 2 层全连接层中进行特征提取,并将提取的特征分别送入滤波器预测头和偏移预测头中得到权重系数和偏移($\delta_x$ 和 $\delta_y$)。其中,权重系数用来对专家滤波器进行融合,得到倍率感知的滤波器。需要特别说明的是,由于直接预测一个全尺寸的滤波器(即 $C \times C \times k \times k$)会导致在下一步空变滤波过程中产生非常大的存储开销,因此本章使用 2 组专家滤波器来预测 2 个轻量滤波器(尺寸分别为 $C \times \dfrac{C}{s} \times k \times k$ 和 $\dfrac{C}{s} \times C \times k \times k$)。

最后,与亚像素卷积层类似,通过采样和空变滤波两个步骤完成对特征的任意倍率上采样,如图 3.19(d)所示。对于要得到的高分辨率空间的任意一个位置$(x,y)$,先在低分辨率空间对$(L(x)+\delta_x, L(y)+\delta_y)$位置及其邻域进行采样;再利用生成的滤波器对采样得到的邻域进行卷积操作,得到高分辨率空间下$(x,y)$位置的特征。需要特别说明的是,由于当 $k=3$ 时,2 个轻量滤波器仍然会在对较大图像进行超分辨时产生较大的内存开销(例如,4 倍超分辨一张 320×180 的图像需要约 31.6 GB 的内存),本章将 $k$ 设置为 1 以进一步减小内存开销(只需约 3.5 GB 的内存)。

### 3.3.3 实验结果与分析

本节通过一系列实验对本章提出的任意倍率的单帧图像超分辨率重建算法的有效性和优越性进行验证。首先,3.3.3.1 节对实验设置进行介绍;其次,3.3.3.2 节通过消融实验,对所提算法中的不同模块进行分析;最后,3.3.3.3 节将所提算法与已有算法在不同数据上进行对比试验,并对实验结果进行描述和分析。

### 3.3.3.1 实验设置

（1）数据集。

视觉图像数据集：参照文献[103]，本节将DIV2K[93]数据集作为训练集，将Set5[88]、Set14[89]、B100[90]、Urban100[91]以及Manga109[92] 5个常用的数据集作为测试集。其中，DIV2K数据集中的训练集包含800张2K分辨率以上的高清图像，能提供多样化的图像内容及丰富的图像细节。

遥感图像数据集：在遥感探测场景下，当相机光轴与地表不垂直时，地表物体在探测图像中会发生不对称的扭曲，这不利于目标检测识别等任务。为了验证本章算法在处理此类遥感图像上的有效性，我们从互联网上收集了长沙黄花机场、北京首都机场、美国洛杉矶机场、美国旧金山机场、英国伦敦希思罗机场的遥感探测图像作为测试样本。

（2）训练设置。

在本节实验中，使用对称（×1.1，×1.2，…，×3.9，×4.0）和非对称 $\left(\frac{\times 1.5}{\times 2.0}, \frac{\times 1.5}{\times 2.5}, \cdots, \frac{\times 4.0}{\times 3.5}, \frac{\times 4.0}{\times 4.0}\right)$ 这2种放大倍率设置构成放大倍率池，用于网络的训练。其中，分子表示水平方向的放大倍率，分母表示竖直方向的放大倍率。在训练过程中，首先，随机从训练数据集中选取16张图像，同时从放大倍率池中随机选取一种放大倍率，利用双三次降采样，生成16张低分辨率图像；其次，在每张低分辨率图像中随机裁取一个50×50的图像块，同时从对应的高分辨率图像中裁取对应的高分辨率图像块；最后，对高分辨率与低分辨率图像块进行随机的图像翻转和旋转来实现数据增强。

在本节实验中，使用EDSR[81]、RDN[82]和RCAN[85]作为基准超分辨率网络，并将本章提出的倍率感知的插件模块分别嵌入到3个基准网络中，得到3个任意倍率的超分辨网络（ArbEDSR、ArbRDN和ArbRCAN）。为了控制模型参数量，对于ArbEDSR、ArbRDN和ArbRCAN，专家滤波器的个数均设置为4，图3.16中的$K$分别设置为4、2和1。为了加快训练速度，实验中使用预训练的4倍超分辨率网络对主干网络进行初始化。由于RDN是使用Torch框架开发的，而本章所提算法是使用PyTorch框架开发的，因此，实验中先在PyTorch上预训练了一个4倍超分辨的RDN，并使用该网络对

ArbRDN 中的主干网络进行初始化。

在训练过程中，使用 Adam 优化器[202]对网络进行优化，设置 $\beta_1=0.9$，$\beta_2=0.999$。将超分辨结果与高分辨率图像真值间的 $L_1$ 损失作为网络的损失函数对网络进行 150 代训练，初始学习率设置为 $1\times10^{-4}$，之后每 30 代后减小一半。实验中，我们发现直接在放大倍率池中的全部放大倍率上进行训练会导致训练不稳定，因此，先在整数放大倍率（×2 倍、×3 倍、×4 倍）上对网络进行 1 代训练，再在全部放大倍率上进行正常训练。

（3）评测指标。

使用第 2.3 节中介绍的峰值信噪比（PSNR）进行性能评测。参照文献[203]中使用的评测方案，对于 RGB 彩色图像，将图像转换至 YCbCr 空间后只在 Y 通道计算峰值信噪比值；对于灰度图像，直接在图像上计算峰值信噪比值。

#### 3.3.3.2 算法分析

我们先对基准网络通过结合双三次插值实现任意倍率超分辨的不同方式进行分析；再使用 EDSR 作为基准超分辨网络，在 Set5 数据集上通过消融实验，对本章提出的倍率感知的插件模块中部分结构和设计的有效性进行验证。

（1）任意倍率超分辨的不同实现方式。

**对称非整数放大倍率**：已有的超分辨率网络大多是面向整数倍率超分辨任务设计的，无法直接用于非整数放大倍率的超分辨任务，需要结合双三次插值间接实现对图像非整数放大倍率的超分辨。因此，我们对整数倍率的 RCAN 与双三次插值不同的组合方式进行了对比分析。例如，对于一张低分辨率图像（如 60×60），为了实现对称的非整数放大倍率超分辨任务（如 ×2.5 倍）得到一张尺寸为 150×150 的图像，共有 4 种不同的组合实现方式。

①方式 1：将低分辨率图像双三次降采样至 50×50 后利用 RCAN 进行 3 倍超分辨。

②方式 2：将低分辨率图像双三次上采样至 75×75 后利用 RCAN 进行 2 倍超分辨。需要特别说明的是，当放大倍率小于 2 时，该方式变成简单的双三次插值。

③方式 3：利用 RCAN 对低分辨率图像进行 2 倍超分辨，得到尺寸为 120×120 的图像，再将该图像双三次上采样到 150×150 的

尺寸。需要特别说明的是，当放大倍率小于2时，该方式也会变成简单的双三次插值。

④方式4：利用RCAN对低分辨率图像进行3倍超分辨，得到尺寸为120×120的图像，之后将该图像双三次降采样到150×150的尺寸。

通过表3.6可以看出，与方式1和方式2相比，方式3和方式4取得了更高的峰值信噪比结果，这表明先利用超分辨网络对图像进行超分辨，再双三次插值得到指定分辨率的图像能够取得更好的性能。同时，方式4取得了最高的峰值信噪比结果，这表明，先利用超分辨网络将图像超分辨率至更高分辨率，然后双三次降采样至指定分辨率的图像具有更优性能。因此，在3.3.3.3节的性能对比中，对RCAN均采用方式4进行对称非整数放大倍率的超分辨。

表3.6 不同放大倍率下的峰值信噪比结果对比

单位：dB

| 方式 | ×1.55 | ×1.8 | ×2 | ×2.35 | ×2.5 | ×2.95 | ×3.1 | ×3.8 | 平均值 |
| --- | --- | --- | --- | --- | --- | --- | --- | --- | --- |
| 方式1 | 36.24 | 36.40 | 38.27 | 32.80 | 33.44 | 31.66 | 29.92 | 30.76 | 33.69 |
| 方式2 | 36.24 | 34.70 | 38.27 | 32.59 | 32.19 | 30.36 | 30.62 | 29.08 | 33.00 |
| 方式3 | 36.24 | 34.70 | 38.27 | 36.26 | 35.83 | 34.21 | 34.38 | 32.88 | 35.35 |
| 方式4 | 40.77 | 39.08 | 38.27 | 36.45 | 36.16 | 34.74 | 34.37 | 33.04 | 36.61 |

非对称放大倍率：已有的超分辨率网络大多是面向整数倍率超分辨任务设计的，无法直接用于非对称放大倍率的超分辨任务，需要结合双三次插值间接实现对图像非对称放大倍率的超分辨。对于一张低分辨率图像(如60×60)，为了实现非对称的放大倍率超分辨任务，共有2种不同的组合实现方式。

①方式1：利用RCAN对低分辨率图像进行2倍超分辨，得到尺寸为120×120的图像，再将该图像双三次插值到150×90的尺寸。

②方式2：利用RCAN对低分辨率图像进行3倍超分辨，得到尺寸为180×180的图像，再将该图像双三次插值到150×90的尺寸。

需要注意的是，由于3.3.3.1节的分析发现先利用超分辨网络对图像进行超分辨，再双三次插值得到指定分辨率的图像能够取得更好的性能，因此这里没有考虑先进行双三次插值后再进行超分辨的实现方式。

对于 Meta-RCAN[103]，虽然该网络能够实现对称非整数放大倍率的超分辨，但无法直接用于非对称放大倍率的超分辨任务，需要结合双三次插值间接实现对图像非对称放大倍率的超分辨。对于一张低分辨率图像(如 60×60)，为了实现非对称放大倍率的超分辨任务$\left(如\frac{\times 22.5}{\times 21.5}\right)$得到一张尺寸为 150×90 的图像，共有 2 种不同的组合实现方式。

①方式 1：先利用 Meta-RCAN 对低分辨率图像进行 1.5 倍超分辨，得到尺寸为 90×90 的图像，再将该图像双三次上采样到尺寸为 150×90。

②方式 2：先利用 Meta-RCAN 对低分辨率图像进行 2.5 倍超分辨，得到尺寸为 150×150 的图像，再将该图像双三次降采样到尺寸为 150×90。

需要注意的是，由于 3.3.3.1 节的分析发现先利用超分辨网络对图像进行超分辨，再双三次插值得到指定分辨率的图像能够取得更好的性能，因此这里没有考虑先进行双三次插值后再进行超分辨的实现方式。

从表 3.7 可以看出，对于 RCAN 和 Meta-RCAN，方式 2 均取得了比方式 1 更高的峰值信噪比结果。这表明，先利用超分辨网络将图像超分辨率至更高分辨率，然后双三次降采样至指定分辨率的图像具有更优的超分辨性能。因此，在 3.3.3.3 节的性能对比中，我们将对 RCAN 和 Meta-RCAN 均采用方式 2 进行非对称放大倍率的超分辨。

表 3.7　不同放大倍率下的峰值信噪比结果对比

单位：dB

| 方式 | ×1.3 ×1.5 | ×1.6 ×2.95 | ×1.6 ×3.45 | ×1.55 ×3.5 | ×1.75 ×3.5 | ×4 ×1.5 | ×3.5 ×2 | ×3 ×1.95 | 平均值 |
|---|---|---|---|---|---|---|---|---|---|
| RCAN(方式 1) | 41.75 | 35.62 | 34.55 | 34.52 | 34.38 | 34.28 | 34.94 | 35.73 | 35.72 |
| RCAN(方式 2) | 41.75 | 36.02 | 35.03 | 35.02 | 34.88 | 34.97 | 35.33 | 36.11 | 36.14 |
| Meta-RCAN(方式 1) | 38.02 | 32.03 | 31.15 | 31.11 | 30.91 | 30.97 | 31.32 | 32.11 | 32.20 |
| Meta-RCAN(方式 2) | 42.04 | 36.03 | 35.15 | 35.22 | 35.06 | 35.01 | 35.47 | 36.09 | 36.26 |

(2) 倍率感知的上采样层。

对于任意的基准超分辨网络，为了让该网络具备任意倍率超分辨的能力,最直接的方式就是将网络中的亚像素卷积层替换为双三次上采样层。为了说明本章提出的倍率感知的上采样层与双三次上采样层的优越性,我们设计了2个对比模型(模型1和模型2),将基准超分辨网络(EDSR[81])中的亚像素卷积层分别替换为双三次上采样层和尺度感知的上采样层,其余的网络结构保持不变,采用第3.3.3.1节中介绍的训练方式进行训练。

从表3.8可以看出,当使用双三次上采样层替换亚像素卷积层实现任意倍率上采样时,模型1的性能相对较低。相比之下,使用本章提出的退化感知上采样层后,模型2取得了更好的性能,如在1.7倍和2倍超分辨任务上,峰值信噪比结果由39.56 dB 和37.86 dB 提升到了39.76 dB 和38.13 dB。这是因为双三次上采样层的滤波器是固定的,不能满足不同倍率超分辨任务的需求,而倍率感知的上采样层可以根据放大倍率生成动态的滤波器,所以取得了更好的超分辨性能。

表3.8 Set5 数据集上不同放大倍率下的峰值信噪比结果对比

单位:dB

| 方法 | 特征调制 | | 上采样层 | ×1.7 | ×2 | ×2.95 | ×3 | ×3.1 | ×1.3/×3.9 | ×1.9/×3.5 | ×2/×3.3 | ×3.3/×1.9 | ×4/×1.8 |
| --- | --- | --- | --- | --- | --- | --- | --- | --- | --- | --- | --- | --- | --- |
| | 倍率感知卷积 | 引导图像 | | | | | | | | | | | |
| 基准网络 | × | × | 亚像素卷积 | 39.72 | 38.19 | 34.64 | 34.68 | 34.25 | 34.10 | 34.70 | 34.92 | 35.68 | 34.61 |
| 模型1 | × | × | 双三次 | 39.56 | 37.86 | 33.77 | 33.78 | 33.47 | 33.12 | 33.90 | 34.21 | 34.90 | 33.42 |
| 模型2 | × | × | 倍率感知 | 39.76 | 38.13 | 34.70 | 34.68 | 34.40 | 34.32 | 34.91 | 35.02 | 35.85 | 34.67 |
| 模型3 | √ | × | 倍率感知 | 39.81 | 38.15 | 34.70 | 34.70 | 34.42 | 34.38 | 34.98 | 35.10 | 35.91 | 34.72 |
| 模型4 | √ | √ | 倍率感知 | **39.87** | **38.19** | **34.75** | **34.73** | **34.48** | **34.44** | **35.03** | **35.16** | **35.95** | **34.81** |

(3)倍率感知的特征适配模块。

倍率感知的特征适配模块主要负责根据放大倍率对主干网络中的特征进行调制,使其适配到对应的放大倍率上以取得更好的性能。本章提出的倍率感知的特征适配模块包括2个关键结构,即倍率感知的卷积层和引导图像。为了说明这2个结构的有效性,我们先将倍率感知的卷积层添加到模型2中进行特征调制,得到模型3;然后再将引导图像生成分支加入模型3中引导特征调制，得到模型4。

从表3.8可以看出，倍率感知的卷积层和引导图像生成分支均对最终的超分辨性能具有积极作用，例如，在1.7倍和2倍超分辨任务上，这2个结构使得峰值信噪比结果由39.76 dB和38.13 dB（模型2）提升到了39.87 dB和38.19 dB（模型4）。模型2将完全相同的特征送入最后的上采样层中进行不同倍率的上采样，而没有考虑不同放大倍率超分辨任务间特征的差异性，导致最后的上采样层学习难度较大，从而限制了最终的超分辨性能。相比之下，本章提出的倍率感知的特征调制模块能够根据放大倍率对网络中的特征进行调制，使其适配到对应的放大倍率上，进而实现了更好的超分辨性能。

图3.20进一步展示了尺度感知的特征适配模块中学习得到的引导图像。通过对比可以看出，图3.20中的引导图像与图3.17中展示的特征相似性一致。具体来说，引导图像中具有较高响应的区域，一般都具有较低的特征相似性。这表明引导图像能够根据不同区域的特性，自适应地控制特征适配的力度。

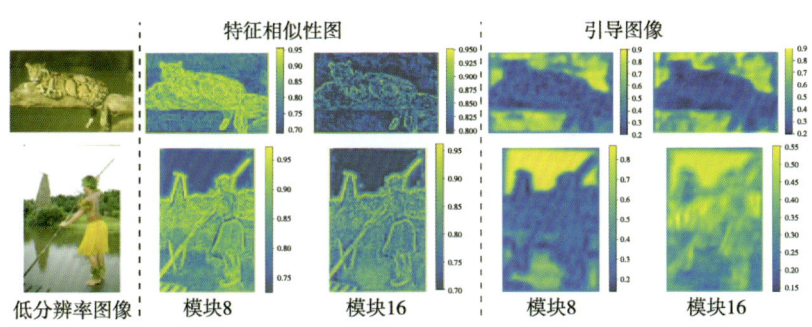

图3.20 特征适配模块中的引导图像与不同倍率特征间的相似性对比

（4）专家滤波器。

尺度感知的卷积层通过组合不同的专家滤波器动态生成针对不同放大倍率的滤波器。为了分析不同数量的专家滤波器对超分辨性能的影响，我们重新训练了具有不同数量专家滤波器的网络，并在表3.9中对它们的性能进行对比。当专家滤波器数量为1时，此时尺度感知的卷积层退化为具有静态滤波器的普通卷积层，因此不能很好地处理不同倍率的超分辨任务，例如，在1.7倍和2倍超分辨上峰值信噪比结果由 39.88 dB 和 38.22 dB 下降到 39.37 dB 和 37.87 dB。当专家滤波器数量增加时,网络在对称放大倍率的超分辨任务上性能大致不变,而在非对称放大倍率的超分辨任务上性能得到明显增强,特别是在极度不对称放大倍率下,峰值信噪比增益更加明显。这表明,与对称放大倍率相比,非对称放大倍率的超分辨任务需要融合更多的专家滤波器以实现更好的性能,且不对称程度越高,对专家滤波器的需求越高。

表 3.9  Set5 数据集上专家滤波器数量对网络性能的影响

单位:dB

| 专家滤波器数量 | 参数量/M | 运行时间/s | ×1.7 | ×2 | ×2.55 | ×3.8 | ×1.3/×3.9 | ×2/×3.5 | ×3.3/×1.8 | ×4/×1.2 |
| --- | --- | --- | --- | --- | --- | --- | --- | --- | --- | --- |
| 1 | 38.4 | 0.09 | 39.37 | 37.87 | 35.82 | 32.13 | 33.34 | 34.37 | 35.50 | 33.93 |
| 2 | 38.6 | 0.10 | 39.88 | 38.20 | 36.02 | 32.99 | 34.23 | 34.92 | 36.03 | 34.87 |
| 4 | 39.2 | 0.10 | 39.87 | 38.19 | 36.02 | 33.00 | 34.44 | 34.96 | 36.07 | 35.18 |
| 8 | 40.4 | 0.11 | 39.88 | 38.22 | 36.03 | 32.98 | 34.46 | 34.98 | 36.07 | 35.20 |

注:运行时间为 B100 数据集上进行 4 倍超分辨的平均运行时间。

当专家滤波器数量超过 4 时,进一步增加专家滤波器带来的性能增益已较为有限。因此,为了平衡性能和参数量,我们最终选择专家滤波器数量为 4 作为默认设置。

为了进一步分析不同专家滤波器对不同放大倍率的贡献,对倍率感知的卷积层中的权重系数进行了可视化,其结果如图 3.21 所示。从图 3.21(a)可以看出,当放大倍率较小时,专家滤波器 2 具有较高的权重;当放大倍率不断增大时,专家滤波器 2 的权重开始降低,而其他专家滤波器的权重开始增加。从图 3.21(b)可以看出,与对称放大倍率相比,非对称放大倍率激活了更多的专家滤波器。例如,与 1.1 倍超分辨相比,专家滤波器 3 和专家滤波器 4 分配了更大的权重。这表明,非对称放大倍率需要更多的专家滤波器,这也与表 3.9 中的结果相一致。

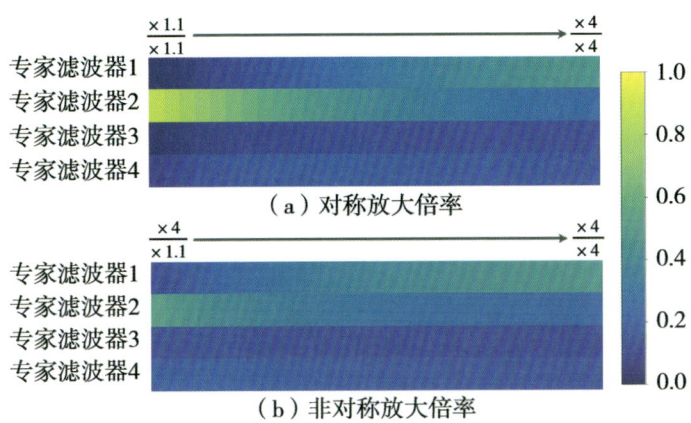

图 3.21　尺度感知的卷积层中权重系数可视化结果

### 3.3.3.3　实验结果

本节将本章提出的 ArbEDSR、ArbRDN 及 ArbRCAN 和 EDSR[81]、RDN[82]、RCAN[85]、Meta-RDN[103]、Meta-RCAN[103]、LIFF（LINF front-end framework）[207] 及 RSAN[104] 等在不同放大倍率的超分辨任务上进行定量和定性对比。所有对比算法可以分为 5 类：一是 LIFF，二是 RSAN，三是 EDSR 和以其作为基准网络的 ArbEDSR，四是 RDN 和以其作为基准网络的 Meta-RDN、ArbRDN，五是 RCAN 和以其作为基准网络的 Meta-RCAN、ArbRCAN。对于 Meta-RDN 和 LIFF，本节将使用官方开源代码和预训练模型进行测试；对于 Meta-RCAN 和 RSAN，由于预训练模型没有开源，本节将使用官方开源代码按照原文中的训练设置进行重新训练。需要说明的是，与文献[103]中相比，本章在训练中使用了更大的放大倍率池；除了文献[103]中使用的对称放大倍率，本章还使用了非对称放大倍率。因此，为了实现与已有算法的公平对比，本章还进一步将 Meta-RDN、Meta-RCAN、LIFF 及 RSAN 在本章使用的放大倍率池上进行了微调。另外，为了通过基准网络、Meta-RDN、Meta-RCAN 和 LIFF 实现任意倍率的超分辨，我们采用了 3.3.3.2 节分析得到的最优的实现方式。在利用本章使用的放大倍率池对 Meta-RDN、Meta-RCAN、LIFF 及 RSAN 进行微调的过程中，由于这些网络需要进一步学习处理非对称放大倍率的图像超分辨任务，学习难度变大。因此，这些网络微调后在应对部分对称放大倍率上的峰值信噪比指标略有下降，如表 3.10 所示；而在应对非对称放大倍率上的峰值信噪比指标有所提升，如表3.11所示。图像超分辨结果的demo视频二维码，如图3.22所示。

（1）对称放大倍率。

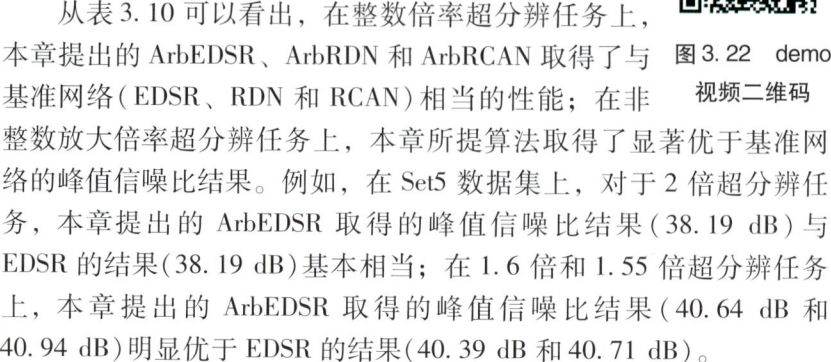

图3.22 demo视频二维码

从表3.10可以看出，在整数倍率超分辨任务上，本章提出的ArbEDSR、ArbRDN和ArbRCAN取得了与基准网络（EDSR、RDN和RCAN）相当的性能；在非整数放大倍率超分辨任务上，本章所提算法取得了显著优于基准网络的峰值信噪比结果。例如，在Set5数据集上，对于2倍超分辨任务，本章提出的ArbEDSR取得的峰值信噪比结果（38.19 dB）与EDSR的结果（38.19 dB）基本相当；在1.6倍和1.55倍超分辨任务上，本章提出的ArbEDSR取得的峰值信噪比结果（40.64 dB和40.94 dB）明显优于EDSR的结果（40.39 dB和40.71 dB）。

与Meta-RDN和Meta-RCAN相比，本章提出的ArbRDN和ArbRCAN在大部分倍率上都取得了相当或更好的性能。例如，在Manga109数据集上，对于3.4倍和3.65倍超分辨任务，本章提出的ArbRCAN取得的峰值信噪比结果（33.12 dB和32.29 dB）高于Meta-RCAN的结果（33.00 dB和32.22 dB）。同时，本章提出的ArbRDN和ArbRCAN取得了显著优于Meta-RDN和Meta-RCAN的运行效率。例如，与RCAN相比，Meta-RCAN虽然具有相当的模型参数量，但显存使用量（3.1 GB）和运行时间（0.39 s）大大增加。相比之下，本章提出的ArbRCAN具有更低的显存使用量（1.1 GB）和更短的运行时间（0.29 s）。与LIFF相比（峰值信噪比结果为32.86 dB和32.03 dB），本章提出的ArbRDN取得了更高的峰值信噪比结果（32.99 dB和32.24 dB），同时具有更高的运行效率，显存使用量由1.7 GB降低为1.2 GB，运行时间由0.17 s缩短为0.13 s。

# 第 3 章 单帧图像超分辨率重建算法

## 表 3.10 对称放大倍率上的峰值信噪比结果对比

| 算法 | 参数量/M | 显存/GB | 时间†/s | Set5/dB ×2 | ×1.6 | ×1.55 | Set14/dB ×2 | ×1.5 | ×1.65 | B100/dB ×2 | ×1.4 | ×1.85 | Urban100/dB ×2 | ×1.9 | ×1.95 | Manga109/dB ×2 | ×1.7 | ×1.95 |
|---|---|---|---|---|---|---|---|---|---|---|---|---|---|---|---|---|---|---|
| 双三次插值 | — | — | — | 33.66 | 36.10 | 36.24 | 30.24 | 32.87 | 31.83 | 29.56 | 32.95 | 30.11 | 26.88 | 27.25 | 27.05 | 30.80 | 32.91 | 31.12 |
| LIIF | 21.8 | 1.7 | 0.27 | 38.00 | 40.49 | 40.79 | 33.79 | 37.37 | 36.06 | 32.23 | 36.78 | 33.09 | 32.83 | 33.26 | 33.12 | 39.23 | 41.15 | 36.46 |
| LIIF(微调后) | 21.8 | 1.7 | 0.17 | 37.99 | 40.49 | 40.23 | 33.78 | 37.36 | 36.04 | 32.22 | 36.77 | 33.07 | 32.81 | 33.25 | 33.11 | 39.22 | 41.12 | 36.46 |
| RSAN | 22.6 | 1.2 | 0.41 | 38.23 | 40.67 | 40.95 | 34.01 | 37.51 | 36.22 | 32.34 | 36.90 | 33.20 | 33.01 | 33.61 | 33.23 | 39.29 | 41.31 | 39.59 |
| RSAN(微调后) | 22.6 | 1.2 | 0.41 | 38.21 | 40.64 | 40.92 | 34.01 | 37.50 | 36.21 | 32.31 | 36.90 | 33.20 | 33.00 | 33.57 | 33.21 | 39.27 | 41.30 | 39.57 |
| EDSR - ×2 | 39.7 | 0.9 | 0.05 | 38.19 | 40.39 | 40.71 | 33.95 | 37.10 | 35.95 | 32.36 | 36.79 | 33.02 | 32.95 | 33.06 | 32.69 | 39.18 | 40.88 | 39.13 |
| ArbEDSR(本章算法) | 39.2 | 1.0 | 0.23 | **38.19** | **40.64** | **40.94** | **34.05** | **37.51** | **36.22** | **32.37** | **36.92** | **33.23** | **33.02** | **33.61** | **33.30** | **39.22** | **41.20** | **39.24** |
| RDN - ×2 | 21.6 | 0.4 | 0.08 | 38.24 | 40.51 | 40.53 | 34.01 | 37.24 | 36.10 | 32.34 | 36.83 | 33.15 | 32.89 | 33.05 | 32.79 | 39.18 | 41.06 | 39.31 |
| Meta-RDN | 21.4 | 1.1 | 0.38 | 38.23 | 40.66 | 40.94 | 34.03 | 37.52 | 36.24 | 32.35 | 36.93 | 33.21 | **33.03** | 33.60 | 33.26 | 39.31 | 41.33 | 39.60 |
| Meta-RDN(微调后) | 21.4 | 1.1 | 0.38 | 38.21 | 40.65 | 40.94 | 34.05 | 37.53 | 36.26 | 32.34 | 36.91 | 33.21 | 33.01 | **33.61** | **33.27** | **39.32** | **41.35** | **39.61** |
| ArbRDN(本章算法) | 22.6 | 0.6 | 0.18 | 38.23 | **40.67** | **40.95** | **34.07** | **37.53** | **36.27** | **32.37** | **36.93** | **33.21** | 33.00 | 33.51 | 33.19 | 39.28 | 41.32 | 39.54 |
| RCAN - ×2 | 15.2 | 0.3 | 0.27 | **38.27** | 40.53 | 40.77 | **34.12** | 37.23 | 36.08 | **32.40** | 36.86 | 33.16 | **33.18** | 33.17 | 32.84 | **39.42** | 41.15 | 39.39 |
| Meta-RCAN | 15.5 | 0.9 | 0.40 | 38.22 | 40.66 | 40.93 | 34.00 | 37.51 | 36.17 | 32.36 | **36.95** | **33.22** | 33.12 | 33.62 | 33.30 | 39.32 | 41.30 | 39.59 |
| Meta-RCAN(微调后) | 15.5 | 0.9 | 0.40 | 38.21 | 40.63 | 40.93 | 34.03 | 37.50 | 36.20 | 32.35 | 36.95 | 33.22 | 33.10 | **33.63** | **33.32** | 39.34 | **41.31** | **39.61** |
| ArbRCAN(本章算法) | 16.6 | 0.5 | 0.29 | 38.26 | **40.69** | **40.97** | 34.09 | **37.53** | **36.28** | 32.39 | 36.93 | **33.23** | 33.14 | 33.55 | 33.25 | 39.37 | **41.32** | 39.56 |

| 算法 | 参数量/M | 显存/GB | 时间†/s | Set5/dB ×3 | ×2.4 | ×2.75 | Set14/dB ×3 | ×2.8 | ×2.95 | B100/dB ×3 | ×2.2 | ×2.15 | Urban100/dB ×3 | ×2.3 | ×2.35 | Manga109/dB ×3 | ×2.7 | ×2.55 |
|---|---|---|---|---|---|---|---|---|---|---|---|---|---|---|---|---|---|---|
| 双三次插值 | — | — | — | 30.39 | 32.41 | 31.06 | 27.55 | 27.84 | 27.46 | 27.21 | 28.88 | 29.12 | 24.46 | 25.91 | 25.72 | 26.95 | 27.77 | 28.27 |
| LIIF | 21.8 | 1.7 | 0.24 | 34.53 | 36.39 | 35.12 | 30.40 | 30.80 | 30.40 | 29.17 | 31.33 | 31.57 | 28.80 | 31.27 | 31.07 | 34.09 | 35.47 | 36.02 |
| LIIF(微调后) | 21.8 | 1.7 | 0.17 | 34.50 | 36.39 | 35.11 | 30.39 | 30.79 | 30.38 | 29.15 | 31.32 | 31.57 | 28.79 | 31.27 | 31.06 | 34.09 | 35.46 | 36.01 |

· 75 ·

续表

| 算法 | 参数量/M | 显存/GB | 时间/s | Set5/dB | | | Set14/dB | | | B100/dB | | | Urban100/dB | | | Manga109/dB | | |
|---|---|---|---|---|---|---|---|---|---|---|---|---|---|---|---|---|---|---|
| | | | | ×3 | ×2.4 | ×2.75 | ×3 | ×2.8 | ×2.95 | ×3 | ×2.2 | ×2.15 | ×3 | ×2.3 | ×2.35 | ×3 | ×2.7 | ×2.55 |
| RSAN | 22.6 | 2.0 | 0.34 | 34.71 | 36.52 | 35.30 | 30.57 | 30.95 | 30.54 | 29.28 | 31.38 | 31.67 | 28.91 | 31.31 | 31.10 | 34.38 | 35.56 | 36.20 |
| RSAN(微调后) | 22.6 | 2.0 | 0.34 | 34.70 | 36.50 | 35.30 | 30.56 | 30.94 | 30.51 | 29.27 | 31.36 | 31.65 | 28.90 | 31.30 | 31.08 | 34.35 | 35.55 | 36.17 |
| EDSR – ×3 | 42.5 | 1.0 | 0.05 | 34.68 | 36.45 | 35.35 | 30.53 | 30.90 | 30.49 | 29.27 | 31.38 | 31.78 | 28.82 | 31.13 | 30.91 | 34.19 | 35.18 | 35.75 |
| ArbEDSR(本章算法) | 39.2 | 1.3 | 0.13 | **34.73** | **36.54** | **35.35** | **30.61** | **31.04** | **30.56** | **29.30** | **31.46** | **31.70** | **28.90** | **31.36** | **31.11** | **34.28** | **35.40** | **36.06** |
| RDN – ×3 | 21.7 | 0.4 | 0.08 | 34.71 | 36.46 | 35.27 | 30.57 | 30.88 | 30.53 | 29.26 | 31.30 | 31.65 | 28.80 | 31.25 | 31.07 | 34.13 | 35.41 | 36.00 |
| Meta-RDN | 21.4 | 1.9 | 0.32 | **34.73** | 36.55 | 35.33 | 30.58 | 30.97 | 30.57 | 29.30 | 31.41 | 31.69 | **28.93** | 31.33 | 31.13 | 34.40 | 35.58 | 36.21 |
| Meta-RDN(微调后) | 21.4 | 1.9 | 0.32 | 34.70 | 36.55 | 35.35 | 30.58 | 30.97 | 30.57 | 29.28 | 31.42 | 31.67 | 28.88 | 31.33 | 31.12 | 34.42 | 35.59 | **36.22** |
| ArbRDN(本章算法) | 22.6 | 0.8 | 0.13 | 30.71 | **36.55** | **35.35** | **30.59** | **30.98** | **30.58** | **29.30** | **31.45** | **31.69** | 28.86 | **31.33** | **31.14** | **34.43** | **35.60** | 36.20 |
| RCAN – ×3 | 15.3 | 0.3 | 0.27 | 34.76 | 36.51 | 35.31 | 30.62 | 30.90 | 30.53 | 29.31 | 31.31 | 31.68 | 29.01 | 31.34 | 31.15 | 34.42 | 35.50 | 36.06 |
| Meta-RCAN | 15.5 | 1.7 | 0.41 | 34.76 | 36.58 | 35.36 | 30.58 | 31.00 | 30.56 | 29.29 | 31.44 | 31.70 | 28.96 | 31.43 | 31.20 | 34.40 | 35.55 | 36.21 |
| Meta-RCAN(微调后) | 15.5 | 1.7 | 0.41 | 34.72 | 36.59 | 35.38 | 30.58 | 30.99 | 30.56 | 29.28 | 31.46 | 31.70 | 28.93 | 31.44 | 31.22 | 34.44 | 35.60 | 36.24 |
| ArbRCAN(本章算法) | 16.6 | 0.8 | 0.29 | **34.76** | **36.59** | **35.39** | **30.64** | **31.01** | **30.59** | **29.32** | **31.48** | **31.72** | 28.98 | **31.48** | **31.26** | **34.55** | **35.64** | **36.27** |

| 算法 | 参数量/M | 显存/GB | 时间‡/s | Set5/dB | | | Set14/dB | | | B100/dB | | | Urban100/dB | | | Manga109/dB | | |
|---|---|---|---|---|---|---|---|---|---|---|---|---|---|---|---|---|---|---|
| | | | | ×4 | ×3.1 | ×3.25 | ×4 | ×3.2 | ×3.95 | ×4 | ×3.2 | ×3.55 | ×4 | ×3.7 | ×3.85 | ×4 | ×3.4 | ×3.65 |
| 双三次插值 | — | — | — | 28.42 | 29.89 | 29.21 | 26.00 | 26.98 | 25.68 | 25.96 | 26.91 | 26.32 | 23.14 | 23.38 | 23.14 | 24.89 | 25.97 | 25.41 |
| LIIF | 21.8 | 1.7 | 0.17 | 32.31 | 34.27 | 33.72 | 28.69 | 29.95 | 28.59 | 27.64 | 28.80 | 28.19 | 26.60 | 27.10 | 26.81 | 31.10 | 32.86 | 32.03 |
| LIIF(微调后) | 21.8 | 1.7 | 0.17 | 32.31 | 34.26 | 33.70 | 28.68 | 29.95 | 28.58 | 27.62 | 28.79 | 28.19 | 26.60 | 27.09 | 26.80 | 31.07 | 32.85 | 32.01 |
| RSAN | 22.6 | 2.8 | 0.31 | 32.45 | 34.40 | 33.90 | 28.84 | 30.03 | 28.71 | 27.71 | 28.88 | 28.30 | 26.67 | 27.23 | 26.89 | 31.31 | 33.00 | 32.21 |
| RSAN(微调后) | 22.6 | 2.8 | 0.31 | 32.41 | 34.39 | 33.89 | 28.81 | 30.01 | 28.69 | 27.70 | 28.86 | 28.28 | 26.63 | 27.20 | 26.85 | 31.28 | 32.99 | 32.19 |

· 76 ·

续表

| 算法 | 参数量/M | 显存[†]/GB | 时间[‡]/s | Set5/dB ×4 | ×3.1 | ×3.25 | Set14/dB ×4 | ×3.2 | ×3.95 | B100/dB ×4 | ×3.2 | ×3.55 | Urban100/dB ×4 | ×3.7 | ×3.85 | Manga109/dB ×4 | ×3.4 | ×3.65 |
|---|---|---|---|---|---|---|---|---|---|---|---|---|---|---|---|---|---|---|
| EDSR—×4 | 42.1 | 1.2 | 0.05 | 32.47 | 34.25 | 33.35 | 28.81 | 29.95 | 28.63 | 27.73 | 28.84 | 28.25 | 26.65 | 27.06 | 26.69 | 31.04 | 32.51 | 31.79 |
| ArbEDSR（本章算法） | 39.2 | 1.7 | 0.10 | **32.51** | **34.48** | **33.92** | **28.83** | **30.07** | **28.72** | **27.74** | **28.91** | **28.30** | 26.62 | **27.12** | **26.73** | **31.26** | **32.90** | **32.14** |
| RDN—×4 | 21.7 | 0.3 | 0.07 | 32.47 | 34.36 | 33.91 | 28.81 | 30.01 | 28.69 | 27.72 | 28.85 | 28.25 | 26.61 | 27.17 | 26.83 | 31.00 | 32.70 | 31.99 |
| Meta-RDN | 21.4 | 2.6 | 0.29 | **32.49** | 34.42 | **33.93** | 28.86 | 30.06 | **28.75** | 27.75 | 28.90 | **28.31** | **26.70** | **27.24** | **26.91** | 31.34 | 33.02 | 32.24 |
| Meta-RDN（微调后） | 21.4 | 2.6 | 0.29 | 32.46 | 34.41 | 33.91 | **28.86** | 30.06 | 28.74 | **27.75** | 28.90 | 28.30 | 26.68 | 27.20 | 26.87 | 31.35 | **33.02** | 32.24 |
| ArbRDN（本章算法） | 22.6 | 1.2 | 0.13 | 32.42 | **34.43** | 33.92 | 28.82 | **30.08** | 28.71 | 27.73 | **28.90** | 28.30 | 26.61 | 27.15 | 26.85 | **31.35** | 32.99 | **32.24** |
| RCAN—×4 | 15.2 | 0.3 | 0.23 | **32.63** | 34.37 | 33.92 | 28.85 | 30.00 | 28.72 | 27.75 | 28.86 | 28.27 | **26.75** | 27.20 | 26.89 | 31.20 | 32.76 | 32.04 |
| Meta-RCAN | 15.5 | 3.1 | 0.39 | 32.56 | 34.46 | 33.98 | 28.85 | 30.08 | 28.73 | 27.75 | 28.86 | 28.30 | 26.71 | **27.25** | **26.93** | 31.33 | 33.00 | 32.22 |
| Meta-RCAN（微调后） | 15.5 | 3.1 | 0.39 | 32.55 | 34.44 | 33.99 | 28.85 | 30.08 | 28.73 | 27.75 | 28.88 | 28.30 | 26.71 | 27.24 | 26.93 | 31.35 | 33.02 | 32.23 |
| ArbRCAN（本章算法） | 16.6 | 1.1 | 0.29 | 32.55 | **34.50** | **34.03** | **28.87** | **30.08** | **28.74** | **27.76** | **28.93** | **28.33** | 26.68 | 27.22 | 26.90 | **31.36** | **33.12** | **32.29** |

注：①†表示使用一张尺寸为100×100的低分辨率图像作为输入，计算网络的显存使用情况。
②‡表示运行时间为B100数据集上进行整数倍率超分辨率的公开源代码进行评测。
③实验使用了Meta-RDN和Meta-RCAN的公开源代码进行评测。

图 3.23 展示了不同算法在对称非整数放大倍率超分辨任务上的视觉效果。从细节放大图中可以看出，本章提出的 ArbRDN 和 ArbRCAN 能够更好地恢复图像中的细节信息，超分辨结果中的边缘纹理等更加清晰，视觉效果更好。例如，在第二个场景中，Meta-RCAN 不能很好地恢复条纹状纹理，生成了很多扭曲的虚假纹理，从而影响了图像的视觉效果；相比之下，本章提出的 ArbRCAN 恢复出了与真值图像更接近的纹理。

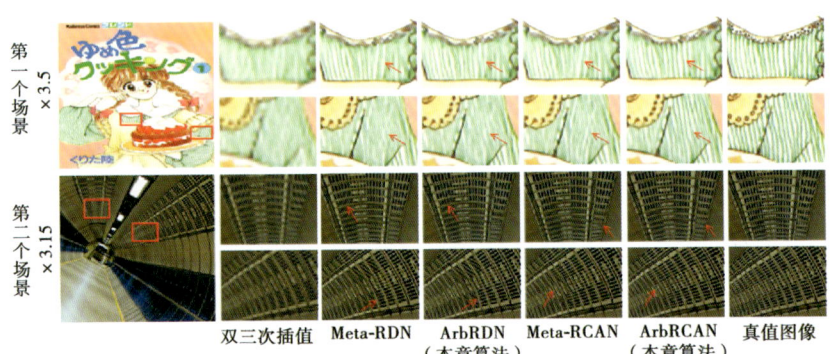

图 3.23 对称非整数放大倍率的超分辨结果对比

（2）非对称放大倍率。

从表 3.11 可以看出，基准网络（如 RCAN）在非对称放大倍率上性能相对较低。相比之下，Meta-RCAN 取得了更好的超分辨性能，在 Manga109 数据集上的峰值信噪比结果（37.74 dB、33.61 dB 和 34.23 dB）明显高于基准网络的结果（37.48 dB、33.31 dB 和 33.82 dB）。且经过微调后，Meta-RCAN 的性能还可以得到进一步的轻微提升（37.80 dB、33.67 dB 和 34.28 dB）。与 RCAN 和 Meta-RCAN 相比，本章提出的 ArbRCAN 在不同放大倍率下均取得了更高的峰值信噪比结果（37.93 dB、33.81 dB 和 34.41 dB）。与 LIFF 相比（峰值信噪比结果为 37.65 dB、33.32 dB 和 33.82 dB），本章提出的 ArbRDN 在参数量相当的前提下取得了显著更优的峰值信噪比结果（37.88 dB、33.74 dB 和 34.36 dB）。由于本章提出的倍率感知的特征适配模块和上采样层能够自适应地调整滤波器适配到指定的放大倍率上，因而实现了更高的超分辨性能。

# 第3章 单帧图像超分辨率重建算法

## 表 3.11 非对称放大倍率上的峰值信噪比结果对比

| 算法 | 参数量/M | 显存*/GB | 时间†/s | Set5/dB $\frac{\times1.5}{\times4}$ | Set5/dB $\frac{\times1.5}{\times3.5}$ | Set5/dB $\frac{\times1.6}{\times3.05}$ | Urban100/dB $\frac{\times1.6}{\times3}$ | Urban100/dB $\frac{\times1.6}{\times3.8}$ | Urban100/dB $\frac{\times3.55}{\times1.55}$ | Manga109/dB $\frac{\times2.5}{\times2}$ | Manga109/dB $\frac{\times2.8}{\times3.5}$ | Manga109/dB $\frac{\times3.55}{\times1.55}$ |
|---|---|---|---|---|---|---|---|---|---|---|---|---|
| 双三次插值 | — | — | — | 30.01 | 30.83 | 31.40 | 25.93 | 24.92 | 25.19 | 29.61 | 26.47 | 26.86 |
| LIIF+双三次插值 | 21.8 | 1.7 | 0.20 | 33.91 | 34.84 | 35.47 | 30.68 | 28.85 | 29.29 | 37.40 | 33.17 | 33.67 |
| LIIF+双三次插值（微调后） | 21.8 | 1.7 | 0.20 | 34.03 | 35.02 | 35.61 | 30.85 | 28.98 | 29.45 | 37.65 | 33.32 | 33.82 |
| RSAN+双三次插值 | 22.6 | 3.3 | 0.51 | 34.17 | 35.17 | 35.78 | 30.76 | 29.02 | 29.62 | 37.72 | 33.60 | 34.21 |
| RSAN+双三次插值（微调后） | 22.6 | 3.3 | 0.51 | 34.20 | 35.17 | 35.79 | 30.78 | 29.03 | 29.62 | 37.75 | 33.61 | 34.23 |
| EDSR+双三次插值 | 42.1 | 0.7 | 0.04 | 33.95 | 34.89 | 35.59 | 30.61 | 28.77 | 29.23 | 37.08 | 32.99 | 33.46 |
| ArbEDSR（本章算法） | 39.2 | 0.9 | 0.14 | **34.32** | **35.33** | **36.02** | **31.06** | **29.32** | **29.98** | **37.70** | **33.54** | **34.16** |
| RDN+双三次插值 | 21.7 | 0.4 | 0.08 | 34.12 | 35.04 | 35.63 | 30.68 | 28.75 | 29.30 | 37.43 | 33.27 | 33.77 |
| Meta-RDN+双三次插值 | 21.4 | 3.1 | 0.49 | 34.19 | 35.17 | 35.79 | 30.77 | 29.04 | 29.63 | 37.74 | 33.61 | 34.22 |
| Meta-RDN+双三次插值（微调后） | 21.4 | 3.1 | 0.49 | 34.22 | 35.19 | 35.80 | 30.85 | 29.11 | 29.70 | 37.80 | 33.64 | 34.26 |
| ArbRDN（本章算法） | 22.6 | 0.7 | 0.13 | **34.31** | **35.26** | **35.98** | **31.02** | **29.23** | **29.91** | **37.88** | **33.74** | **34.36** |
| RCAN+双三次插值 | 15.2 | 0.4 | 0.27 | 34.14 | 35.05 | 35.67 | 30.72 | 28.81 | 29.34 | 37.48 | 33.31 | 33.82 |
| Meta-RCAN+双三次插值 | 15.5 | 2.8 | 0.61 | 34.20 | 35.17 | 35.81 | 30.73 | 29.03 | 29.67 | 37.74 | 33.61 | 34.23 |
| Meta-RCAN+双三次插值（微调后） | 15.5 | 2.8 | 0.61 | 34.26 | 35.24 | 35.86 | 30.86 | 29.14 | 29.75 | 37.80 | 33.67 | 34.28 |
| ArbRCAN（本章算法） | 16.6 | 0.7 | 0.29 | **34.37** | **35.40** | **36.05** | **31.13** | **29.36** | **30.04** | **37.93** | **33.81** | **34.41** |

注：① *表示使用一张尺寸为100×100的低分辨率图像进行倍超分辨，计算网络的显存使用情况。
② †表示运行时间为B100数据集上进行 $\frac{\times2}{\times4}$ 倍超分辨的平均运行时间。

本章所提算法除了取得更高的峰值信噪比结果，还具有更高的计算效率。例如，本章提出的 ArbRCAN 的显存使用量(0.7 GB)仅为 Meta-RCAN(2.8 GB)的四分之一，同时运行时间(0.29 s)相比 Meta-RCAN(0.61 s)缩短了一半以上。由于 Meta-RCAN 在进行非对称倍率超分辨时需要先将图像超分辨至更高分辨率，再双三次降采样至指定分辨率，导致大量冗余的计算和显存开销。相比之下，本章所提算法能够端对端地将低分辨率图像直接超分辨至任意分辨率，因此具有更高的运行效率。

图 3.24 进一步展示了不同算法在非对称放大倍率超分辨任务上的视觉效果。通过局部细节放大图可以看出，在非对称放大倍率上，本章提出的 ArbRDN 和 ArbRCAN 的超分辨结果具有更好的可视化效果。例如，在第二个场景中，Meta-RDN 和 Meta-RCAN 都不能很好地恢复图中的条纹状纹理，产生了明显的模糊效应，这在很大程度上影响了图像的视觉效果。而本章提出的 ArbRDN 和 ArbRCAN 恢复的条纹状纹理更加清晰，视觉效果更好。

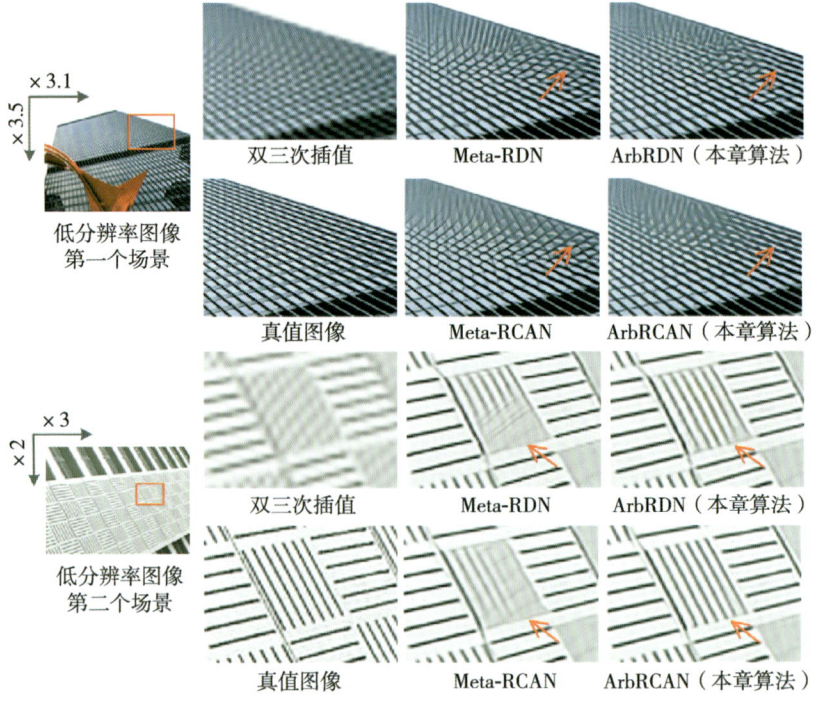

图 3.24 非对称放大倍率的超分辨结果对比

(3) 连续放大倍率。

视觉图像数据集：在实际应用中，最佳放大倍率的选择通常难以直接确定，用户往往需要通过连续调整放大倍率来获得最优的视觉效果。已有的超分辨网络都需要依赖双三次插值来间接实现任意倍率的超分辨，这不仅难以获得最优的性能，还产生了冗余的计算负担。相比之下，本章提出的任意倍率超分辨网络可以端对端地实现对任意一张低分辨率图像的连续倍率超分辨。本小节我们在真实图像上，对本章所提算法与已有算法在连续倍率超分辨任务上进行了可视化结果的对比，如图 3.25 所示。从图 3.25 中可以看出，当图像被连续放大时，图像中的文字"KHHO"变得更加清晰也更容易辨别。在 Meta-RCAN 超分辨得到的结果中，部分文字（如"O"）发生了扭曲。与之相比，本章提出的 ArbRCAN 在连续放大倍率超分辨任务上均取得了最好的视觉效果，更可靠地恢复了图像中的文字部分。

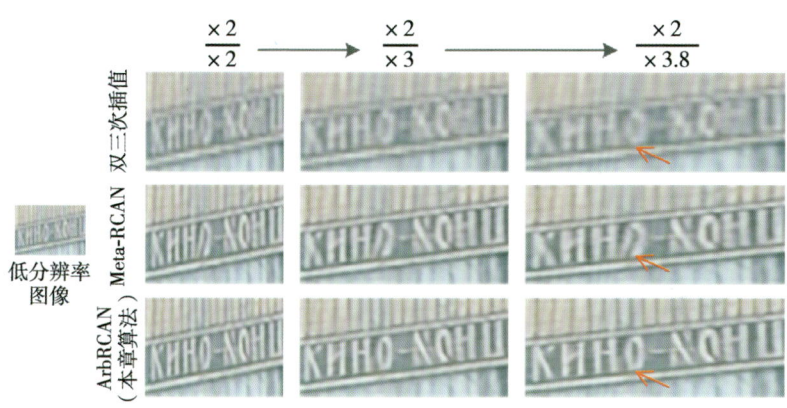

图 3.25　真实图像上连续倍率的超分辨结果对比

遥感图像数据集：本小节我们进一步在遥感图像数据集上对本章算法进行评测，其结果对比如图 3.26 所示。从图 3.26 可以看出，当利用本章算法对图像进行连续倍率的超分辨时，由于相机光轴与地面不垂直导致的图像扭曲可以被极大地缓解，其超分辨结果更符合人眼认知，更有助于后续对探测图像的进一步解析。同时，与其他算法相比，本章算法的超分辨结果细节更加清晰丰富，取得了更好的视觉效果。在 Meta-RCAN 的超分辨结果中，图像中的停车线发生了一定的扭曲，相比之下本章算法更准确地恢复了这些细节信息。

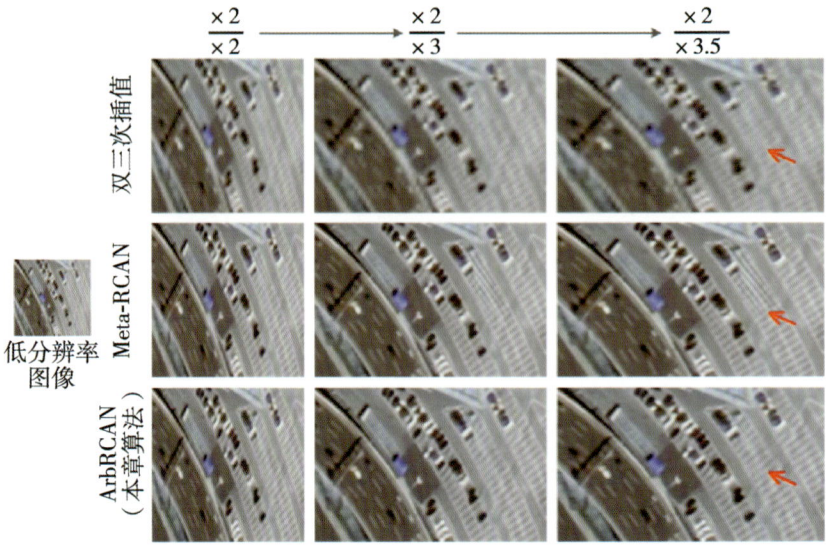

图 3.26 真实遥感图像上连续倍率的超分辨结果对比

## 3.4 代码实现

### 3.4.1 面向多种退化的单帧图像超分辨率重建

#### 3.4.1.1 代码组成

本章提出的面向多种退化的单帧图像超分辨率重建算法的代码链接为 https://github.com/The-Learning-And-Vision-Atelier-LAVA/DASR，该链接下的代码组成如图 3.27 所示。

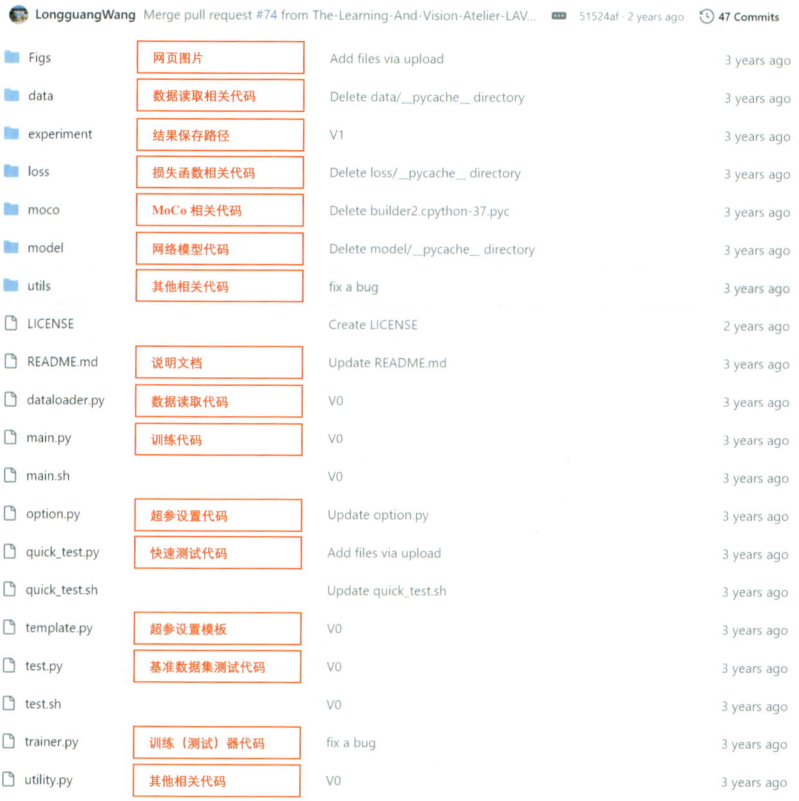

第 3 章 单帧图像超分辨率重建算法

图 3.27 代码组成

代码主要分为模型训练、基准数据集测试以及快速测试 3 个部分，其代码结构如图 3.28 所示。模型训练部分主要负责利用训练数据集对网络模型进行训练，如图 3.28(a)所示，训练日志以及模型参数保存在 experiment 文件夹下。基准数据集测试部分主要负责在基准数据集(如 Set5、Set14、Urban100 等)上对训练好的网络模型进行测试，并得到定量评测结果，如图 3.28(b)所示，超分辨结果图像保存在 experiment 文件夹下。快速测试部分主要负责对自定义的低分辨率图像进行超分辨率重建，如图 3.28(c)所示。

· 83 ·

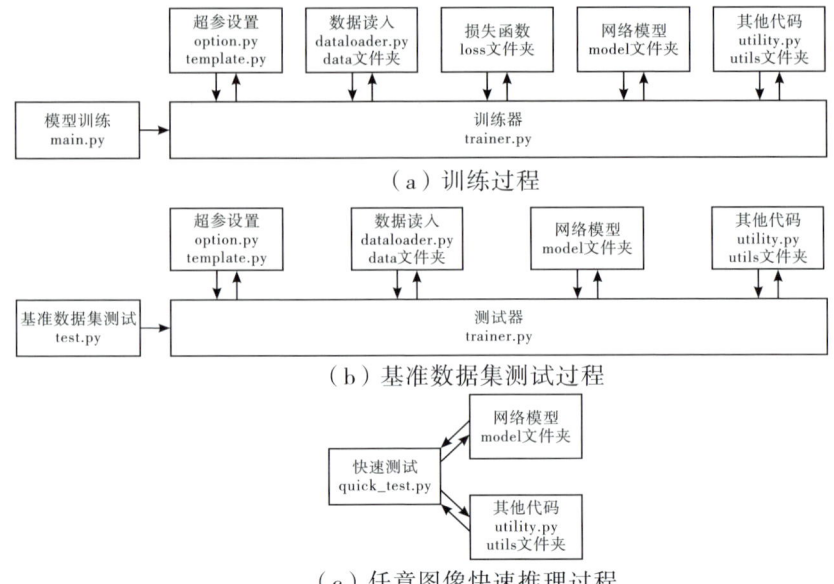

图 3.28 代码结构示意

### 3.4.1.2 代码运行

(1)环境配置。

完成 GPU、CUDA、cuDNN、Python 等基础环境的配置后,执行如下指令完成环境配置。

pip install pytorch==1.1.0 numpy skimage imageio matplotlib cv2

(2)数据集准备。

①根据 readme.md 中的链接下载 DIV2K 与 Flickr2K 数据集。

②将数据集中的高分辨率图像解压到 路径1/DF2K/HR 下,构成 DF2K 数据集。

③根据 readme.md 中的链接下载基准测试数据集(如 Set5、Set14、Urban100 等)。

④将数据集中的高分辨率与低分辨率图像对解压到 路径2/benchmark 。

(3）模型训练。

①将 main.sh 中的 dir_data 设置为 路径1 。

②运行如下指令。

./main.sh

(4）基准数据集测试。

①将 test.sh 中的 dir_data 设置为 路径2 。

②运行如下指令。

./test.sh

(5）快速测试。

①将 quick_test.sh 中的 img_data 设置为需要超分辨率重建的图像路径。

②运行如下指令。

./quick_test.sh

## 3.4.2 任意倍率的单帧图像超分辨率重建

### 3.4.2.1 代码组成

本章提出的任意倍率的单帧图像超分辨率重建算法的代码链接为 https://github.com/The-Learning-And-Vision-Atelier-LAVA/ArbSR，该链接下的代码组成如图 3.29 所示。

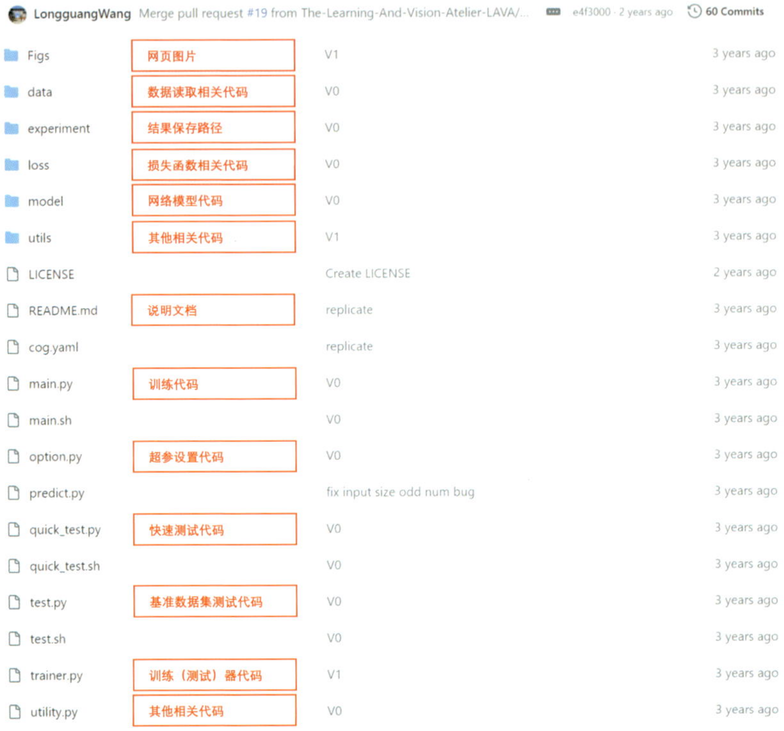

LongguangWang Merge pull request #19 from The-Learning-And-Vision-Atelier-LAVA/...
e4f3000 · 2 years ago
60 Commits
Figs
网页图片
V1
3 years ago
data
数据读取相关代码
V0
3 years ago
experiment
结果保存路径
V0
3 years ago
loss
损失函数相关代码
V0
3 years ago
model
网络模型代码
V0
3 years ago
utils
其他相关代码
V1
3 years ago
LICENSE
Create LICENSE
2 years ago
README.md
说明文档
replicate
3 years ago
cog.yaml
replicate
3 years ago
main.py
训练代码
V0
3 years ago
main.sh
V0
3 years ago
option.py
超参设置代码
V0
3 years ago
predict.py
fix input size odd num bug
3 years ago
quick_test.py
快速测试代码
V0
3 years ago
quick_test.sh
V0
3 years ago
test.py
基准数据集测试代码
V0
3 years ago
test.sh
V0
3 years ago
trainer.py
训练（测试）器代码
V1
3 years ago
utility.py
其他相关代码
V0
3 years ago

图 3.29　代码组成示意

代码主要分为模型训练、基准数据集测试以及快速测试 3 个部分，其代码结构如图 3.28 所示。模型训练部分主要负责利用训练数据集对网络模型进行训练，如图 3.28(a)所示，训练日志以及模型参数保存在 experiment 文件夹下。基准数据集测试部分主要负责在基准数据集(如 Set5、Set14、Urban100 等)上对训练好的网络模型进行测试，并得到定量评测结果，如图 3.28(b)所示，超分辨结果图像保存在 experiment 文件夹下。快速测试部分主要负责对自定义的低分辨率图像进行超分辨率重建，如图 3.28(c)所示。

### 3.4.2.2　代码运行

(1)环境配置。

完成 GPU、CUDA、cuDNN、Python 等基础环境的配置后，执行如下指令完成环境配置。

```
pip install pytorch ==1.1.0 numpy skimage imageio matplotlib cv2
```

（2）数据集准备。

①根据 readme.md 中的链接下载 DIV2K 数据集。

②运行 utils 路径下的 gen_training_data.m，按如下结构生成高分辨率-低分辨率图像对。

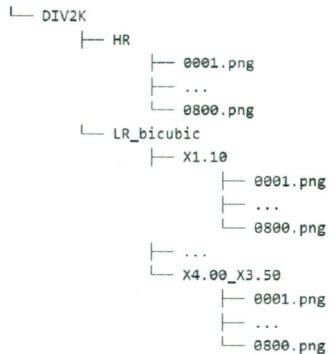

③根据 readme.md 中的链接下载基准测试数据集（如 Set5、Set14、Urban100 等）。

④运行 utils 路径下的 gen_training_data.m，按如下结构生成高分辨率-低分辨率图像对。

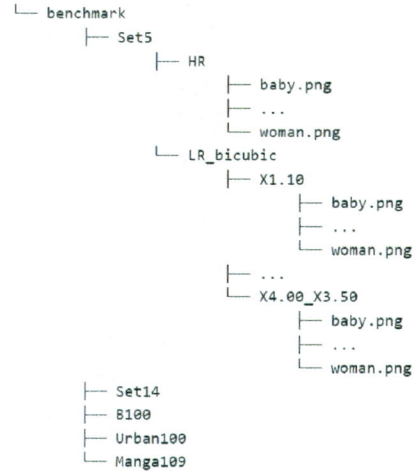

(3) 模型训练。

①将 main.sh 中的 dir_data 设置为 路径1 。

②运行如下指令。

./main.sh

(4) 基准数据集测试。

①将 test.sh 中的 dir_data 设置为 路径2 。

②运行如下指令。

./test.sh

(5) 快速测试。

①将 quick_test.sh 中的 img_data 设置为需要超分辨率重建的图像路径。

②运行如下指令。

./quick_test.sh

## 3.5 本章小结

本章在单帧图像超分辨率重建领域，针对实际应用中面临的图像退化多样性问题和超分辨倍率需求多样化问题开展了相关研究。本章取得的研究成果主要包括以下 2 个方面。

其一，提出了一种面向多种退化的单帧图像超分辨率重建算法。该算法首先通过退化对比学习无监督地从低分辨率图像中提取退化表示来隐式地提供退化信息，然后通过退化感知的超分辨网络利用这一隐式的退化信息实现多种退化条件下的图像超分辨率重建。实验结果表明：①该算法提出的退化表示学习能够提取到具有区分性的退化表示，进而隐式地提供准确的图像退化信息；②该算法提出的退化感知的超分辨网络能够利用退化表示中的退化信息，对多种不同退化进行处理；③该算法在合成数据与真实数据上、在不同退化条件下都取得了比已有算法更好的超分辨性能，且具有更好的运行效率。

其二，提出了一种任意倍率的单帧图像超分辨率重建算法。该算法通过倍率感知的特征适配模块，对超分辨网络中的特征进行调制，使其适配到对应的放大倍率上，同时通过倍率感知的上采样层，实现对特征任意倍率的上采样。实验结果表明，该算法能够只用一个模型实现对低分辨率图像任意倍率的超分辨率重建，在对称非整数倍率、非对称倍率的超分辨任务上都取得了当前最好的性能，同时具有更低的显存开销和更短的运行时间。

# 第4章　双目图像超分辨率重建算法

与单帧图像相比，双目图像提供了另一个视角额外的观测信息，近年来在自动驾驶、机器人导航、物体抓取等任务上得到了广泛应用。鉴于此，双目图像的超分辨率重建也开始得到研究人员的关注。本章首先阐述了双目成像的理论基础，其次介绍了一种基于视差注意力机制的双目图像超分辨率重建算法，并给出该算法的代码实现，最后对本章内容进行了小结。

## 4.1　双目成像的理论基础

### 4.1.1　成像模型

人眼通过融合左、右2只眼睛的观测图像感知场景的深度信息。受此启发，双目相机从2个不同位置同时获取观测场景的两幅图像，并利用双目图像中同一物体的位置关系感知场景的三维信息。通常情况下，双目相机多采用2个焦距相同、指向相同（即光轴平行）且连线（即基线）垂直于光轴的相机，本章所研究的双目图像超分辨率重建均是在该双目相机设定下开展的。

如图4.1所示，利用双目相机对场景进行观测时，由于双目相机的位置差异，导致场景中同一物体（如图中的圆形）在左、右目图像中的位置存在相对偏移，这一偏移叫作视差。距离相机越近的物体视差越大；距离相机越远的物体视差越小；无穷远处的视差为零（如图中的三角形）。视差与实际场景深度的关系可以表示为：

$$D = \frac{bf}{d} \tag{4.1}$$

其中，$D$ 表示场景深度，$b$ 表示双目相机间的基线长度，$f$ 表示相机的焦距，$d$ 表示视差大小。当相机基线长度、焦距已知时，通过估计双目图像间的视差大小，可以得到观测场景的深度信息。需要特别说明的是，对于场景中任意一点，在不考虑遮挡情况时，其在左、右图中的观测一定位于一条水平直线（如图中的蓝色虚线）上，这一直线叫作极线。

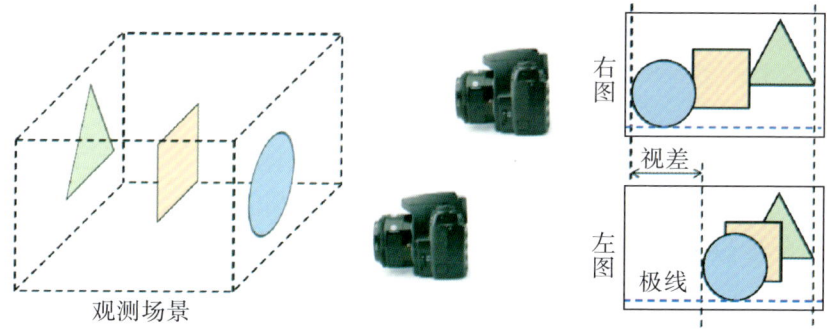

图 4.1  双目相机成像原理

### 4.1.2  当前的进展与挑战

由于单帧图像信息量有限，单帧图像超分辨率重建具有较强的欠定性和病态性，重建难度较大。近年来，随着双目相机在智能手机、无人驾驶汽车、机器人等设备上的广泛应用，双目视觉在学术界和工业界都获得了研究人员的广泛关注。与单帧图像相比，双目相机得到的双目图像提供了另一个视角额外的观测信息，这在一定程度上缓解了超分辨问题的欠定性，对提高超分辨性能有积极的作用。在实际应用中，不同双目相机在基线长度、焦距、分辨率等方面差异较大，导致不同双目图像间的视差变化较大，因此如何利用好双目图像提供的额外观测信息进行超分辨率重建非常具有挑战。

给定左、右目图像 $I_{\text{left}}$，$I_{\text{right}} \in \mathbb{R}^{H \times W \times 3}$，双目图像超分辨的目的是重建高分辨率左目图像 $I_{\text{left}}^{\text{HR}} \in \mathbb{R}^{sH \times sW \times 3}$，其中 $s$ 为放大倍率。为了利用双目图像提供的双重观测信息，Jeon 等[106]构造了一个图像立方体来隐式地获取双目图像间的互补信息。具体来说，首先将右图向左分别平移 1～64 个像元，得到 64 个副本图像；再将 64 个副本图像与左图沿通道维度级联在一起,送入卷积神经网络中重建高分辨率图像。在不考虑遮挡的情况下,对于左、右图之间视差小于 64 个像元的区域,一定存在某个平移后的副本图像与之粗略对齐,因此可以通过卷积操作来实现左、右图像间互补信息的融合。然而,该方法使用的图像立方体只能捕获 64 个像元内的视差,对于视差超过 64 个像元的区域,则无法捕获双目图像间的对应关系。

  为了获取双目图像间像素级的对应关系,双目立体匹配[208-214]提供了一种最直接的方式,即通过视差估计提供双目图像间的对应关系。由于卷积神经网络中的卷积层感受野有限,难以捕获到双目图像间长距离的对应关系,已有的基于神经网络的双目立体匹配方法大多在网络中采用了三维或四维代价立方体(cost volume)的形式来计算匹配代价。然而,直接将双目立体匹配应用于双目图像超分辨率重建来提供像素级的对应关系有 2 点局限性:一方面,代价立方体需要依赖于先验的最大视差进行构造,导致这些方法不能很好地处理大范围的视差变化;另一方面,已有的双目立体匹配网络大多有较高的计算和存储开销,影响了双目图像超分辨的效率。

  针对双目图像超分辨中的双目对应关系捕获问题,本章提出了一种基于视差注意力机制的双目图像超分辨率重建算法。该算法将双目图像的对极几何关系与自注意力机制结合,提出了一种视差注意力机制,该机制能够捕获左、右目图像间极线方向上像元级别的对应关系,并利用这一对应关系实现了左、右目图像互补信息的融合。该算法不需要手动设置最大视差,对大范围的视差变化不仅具有较好的适应能力,而且也具有较小的计算和存储开销。本章还提出了一个全新的双目图像数据集(Flickr1024[215]),用于双目图像超分辨率重建的训练和评测。基于该数据集,在 NTIRE 2022 竞赛上组织了第一个双目图像超分辨率重建赛道。实验结果表明,所提算法在 Middlebury[113]、KITTI 2012[114]以及 KITTI 2015[115]等多个双目图像基准数据集上都取得了优异的双目图像超分辨性能。

## 4.2 基于视差注意力机制的双目图像超分辨率重建算法

### 4.2.1 视差注意力机制

#### 4.2.1.1 原理

(1) 概述。

自注意力机制能够不受距离约束,捕获图像中的长距离依赖关系,如图4.2(a)所示。具体来说,对于输入的图像特征$\mathbb{R}^{H \times W \times C}$,首先对其进行折叠,得到$\mathbb{R}^{HW \times C}$;其次,通过计算$\mathbb{R}^{HW \times C} \times \mathbb{R}^{C \times HW}$来捕获图像中任意两个位置间的关系。对于双目图像,受对极几何约束,左图中任意一个像元在右图中的对应点均在右图的极线上。本章将这一先验约束与自注意力机制进行结合,提出了一种通用的视差注意力机制。不同于原始的自注意力机制,本章提出的视差注意力机制能够充分利用双目图像的对极几何约束,只在极线方向上捕获长距离对应关系,从而大大缩小了搜索范围,同时有效降低了计算量,如图4.2(b)所示。

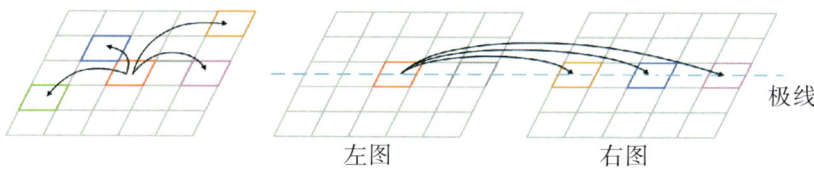

(a) 自注意力机制　　　　(b) 视差注意力机制

图4.2　自注意力机制与视差注意力机制对比

如图4.3所示,对于左、右目图像提取得到的特征图$A$, $B \in \mathbb{R}^{H \times W \times C}$,首先,将其送入1×1卷积进行处理。其中,将$A$送入一个1×1卷积得到query特征$Q \in \mathbb{R}^{H \times W \times C}$;将$B$送入另一个1×1卷积得到key特征$K \in \mathbb{R}^{H \times W \times C}$,并将其折叠为$\mathbb{R}^{H \times C \times W}$。其次,将$Q$与$K$相乘后送入softmax层,得到视差注意力图$M_{B \to A} \in \mathbb{R}^{H \times W \times W}$。利用矩阵乘运算,视差注意力图可以高效地对左、右图极线上任意

2个位置的特征相似性进行编码。最后,将 $B$ 送入另一个 1×1 卷积生成 value 特征 $R \in \mathbb{R}^{H \times W \times C}$,并与 $M_{B \rightarrow A}$ 相乘得到输出特征 $O \in \mathbb{R}^{H \times W \times C}$。视差注意力图 $M_{B \rightarrow A} \in \mathbb{R}^{H \times W \times W}$ 在编码左、右目图像极线方向上任意2个位置间的特征相似性后,可以从中进一步得到左、右目图像间的遮挡信息。对于左图中的任意一个位置,视差注意力机制在计算过程中考虑了右图中极线上所有的候选视差而不需要手动设置最大视差范围,因此本章提出的视差注意力机制能够更好地处理大范围的视差变化。

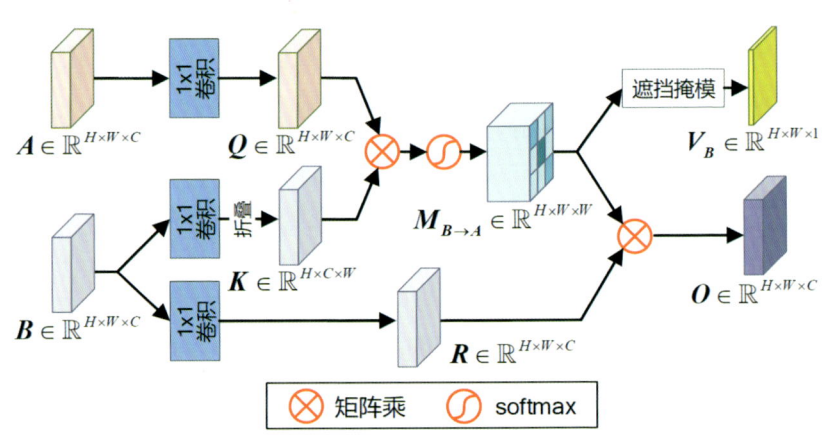

图 4.3 视差注意力机制结构

(2)示例。

图 4.4 展示了一个视差注意力机制的示例。对于尺寸为 30×30 的左、右目图像 $I_{\text{left}}$ 和 $I_{\text{right}}$,利用本章提出的视差注意力机制可以得到尺寸为 $\mathbb{R}^{30 \times 30 \times 30}$ 的视差注意力图 $M_{\text{left} \rightarrow \text{right}}$ 和 $M_{\text{right} \rightarrow \text{left}}$。图 4.4 中的第一行为双目观测图像,第二行展示了第一行图中 1×30 的黄色区域所对应的视差注意力图切片。在视差注意力图中,每一个切片[如 $M_{\text{left} \rightarrow \text{right}}(i,:,:)$]都编码了左、右图第 $i$ 行像元间的对应关系。对于视差为0的观测场景,左图中 $(i,j)$ 位置像元对应右图中 $(i,j)$ 位置像元,此时得到的视差注意力图的切片中 $(j,j)$ 位置应该为1而其他位置应该为0,即切片应该为单位矩阵,如图 4.4(a)所示。对于视差不为0的区域(如图 4.4 中视差为5的红色区域),左图中 $(i,j)$ 位置像元对应右图中 $(i,j-5)$ 位置像元,此时得到的视差注意力图的

切片中$(j, j-5)$位置应该为 1 而其他位置应该为 0。通过该示例可以看出,视差注意力图中不同位置的响应值描述了左、右目图像间的对应关系。

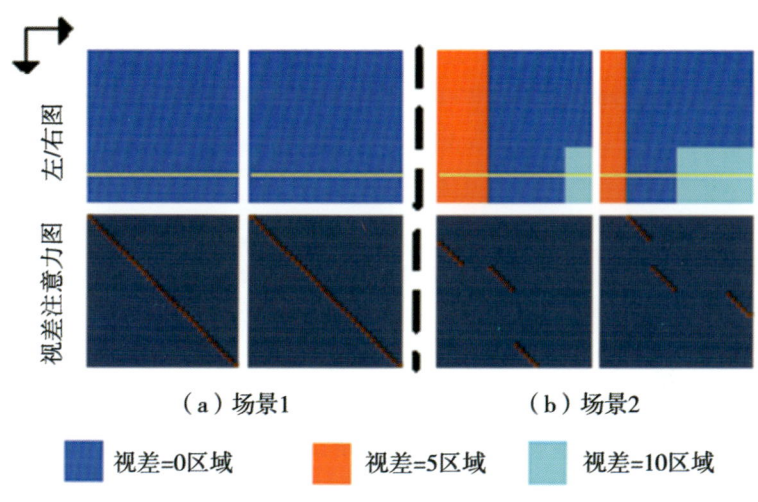

图 4.4 视差注意力机制示例

通过仔细观察图 4.4(b)可以看出,视差注意力图 $M_{\text{left}\to\text{right}}$ 中有一些竖直区域的响应均为 0。这是由于 $I_{\text{left}}$ 中的对应区域在 $I_{\text{right}}$ 中被遮挡,因此 $I_{\text{left}}$ 中这些被遮挡的区域无法在右图中找到对应点。同样地,$M_{\text{left}\to\text{right}}$ 中一些响应全为 0 的水平区域也是由于遮挡造成的。

需要特别说明的是,为了便于展示和理解,我们提供的示例中只考虑了整数视差值。在真实场景中,视差注意力机制可以通过组合视差注意力图中相邻像元的响应来处理亚像元视差。另外,由于视差注意力机制中使用了 softmax 层,即使在遮挡区域也会存在部分位置响应非 0。对于这些遮挡区域的错误响应,可以通过遮挡掩膜(4.2.1.3 节)进一步去除。

#### 4.2.1.2 左-右一致性与循环一致性约束

为了捕获可靠且一致的双目对应关系,本章基于视差注意力机制,提出了左-右一致性和循环一致性 2 种一致性约束,用来在训练过程中对视差注意力机制进行正则化。

对于左、右目图像($I_{\text{left}}$ 和 $I_{\text{right}}$)以及计算得到的视差注意力图($M_{\text{left}\to\text{right}}$ 和 $M_{\text{right}\to\text{left}}$),在不考虑遮挡等因素的理想条件下,当视差

注意力机制捕获到双目图像间准确的对应关系时，可以得到双目图像的左-右一致性：

$$\begin{cases} \boldsymbol{I}_{\text{left}} = \boldsymbol{M}_{\text{right}\to\text{left}} \otimes \boldsymbol{I}_{\text{right}} \\ \boldsymbol{I}_{\text{right}} = \boldsymbol{M}_{\text{left}\to\text{right}} \otimes \boldsymbol{I}_{\text{left}} \end{cases} \quad (4.2)$$

其中，$\otimes$ 表示批次矩阵乘。基于式(4.2)，可以进一步得到左、右目图像的循环一致性：

$$\begin{cases} \boldsymbol{I}_{\text{left}} = \boldsymbol{M}_{\text{left}\to\text{right}\to\text{left}} \otimes \boldsymbol{I}_{\text{left}} \\ \boldsymbol{I}_{\text{right}} = \boldsymbol{M}_{\text{right}\to\text{left}\to\text{right}} \otimes \boldsymbol{I}_{\text{right}} \end{cases} \quad (4.3)$$

其中，循环注意力图 $\boldsymbol{M}_{\text{left}\to\text{right}\to\text{left}}$ 和 $\boldsymbol{M}_{\text{right}\to\text{left}\to\text{right}}$ 由式(4.4)计算得到：

$$\begin{cases} \boldsymbol{M}_{\text{left}\to\text{right}\to\text{left}} = \boldsymbol{M}_{\text{right}\to\text{left}} \otimes \boldsymbol{M}_{\text{left}\to\text{right}} \\ \boldsymbol{M}_{\text{right}\to\text{left}\to\text{right}} = \boldsymbol{M}_{\text{left}\to\text{right}} \otimes \boldsymbol{M}_{\text{right}\to\text{left}} \end{cases} \quad (4.4)$$

在不考虑遮挡等因素的理想条件下，循环注意力图的每个切片应该为单位矩阵。

图4.5进一步展示了批次矩阵乘的具体过程。以式(4.2)为例，$\boldsymbol{M}_{\text{right}\to\text{left}}$ 和 $\boldsymbol{I}_{\text{right}}$ 间的批次矩阵乘是将二者的切片[如 $\boldsymbol{M}_{\text{right}\to\text{left}}(i,:,:) \in \mathbb{R}^{W \times W}$ 以及 $\boldsymbol{I}_{\text{right}}(i,:,:) \in \mathbb{R}^{W \times W}$]视为一个批次，并对批次内的对应切片进行矩阵乘，得到切片 $\boldsymbol{I}_{\text{left}}(i,:,:) \in \mathbb{R}^{W \times W}$ 后再级联在一起得到 $\boldsymbol{I}_{\text{left}} \in \mathbb{R}^{H \times W \times C}$。在具体实现过程中，可以使用 TensorFlow 中的 tf.matmul(·) 函数或者 PyTorch 中的 torch.matmul(·) 函数实现批次矩阵乘。

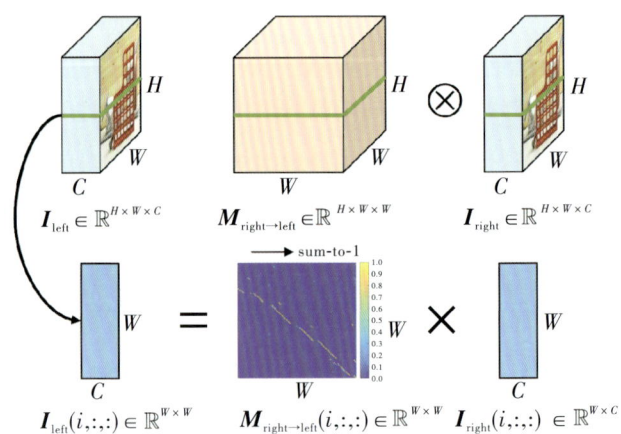

图4.5 批次矩阵乘

#### 4.2.1.3 遮挡掩膜

由于左-右一致性与循环一致性在遮挡区域不成立，本章利用视差注意力图进行遮挡掩膜估计来去除遮挡区域的影响。如4.2.1.1节所分析，在理想条件下，视差注意力图中部分响应值为0的竖直区域对应观测中的遮挡区域。在实际中，由于左图遮挡区域中的像元不能在右图中找到对应点，其与右图极线方向上所有像元的相似性都比较低，因此可以利用这一特点得到遮挡掩膜 $V_{\text{left}} \in \mathbb{R}^{H \times W}$：

$$V_{\text{left}}(i,k) = \begin{cases} 1, & \sum_{j \in [1,W]} M_{\text{left} \to \text{right}}(i,j,k) > \tau \\ 0, & \text{其他} \end{cases} \quad (4.5)$$

其中，$\tau$ 表示判别阈值（本章在实验中使用 $\tau = 0.1$ 作为经验值）。由于直接使用式(4.5)得到的遮挡掩膜 $V_{\text{left}}$ 中存在一些空洞和孤立点，因此本章利用腐蚀、膨胀等形态学滤波操作对 $V_{\text{left}}$ 进行后处理，得到最终的遮挡掩膜。图4.6展示了基于视差注意力机制得到的遮挡掩膜，可以看出，得到的遮挡掩膜较为准确地标记了左图中被遮挡区域。

图4.6 遮挡掩膜可视化结果

## 4.2.2 基于视差注意力机制的双目图像超分辨网络

基于视差注意力机制，本章提出了 1 个双目图像超分辨网络，其结构如图 4.7 所示。对于输入的双目图像，首先，将左、右目图像送入共享权值的卷积层以及残差模块中进行初始特征提取。其次，利用共享权值的残差空洞金字塔模块提取多尺度深层特征。然后，利用视差注意力模块对左、右目图像得到的深层特征进行融合。最后，将融合后的特征送入 4 个残差模块和 1 个亚像素卷积层中得到最终的超分辨结果。

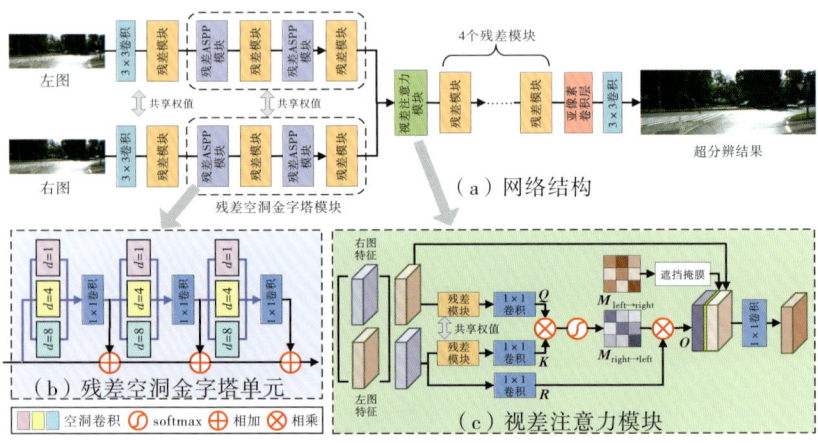

图 4.7　基于视差注意力机制的双目图像超分辨网络

### 4.2.2.1 残差空洞金字塔模块

已有工作表明大感受野、多尺度特征对双目立体匹配有积极作用。[208]因此，本章提出了 1 个残差空洞金字塔模块（residual atrous spatial pyramid pooling module，Residual ASPP Module）来扩大感受野，以提取具有不同尺度的层次化特征。如图 4.7(a)所示，残差空洞金字塔模块包含 2 个残差空洞金字塔单元（residual atrous spatial pyramid pooling unit，Residual ASPP Unit）以及 2 个残差模块，分别用于多尺度特征提取和特征融合。每个残差空洞金字塔单元将 3 个具有不同空洞率（即{1，4，8}）的 3×3 卷积组成 1 个空洞卷积组，并通过残差连接对 3 组空洞卷积组进行级联，如图 4.7(b)所示。通过级联空洞卷积组,残差空洞金字塔单元不仅扩大了感受野,更大大增加了卷积感受野的多样性,使其能够具有较强判别力的特征。

#### 4.2.2.2 视差注意力模块

基于视差注意力机制,本章提出了1个视差注意力模块,用来对左、右目图像提取得到的特征进行融合,如图4.7(c)所示。首先,将左、右目特征送入共享权值的残差模块中进行特征适配,并利用适配后的特征计算输出特征 $O$ 以及视差注意力图 $M_{\text{left}\to\text{right}}$。其次,将左、右图特征交换后计算 $M_{\text{right}\to\text{left}}$,用于提取遮挡掩膜。最后,将左图特征、输出特征 $O$ 以及遮挡掩膜沿通道维度级联后送入 $1\times1$ 卷积进行特征融合。

需要特别说明的是,双目图像超分辨率重建任务需要同时兼顾图像超分辨和双目立体匹配2个任务。实验中,我们发现这2个任务对特征有不同的需求,使用共享的特征会显著降低最终的性能。因此,视差注意力模块使用了1个残差模块作为过渡模块对特征进行调制,使其适配到双目立体匹配任务上用于计算视差注意力图。

#### 4.2.2.3 损失函数

基于视差注意力机制的双目图像超分辨网络,在训练中使用的损失函数主要包括超分辨损失以及用于正则化的照度损失、循环一致性损失和平滑损失。

$$L = L_{\text{SR}} + \lambda(L_{\text{photometric}} + L_{\text{cycle}} + L_{\text{smooth}}) \quad (4.6)$$

其中,$L_{\text{SR}}$ 为超分辨损失,$L_{\text{photometric}}$ 为照度损失,$L_{\text{cycle}}$ 为循环一致性损失,$L_{\text{smooth}}$ 为平滑损失,$\lambda$ 在实验中设置为0.005。

超分辨损失:实验中使用左图超分辨结果 $I_{\text{left}}^{\text{SR}}$ 与真值图像 $I_{\text{left}}^{\text{HR}}$ 间的均方误差(mean square error,MSE)损失作为超分辨损失。

$$L_{\text{SR}} = \| I_{\text{left}}^{\text{SR}} - I_{\text{left}}^{\text{HR}} \|_2^2 \quad (4.7)$$

照度损失:实验中使用照度损失对视差注意力机制进行训练。具体来说,利用4.2.1.2节中介绍的左-右一致性,将左、右目图像分别对齐到对侧视角,并计算与原始图像间的平均绝对误差(mean absolute error,MAE)作为照度损失。考虑到左-右一致性在遮挡区域并不成立,只在非遮挡区域计算照度损失。

$$L_{\text{photometric}} = \sum_{p \in V_{\text{left}\to\text{right}}} \| I_{\text{left}}(p) - (M_{\text{right}\to\text{left}} \otimes I_{\text{right}})(p) \|_1 +$$
$$\sum_{p \in V_{\text{right}\to\text{left}}} \| I_{\text{right}}(p) - (M_{\text{left}\to\text{right}} \otimes I_{\text{left}})(p) \|_1 \quad (4.8)$$

其中，$p$ 表示非遮挡区域中的像元。

循环一致性损失：除照度损失外，实验还进一步设计了循环一致性损失以对视差注意力机制进行正则化。具体来说，利用循环注意力图 $M_{\text{left}\to\text{right}\to\text{left}}$ 和 $M_{\text{right}\to\text{left}\to\text{right}}$ 与单位矩阵间的 $L_1$ 损失作为循环一致性损失。

$$L_{\text{cycle}} = \sum_{p \in V_{\text{left}\to\text{right}}} \| M_{\text{left}\to\text{right}\to\text{left}}(p) - I_{\text{id}}(p) \|_1 +$$
$$\sum_{p \in V_{\text{right}\to\text{left}}} \| M_{\text{right}\to\text{left}\to\text{right}}(p) - I_{\text{id}}(p) \|_1 \quad (4.9)$$

其中，$I_{\text{id}} \in \mathbb{R}^{H \times W \times W}$ 是由 $H$ 个 $W \times W$ 的单位矩阵堆叠而成。

平滑损失：除照度损失和循环一致性损失外，为了在弱纹理区域得到准确的双目对应关系，实验还设计了平滑损失用来对视差注意力图 $M_{\text{left}\to\text{right}}$ 和 $M_{\text{right}\to\text{left}}$ 进行正则化。

$$L_{\text{smooth}} = \sum_{M} \sum_{i,j,k} ( \| M(i,j,k) - M(i+1,j,k) \|_1 +$$
$$\| M(i,j,k) - M(i,j+1,k+1) \|_1 ) \quad (4.10)$$

其中，$M \in \{ M_{\text{left}\to\text{right}}, M_{\text{right}\to\text{left}} \}$，式（4.10）中等号右边的第一项和第二项分别表示视差注意力图中竖直和水平的一致性。

### 4.2.3 Flickr1024 双目图像数据集

面向图像超分辨率重建的数据集，一方面需要覆盖多种多样的场景，另一方面需要具有较高的图像质量与丰富的图像细节。当前大部分已有的双目数据集（如 Middlebury[113]、KITTI 2012[114]、KITTI 2015[115]等）主要是面向立体匹配任务的。其中 Middlebury 数据集只包含人造物品的近景图像，KITTI 数据集只包含街道场景的图像，二者的场景均较单一，难以直接应用于双目图像超分辨任务。为此，本章提出了一个大规模双目图像数据集 Flickr1024①，用于双目图像超分辨网络的训练和评测。如图 4.8 所示，本章提出的

---

① 数据集已在 https://yingqianwang.github.io/Flickr1024 开源。

Flickr1024 数据集覆盖了汽车、雕塑、建筑物、人物肖像、自然风光等多种场景，具有较高的图像质量。基于 Flickr1024 数据集，在 NTIRE 2022 竞赛上组织了第一个双目图像超分辨率重建赛道，大大推动了该领域的发展。

图 4.8　Flickr1024 数据集中的不同场景

#### 4.2.3.1　数据采集与处理

我们从 Flickr 网站上通过双目图像、立体图像等关键词收集了 1024 张图像，所有图像都是由业余摄影者使用双镜头相机或者双相机拍摄制作而成的双目裸眼立体图像，如图 4.9 所示。当用户用右眼和左眼分别交叉看左图和右图时，能够产生三维的视觉效果。

得到图像后，首先，将每张立体图像裁成两张单独的图像，同时裁掉图像的黑边，得到 1024 对图像。其次，由于立体图像是按照双目交叉(cross-eye)模式制作的，将裁好的左、右图像进行交换。在制作立体图像的时候，为了使人们在裸眼观测时能够感知到三维的效果，通常将左、右图像对齐到某一位置以达到人眼聚焦的效果。也就是说，得到的左、右图像不满足无穷远处视差为 0 的设定。因此，对左、右图像进行平移，使其满足无穷远处视差为 0。对于一些近景图像，图像中不存在无穷远位置，则通过粗略平移使图像中的视差最小值大于 40 像元。最后，参照 DIV2K 数据集[93]中的设置，将图像的长宽裁剪为 12 的倍数，得到最终的 Flickr1024 数据集。

图 4.9　Flickr 网站收集的原始图像

#### 4.2.3.2　数据集对比

本小节将本章提出的 Flickr1024 数据集与已有的双目图像数据集(Middlebury、KITTI 2012 与 KITTI 2015)进行对比,使用文献[216]指标以及 Ma 氏感知指标[178] 2 种无参考图像质量评价方法作为评价指标。从表 4.1 可以看出,本章提出的 Flickr1024 数据集在图像数量上是已有数据集的 5 倍以上。同时,Flickr1024 数据集中单图像素数(pixel per image,PPI)是 KITTI 2012 和 KITTI 2015 的近 2 倍。尽管 Middlebury 数据集的单图像素数最高、图像尺寸最大,但是其图像数量非常有限。在文献[216]指标与 Ma 氏感知指标 2 种评价指标上,本章提出的 Flickr1024 数据集与其他数据集相比具有相当或更好的性能,这表明 Flickr1024 数据集具有较高的图像质量。

表 4.1　常用双目图像数据集对比

| 数据集 | 图像数量/对 | 平均图像尺寸/像素 | 文献[216]指标(↓) | Ma 氏感知指标(↑) |
| --- | --- | --- | --- | --- |
| Middlebury | 65 | 1556×2106 | 20.18 | 6.01 |
| KITTI 2012 | 389 | 1237×374 | 20.32 | 7.15 |
| KITTI 2015 | 400 | 1241×375 | 22.86 | 7.06 |
| Flickr1024 | 1024 | 990×739 | 19.75 | 7.12 |

## 4.2.4 实验结果与分析

本节通过一系列实验对提出的基于视差注意力机制的双目图像超分辨率重建算法的有效性和优越性进行验证。首先，4.2.4.1 节对实验设置进行介绍；其次，4.2.4.2 节通过消融实验，对所提算法中的不同模块进行分析；最后，4.2.4.3 节将所提算法与已有算法在不同数据上进行对比实验，并对实验结果进行描述和分析。

### 4.2.4.1 实验设置

（1）数据集。

参照文献[106]中的训练设置，对 Middlebury 中的 60 张图像进行 2 倍降采样后作为训练集；同时，还使用本章提出的 Flickr1024 数据集作为训练集。在评测中，本节使用 Middlebury 中的 5 张图像①、KITTI 2012 中的 20 张图像②以及 KITTI 2015 中的 20 张图像③作为测试集。

（2）训练设置。

在本节实验中，首先对训练集中的高分辨率图像进行双三次降采样，得到低分辨率图像。其次，在每张低分辨率图像中划窗裁取尺寸为 30×90 的图像块，步长设置为 20；同时，对于每个低分辨率图像块，在高分辨率图像中裁取对应的高分辨率图像块。实验中将图像块的长度设置为 90 像素以覆盖训练中大部分场景（约为 96%）的视差范围。最后，对高分辨率和低分辨率的图像块进行随机的图像翻转以实现数据增强。需要特别说明的是，为了不破坏双目图像的极线约束，实验中没有使用图像旋转进行数据增强。

在训练过程中，利用式(4.6)损失函数对本章提出的网络进行 80 代训练。使用 Adam 优化器[202]对网络进行优化，设置 $\beta_1 = 0.9$、$\beta_2 = 0.999$，批次大小为 32。初始学习率设置为 $2 \times 10^{-4}$，之后每 30 代后减小一半。

---

① Middlebury：cloth2、motorcycle、piano、pipes 和 sword2 共 5 张图像。
② KITTI 2012：000000_10 至 000019_10 共 20 张图像。
③ KITTI 2015：000000_10 至 000019_10 共 20 张图像。

(3)评测指标。

使用 2.3 节介绍的峰值信噪比(PSNR)和结构相似度(SSIM)进行性能评测。由于文献[106]算法在进行性能评估时裁剪掉了左侧 64 列像元,为了与其进行公平对比,实验中也对不同算法得到的结果进行了相同的裁剪操作。

#### 4.2.4.2 算法分析

我们将在 KITTI 2015 数据集上开展消融实验,对本章提出的基于视差注意力机制的双目图像超分辨网络中功能模块、损失函数等的有效性进行分析。

(1)单帧图像和双目图像。

与单帧图像相比,双目图像可以提供另一个视角得到的额外观测信息。为了验证双目图像对超分辨率重建的增益,设计了对比模型 1,该模型去掉了视差注意力模块并利用单帧图像(左图图像),采用相同的训练设置进行了重新训练。同时,还设计了对比模型 2,该模型将 2 张左图图像直接送入到本章提出的网络中。从表 4.2 可以看出,当使用单帧图像进行超分辨率重建时,模型 1 的性能发生了明显下降,峰值信噪比结果由 25.43 dB 降低到 25.27 dB。当使用 2 张左图作为输入送入网络时,模型 2 的峰值信噪比结果下降到 25.29 dB。由于 2 张左图图像并没有带来额外的观测信息,模型 2 与只使用单帧图像的模型 1 的性能大致相当。这表明,双目图像中的额外观测信息对图像超分辨有积极作用。

表 4.2　KITTI 2015 数据集上 4 倍超分辨的性能对比

| 算法 | 输入 | 峰值信噪比/dB | 结构相似度 | 参数量/M | 运行时间/ms |
| --- | --- | --- | --- | --- | --- |
| 模型 1 | 左图 | 25.27 | 0.770 | 1.32 | 114 |
| 模型 2 | 左图+左图 | 25.29 | 0.771 | 1.42 | 176 |
| 模型 3 | 左图+右图 | 25.40 | 0.774 | 1.42 | 176 |
| 模型 4 | 左图+右图 | 25.38 | 0.773 | 1.42 | 176 |
| 模型 5 | 左图+右图 | 25.28 | 0.771 | 1.32 | 135 |
| 模型 6 | 左图+右图 | 25.36 | 0.773 | 1.34 | 160 |
| 模型 7 | 左图+右图 | 25.43 | 0.776 | 1.42 | 176 |

(2) 残差空洞金字塔模块。

在本章提出的网络中,残差空洞金字塔模块主要负责多尺度特征的提取。为了验证其有效性,设计了模型 3 与模型 4 这 2 个对比模型。首先,为了验证残差空洞金字塔模块中残差连接的作用,模型 3 去掉了所有的残差连接。其次,为了说明空洞卷积的有效性,模型 4 将所有的空洞卷积全部替换为普通卷积。从表 4.2 可以看出,去掉残差连接和空洞卷积后,模型 3 和模型 4 的峰值信噪比结果都发生了下降。残差连接能够让残差空洞金字塔模块提取更多尺度下的特征,增强特征的表征能力;空洞卷积能够增大感受野,进而提取更大范围内的结构信息。因此二者均能够提高双目对应关系的捕获精度,进而提高最终的超分辨性能。

(3) 视差注意力模块。

在本章提出的网络中,视差注意力模块主要负责捕获双目对应关系并基于此对左、右目图像进行融合。为了说明该模块的有效性,设计了对比模型 5,该模型去掉了视差注意力模块,直接将残差空洞金字塔模块输出的左、右目特征沿通道维度进行级联。从表 4.2 可以看出,去掉视差注意力模块后,模型 5 的峰值信噪比结果由 25.43 dB 下降到 25.28 dB。由于双目图像间不同区域的视差大小差异较大,卷积层的局部感受野无法捕获大视差区域的双目对应关系,因此不能很好地对双目特征进行融合。相比之下,本章提出的视差注意力模块能够捕获极线方向上全局范围内的对应关系,可以更好地聚合左、右目特征以取得更高的超分辨性能。

(4) 过渡模块。

视差注意力模块中的过渡模块主要用来缓解超分辨任务和双目立体匹配任务对特征需求的差异性。为了说明其有效性,设计了对比模型 6,该模型去掉了视差注意力模块中的过渡模块并采用相同的训练设置进行重新训练。从表 4.2 可以看出,去掉过渡模块后,模型 6 的峰值信噪比结果由 25.43 dB 下降到了 25.36 dB。这表明,过渡模块能够有效缓解超分辨任务和双目立体匹配任务间不同的特征需求,提高双目对应关系的捕获精度,进而提高最终的超分辨性能。

(5) 视差注意力机制。

四维代价立方体与三维卷积也是提取双目对应关系的常用网络结构。为了进一步说明本章所提视差注意力机制与其相比的优越性,设计了对比模型 7，该模型将视差注意力模块替换为一个四维代价立方体，并用两层 $3\times3\times3$ 的三维卷积捕获双目对应关系。从表 4.3 可以看出，与代价立方体方式相比，本章提出的视差注意力机制的参数量与浮点计算量下降为原来的 $\dfrac{94}{221}$ 和 $\dfrac{1}{151}$。使用视差注意力机制捕获双目对应关系，本章所提算法不仅取得了更好的峰值信噪比结果（从 25.23 dB 提高到 25.43 dB），还具有更高的运行效率（运行时间缩短为原来的 2/3）。这是因为，两层三维卷积的感受野有限，不能在代价立方体中捕获到大视差下的双目对应关系，所以性能较低。虽然进一步增加三维卷积层的数量可以增大感受野，但由于三维卷积计算量较大，会大大增加网络的计算负担。这表明，本章提出的视差注意力机制能够有效地捕获双目图像间的对应关系，同时具有更高的计算效率。

表 4.3　视差注意力机制与代价立方体的性能对比

| 算法 | 参数量/K | 浮点计算量 | 运行时间 | 峰值信噪比/dB | 结构相似度 |
| --- | --- | --- | --- | --- | --- |
| 视差注意力机制 | 94 | $1\times$ | $1\times$ | 25.43 | 0.776 |
| 代价立方体 | 221 | $151\times$ | $1.5\times$ | 25.23 | 0.768 |

注：①使用一张尺寸为 $128\times128\times64$ 的左、右图特征作为输入，计算不同算法的浮点计算量。

②运行时间为 KITTI 2015 数据集上的平均运行时间。

（6）损失函数。

本章提出的基于视差注意力机制的双目图像超分辨网络在训练中使用了较为复杂的损失函数。为了说明损失函数中不同损失项的有效性，我们在相同的训练设置下使用不同损失项的组合对网络进行重新训练，并对训练后的模型进行性能对比。如表 4.4 所示，当只使用 $L_{SR}$ 进行训练时，峰值信噪比结果由 25.43 dB 下降到了 25.35 dB。这是由于在不使用正则损失时，视差注意力机制不能准确地捕获双目图像间的对应关系，因此性能发生下降。当增加 $L_{photometric}$、$L_{smooth}$ 及 $L_{cycle}$ 对视差注意力机制进行正则约束时，本章所提算法能够捕获更加准确的双目对应关系，进而取得了更高的性能。

表4.4 不同损失函数对网络性能的影响

| $L_{SR}$ | $L_{photometric}$ | $L_{smooth}$ | $L_{cycle}$ | 峰值信噪比/dB | 结构相似度 |
|---|---|---|---|---|---|
| √ | | | | 25.35 | 0.771 |
| √ | √ | | | 25.38 | 0.773 |
| √ | √ | √ | | 25.40 | 0.774 |
| √ | √ | √ | √ | 25.43 | 0.776 |

#### 4.2.4.3 实验结果

本节将本章提出的基于视差注意力机制的双目图像超分辨网络与5个单帧超分辨算法(SRCNN[77]、VDSR[78]、DRCN[217]、LapSRN[218]和DRRN[79])以及1个双目图像超分辨算法StereoSR(stereo super-resolution network)[104]进行性能对比。对于对比算法,本节使用官方开源的代码和预训练模型进行测试。参照文献[106]中的设定,由于EDSR[81]、RDN[82]、DBPN[83]等算法的参数量是本章所提算法的8倍以上,因此本节在对比实验中没有与这些算法进行对比。

(1)性能评测。

通过表4.5中的定量对比可以看出,本章提出的基于视差注意力机制的双目图像超分辨网络在Middlebury、KITTI 2012和KITTI 2015数据集上均取得了最好的性能。与性能最高的单帧图像超分辨算法(DRRN)相比,本章所提算法在Middlebury数据集的2倍超分辨任务上取得了1.14 dB的峰值信噪比提升;同时,与双目图像超分辨算法StereoSR相比,本章算法的峰值信噪比提升了1.00 dB。由于本章提出的视差注意力机制能够更准确地捕获双目图像间的对应关系,因此能够更好地融合双目图像信息,进而取得了更高的超分辨性能。

表 4.5 峰值信噪比(单位为 dB)与结构相似度结果对比

| 数据集 | 放大倍数 | 单帧图像超分辨算法 | | | | | 双目图像超分辨算法 | |
|---|---|---|---|---|---|---|---|---|
| | | SRCNN | VDSR | DRCN | LapSRN | DRRN | StereoSR | 本章算法 |
| Middlebury (5张图像) | ×2倍 | 32.05/0.935 | 32.66/0.941 | 32.82/0.941 | 32.75/0.940 | 32.91/0.945 | 33.05/0.955 | 34.05/0.960 |
| | ×4倍 | 27.46/0.843 | 27.89/0.853 | 27.93/0.856 | 27.98/0.861 | 27.93/0.855 | 26.80/0.850* | 28.63/0.871 |
| KITTI 2012 (20张图像) | ×2倍 | 29.75/0.901 | 30.17/0.906 | 30.19/0.906 | 30.10/0.905 | 30.16/0.908 | 30.13/0.908 | 30.65/0.916 |
| | ×4倍 | 25.53/0.764 | 25.93/0.778 | 25.92/0.777 | 25.96/0.779 | 25.94/0.773 | — | 26.26/0.790 |
| KITTI 2015 (20张图像) | ×2倍 | 28.77/0.901 | 28.99/0.904 | 29.04/0.904 | 28.97/0.903 | 29.00/0.906 | 29.09/0.909 | 29.78/0.919 |
| | ×4倍 | 24.68/0.744 | 25.01/0.760 | 25.04/0.759 | 25.03/0.760 | 25.05/0.756 | — | 25.43/0.776 |

注：*表示在 Middlebury 上，StereoSR 的数值结果来自文献[106]；在 KITTI 2012 和 KITTI 2015 上，StereoSR 的数值结果是使用开源代码和模型得到的。由于 StereoSR 没有公开 4 倍超分辨预训练模型，只在 2 倍超分辨任务上进行了实验。

图 4.10 展示了 KITTI 2012 和 KITTI 2015 数据集中的 2 个场景在 2 倍超分辨任务下不同算法的可视化结果。从局部细节放大图中可以看出，已有的单帧图像超分辨和双目图像超分辨算法都不能很好地恢复图像中的细节信息，相比之下，本章所提算法得到的超分辨结果细节更加丰富清晰。例如在第二个场景中，已有算法得到的超分辨结果中，标志牌上的横线都存在明显的模糊效应，而本章算法得到的超分辨结果中，横线更加锐利清晰。

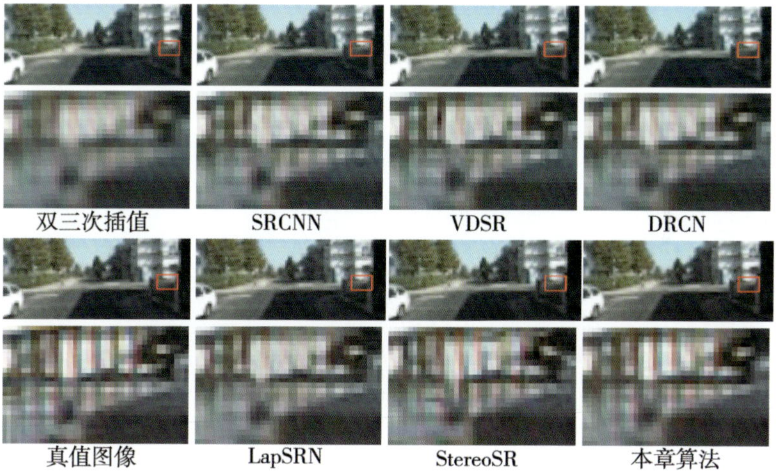

（a）第一个场景

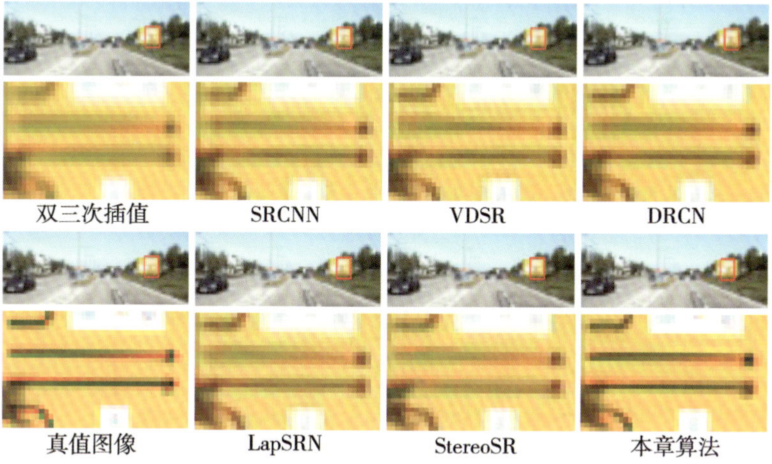

（b）第二个场景

图 4.10　KITTI 数据集上 2 倍超分辨结果对比

图 4.11 进一步展示了在实验室拍摄的一个场景上 2 倍超分辨任务下不同算法的可视化结果。通过局部细节放大图可以看出，已有算法得到的超分辨结果都存在明显的模糊效应，分辨率测试纸上的 3 条竖线不能区分开来；相比之下，本章算法能够将 3 条竖线区分开来，具有更好的视觉效果。

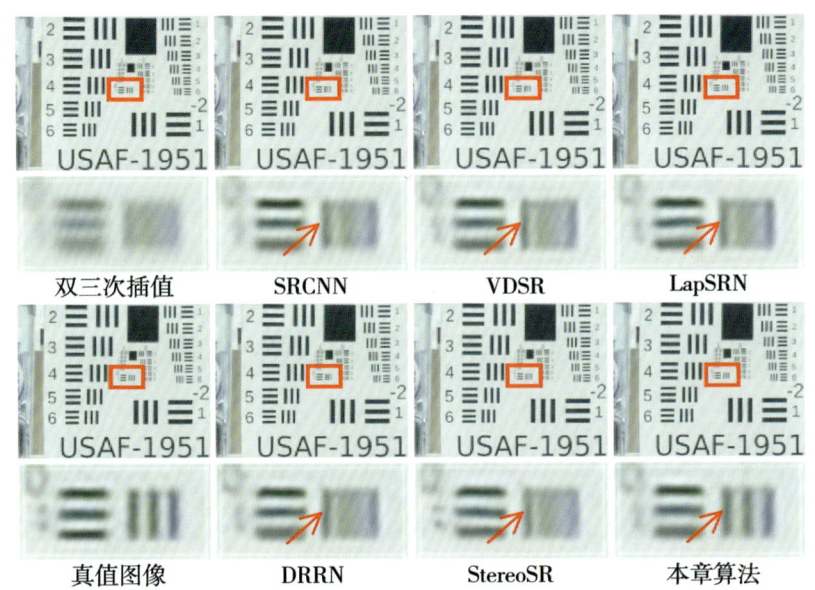

图 4.11　实验室实测场景下 2 倍超分辨结果对比

（2）鲁棒性评测。

在此，我们将对本章所提算法对大范围视差变化的鲁棒性进行测评，重点对影响视差变化的 3 个因素——图像分辨率、双目相机基线长度以及场景深度进行分析。

（a）图像分辨率。

为了验证本章所提算法在图像分辨率变化引起的图像视差变化下的适应性和鲁棒性，我们从 Flickr 网站上额外收集了 10 对近景拍摄图像，经过 4.2.3.1 节所述的处理后，这些图像具有较大的视差（>200）。在实验过程中，将这 10 张图像缩小到不同尺寸后得到具有不同视差大小的双目图像，用于对比本章算法与 StereoSR 在不同尺寸图像上的超分辨性能。

如表 4.6 所示，当图像分辨率较低时，与 StereoSR 相比，本章所提算法取得了更高的峰值信噪比结果,同时浮点计算量减小了约64%。这是由于,StereoSR 需要对图像宽度小于 64 像素的图像进行补 0 操作以使其满足构造 64 个副本图像的要求,导致大量的冗余计算;相比之下,本章算法不需要进行补 0 操作,因而具有更高的计算效率。当图像分辨率较高时,本章所提算法的峰值信噪比结果与StereoSR 相比,增益更加显著。这是因为,高分辨率图像中的视差较大,StereoSR 难以捕获视差超过 64 的对应关系,所以性能相对较低。综上所述,本章算法对图像分辨率变化引起的双目图像视差变化具有较高的灵活性和适应性。

表4.6 不同分辨率下 2 倍超分辨的性能对比

| 图像分辨率 | StereoSR | | 本章算法 | |
|---|---|---|---|---|
| | 峰值信噪比/dB | 浮点计算量 | 峰值信噪比/dB | 浮点计算量 |
| 高(500×500) | 39.27 | 1× | 41.45(↑2.18) | 0.57× |
| 中(100×100) | 34.21 | 1× | 35.04(↑0.83) | 0.58× |
| 低(20×20) | 29.48 | 1× | 29.88(↑0.40) | 0.36× |
| 平均值 | 34.32 | 1× | 35.46(↑1.14) | 0.50× |

(b)双目相机基线长度。

为了验证本章所提算法在图像分辨率变化引起的图像视差变化下的适应性,在实验室环境下,我们利用双目图像采集设备(图 4.12),通过构造不同基线长度的双目成像系统,对同一静态场景采集了多对双目图像。具体来说,首先将相机固定在图 4.12(a)中的相机架上,采集一幅图像作为左图图像;其次利用控制器[图 4.12(c)]控制相机沿水平滑轨向右滑动 3 组不同的距离,分别采集 3 幅图像作为右图图像(平均视差分别约为 20 像元、60 像元、180 像元);最后更换 5 个不同场景,共得到 5 组具有不同基线长度的双目图像,用于对比本章算法与 StereoSR 在这些图像上的超分辨性能。

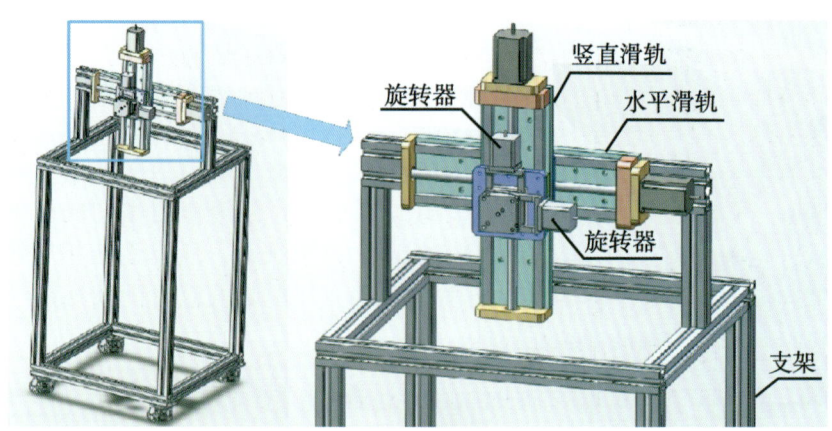

(a）相机架结构

(b）相机架实物　　　　　　　　(c）控制器

图 4.12　双目图像采集设备

从表 4.7 可以看出，当基线较短（即视差较小）时，本章算法取得的峰值信噪比结果比 StereoSR 高 1.14 dB；当基线进一步增大（即视差增大）时，本章算法与 StereoSR 相比的峰值信噪比增益进一步增大到 1.30 dB。这表明本章所提算法能够更好地适应基线变化引起的双目图像视差变化，具有更高的鲁棒性。

表 4.7　不同基线长度下 2 倍超分辨的性能对比

| 基线长度 | StereoSR | | 本章算法 | |
|---|---|---|---|---|
| | 峰值信噪比/dB | 结构相似度 | 峰值信噪比/dB | 结构相似度 |
| 大 | 37.13 | 0.9605 | 38.43(↑1.30) | 0.9690(↑0.0085) |
| 中 | 37.35 | 0.9628 | 38.50(↑1.15) | 0.9692(↑0.0064) |
| 小 | 37.36 | 0.9628 | 38.50(↑1.14) | 0.9693(↑0.0065) |
| 平均值 | 37.28 | 0.9620 | 38.48(↑1.20) | 0.9692(↑0.0072) |

(c) 场景深度。

为了验证本章所提算法在场景深度变化引起的图像视差变化下的鲁棒性,我们从 Flickr 网站上额外收集了 30 对具有不同场景深度的图像,经过 4.2.3.1 节所述的处理后,将这些图像分为近景(视差大约为 150 像元)、中景(视差大约为 80 像元)、远景(视差大约为 20 像元)3 组,每组共包含 10 对双目图像。在实验过程中,用于对比本章算法与 StereoSR 在不同场景深度图像上的超分辨性能。

从表 4.8 可以看出,当场景深度较小(即视差较大)时,本章算法取得的峰值信噪比结果明显优于 StereoSR。这是由于,StereoSR 不能捕获较大视差下的双目对应关系,因此性能相对较低。相比之下,本章所提算法能够更好地捕获全局范围内的双目对应关系,因此取得了更高的超分辨性能。综上所述,本章算法对场景深度变化引起的双目图像视差变化具有较高的灵活性和鲁棒性。

表 4.8 不同场景深度下 2 倍超分辨的性能对比

| 场景深度 | StereoSR | | 本章算法 | |
| --- | --- | --- | --- | --- |
| | 峰值信噪比/dB | 结构相似度 | 峰值信噪比/dB | 结构相似度 |
| 近 | 37.60 | 0.9652 | 39.03(↑1.43) | 0.9749(↑0.0097) |
| 中 | 31.08 | 0.9145 | 32.37(↑1.29) | 0.9219(↑0.0074) |
| 远 | 36.36 | 0.9596 | 37.55(↑1.19) | 0.9646(↑0.0050) |
| 平均值 | 35.01 | 0.9464 | 36.32(↑1.31) | 0.9538(↑0.0074) |

## 4.3 代码实现

### 4.3.1 代码组成

本章提出的双目图像超分辨率重建算法的代码链接为 https://github.com/The-Learning-And-Vision-Atelier-LAVA/PASSRnet,该链接下的代码组成如图 4.13 所示。

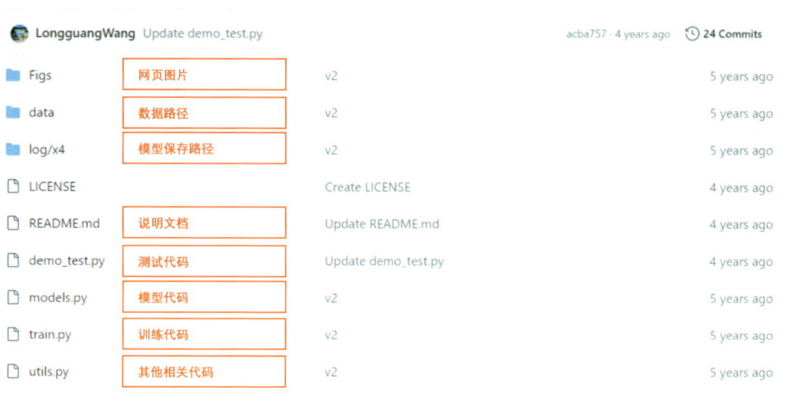

图 4.13　代码组成示意

代码主要分为模型训练和模型测试 2 个部分。其中，模型训练部分主要负责利用训练数据集对网络模型进行训练，主要函数为 train.py，模型参数保存在 log 文件夹下；模型测试部分主要负责在基准数据集（如 KITTI 2012、KITTI 2015、Middlebury 等）上对训练好的网络模型进行测试，并得到定量评测结果，主要函数为 demo_test.py。

### 4.3.2　代码运行

#### 4.3.2.1　环境配置

完成 GPU、CUDA、cuDNN、Python 等基础环境的配置后，执行如下指令完成环境配置。

```
pip install pytorch >=0.4 torchvision >=0.2 numpy matplotlib
```

#### 4.3.2.2　数据集准备

①根据 readme.md 中的链接下载 Flickr1024 数据集。

②运行 data/train 路径下的 gen_trainset.m，在 data/train 路径按如下结构生成高分辨率-低分辨率图像对。

③根据 readme.md 中的链接下载基准测试数据集（如 KITTI 2012、KITTI 2015、Middlebury 等）。

④运行 data/test 路径下的 gen_testset.m，在 data/test 路径按如下

# 第 4 章　双目图像超分辨率重建算法

结构生成高分辨率 – 低分辨率图像对。

```
data
└── test
    ├── dataset_1
    │   ├── hr
    │   │   ├── scene_1
    │   │   │   ├── hr0.png
    │   │   │   └── hr1.png
    │   │   ├── ...
    │   │   └── scene_M
    │   └── lr_x4
    │       ├── scene_1
    │       │   ├── lr0.png
    │       │   └── lr1.png
    │       ├── ...
    │       └── scene_M
    ├── ...
    └── dataset_N
```

#### 4.3.2.3　模型训练

运行如下指令进行训练。scale_factor 表示超分辨率倍率，device 指定 GPU 设备编号，batch_size、n_epochs 以及 n_steps 分别控制训练过程中的批次大小、迭代轮数以及学习率调整策略。

```
python train.py --scale_factor 4 --device cuda:0 --batch_size 32 --n_epochs 80 --n_steps 30
```

#### 4.3.2.4　模型测试

运行如下指令进行测试。dataset 指定测试数据集。

```
python demo_test.py --scale_factor 4 --device cuda:0 --dataset KITTI2012
```

## 4.4　本章小结

本章在双目图像超分辨率重建领域，针对实际应用中面临的双目图像视差变化范围大和缺少大规模双目图像超分辨数据的问题，开展了相关研究。本章取得的研究成果主要包括以下 3 个方面。

其一，提出了一种通用的视差注意力机制。该机制将双目图像中的对极几何约束与自注意力机制结合起来，不需要手动设置先验最大视差范围，能够捕获左、右图像极线方向上全局范围内像素级别的对应关系。实验结果表明，该机制能够有效地捕获双目图像间的对应关系，不仅对大范围的视差变化具有较好的适应能力和鲁棒性，而且也具有较高的计算效率。

其二，提出了一种基于视差注意力机制的双目图像超分辨率重建算法。该算法使用视差注意力机制捕获双目图像间的对应关系，并利用得到的对应关系对双目图像中的信息进行融合。实验结果表明，该算法能够有效地融合双目图像中的信息，在不同数据集上都取得了比已有算法更好的超分辨性能，对视差变化具有较强的适应能力。

其三，提出了一个大规模双目图像数据集 Flickr1024。该数据集覆盖了多样化的场景，包含 1024 对图像细节丰富、高质量的双目图像，为双目图像超分辨的训练和测评提供了强大的基准数据集。基于该数据集，在 NTIRE 2022 竞赛上组织了第一个双目图像超分辨率重建赛道，引起了研究人员的广泛关注，进一步推动了该领域的发展。

# 第 5 章　视频图像超分辨率重建算法

单帧图像只能够捕获场景某一时刻的静态信息，而视频序列能够进一步记录场景的动态变化情况，这使得研究人员开始关注视频图像的超分辨率重建问题。本章首先阐述了视频成像的理论基础，其次介绍了一种基于高分辨率光流估计的视频图像超分辨率重建算法，并给出了该算法的代码实现，最后对本章内容进行了小结。

## 5.1　视频成像的理论基础

### 5.1.1　成像模型

在单帧图像的基础上，通过连续记录不同时刻的图像数据，能够进一步得到视频序列，记录一段时间内物体的运动情况及相机的位姿变化情况。与单帧图像相比，视频图像提供的连续观测信息对提高超分辨性能有积极作用，因此如何利用好视频序列中连续帧间的时域对应关系进行超分辨率重建对视频图像超分辨至关重要。

### 5.1.2　当前的进展与挑战

近年来，随着成像技术、存储技术、通信技术等相关技术的发展与成熟，获取、存储和传输视频等多媒体素材越来越便捷，使得视频在安防监控、航空航天、影音娱乐等诸多领域得到了广泛应用。受成本、器件功耗、传输带宽等诸多因素的限制，视频图像的分辨率有时难以满足实际应用的需求。因此，如何从低分辨率视频图像中超分辨率重建出高分辨率视频图像，引起了工业界和学术界研究

图像超分辨率重建

人员的广泛关注。

为了发掘图像序列中连续帧之间的时域信息，早期的传统方法[124-125]通过检测连续帧中重复的图像块来提供帧间的时域信息。但这些方法只能够捕获像元精度的对应关系，且计算复杂度非常高。为了捕获亚像元精度的时域对应关系，后续方法[52,126-127]多采用光流估计对帧间运动进行估计。这些方法将光流估计和视频图像超分辨建模成一个联合优化问题，通过迭代优化，对高分辨率图像、光流交替进行估计。然而，这些方法需要较多的迭代次数才能够达到收敛，具有非常高的计算开销，难以满足实际应用的需求。

受深度学习在单帧图像超分辨任务上应用成功的启发，许多基于深度学习的视频超分辨方法[32,130,219-221]陆续被提出。这些方法首先从低分辨率图像序列中估计低分辨率光流，其次利用得到的光流对低分辨率图像进行运动补偿，最后利用神经网络从补偿后的低分辨率图像序列中重建得到高分辨率图像序列。低分辨率的光流虽然能够提供一定的帧间时域信息，但当放大倍数较大时，相较于待重建的高分辨率视频序列来说，其提供的时域信息的精度非常有限，这也限制了超分辨性能的进一步提升。视频图像超分辨率重建致力于得到具有高空间分辨率和高帧间连贯性的视频序列，然而，大部分已有的视频图像超分辨方法只关注对空域信息的恢复，而忽略了重建结果中的时域连贯性，导致这些方法得到的视频序列存在帧间闪烁效应。

针对视频图像超分辨中的时域连贯性问题，本章提出了一种基于高分辨率光流估计的视频图像超分辨率重建算法。该算法将单帧图像（空域信息）及帧间光流（时域信息）的超分辨集成到了一个端对端的卷积神经网络中。首先，从低分辨率视频序列中通过光流超分辨得到高分辨率光流；其次，利用高分辨率光流对低分辨率视频序列进行运动补偿；最后，从补偿后的低分辨率视频序列中重建得到最终的高分辨率视频序列。实验结果表明，光流超分辨能够有效地恢复高分辨率视频序列间的时域信息，这使得该算法在多个公开数据集上取得了比已有算法更好的超分辨性能，通过其重建得到的高分辨率视频序列具有更好的帧间连贯性。

## 5.2 基于高分辨率光流估计的视频图像超分辨率重建算法

本章提出的基于高分辨率光流估计的视频图像超分辨网络的结构如图5.1所示。该网络以3帧连续的低分辨率视频图像($I_{t-1}$、$I_t$、$I_{t+1}$)为输入得到中间帧的超分辨结果,进而通过滑窗完成对整段低分辨率视频的超分辨率重建。参照文献[222]中的设定,将输入的RGB低分辨率视频图像转换到YCbCr空间,且只将Y通道图像送入网络进行处理。在得到Y通道的超分辨结果后,与双三次上采样后的Cb和Cr通道图像级联起来并重新转换到RGB空间,得到最终的超分辨结果。将3帧低分辨率视频图像送入所提网络后,首先,利用光流重建模块对中心帧图像$I_t$与任意一帧图像$I_i$($I_{t-1}$或$I_{t+1}$)对应的高分辨率图像间的高分辨率光流进行估计;其次,对得到的高分辨率光流进行折叠,得到光流立方体;然后,利用光流立方体对低分辨率图像进行运动补偿,并将补偿后的图像与中心图像沿通道维度级联,得到副本立方体;最后,将副本立方体送入重建模块中,重建得到最终的超分辨结果。

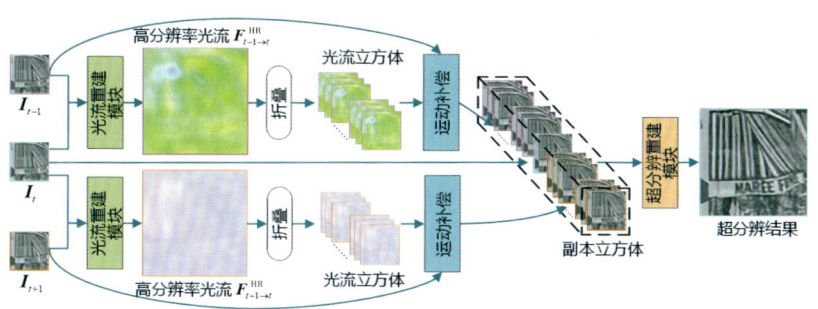

图5.1 网络结构

### 5.2.1 光流重建模块

许多基于深度学习的超分辨网络(如 SRCNN[77]、VDSR[78]及EDSR[81]等)已经证明神经网络可以学习低分辨率图像到高分辨率图像的映射关系，同时，近期一些基于深度学习的光流估计网络（如 FlowNet[223]、PWC-Net[224]及 LiteFlowNet[225]等）也证明了神经网络在帧间运动估计上能够取得较好的性能。因此，本章将超分辨任务和光流估计任务整合到光流重建模块中来，以同时实现光流估计与光流超分辨。也就是说，光流重建模块致力于从 2 帧低分辨率图像（中心帧 $I_t$ 和邻域帧 $I_i$）中直接预测得到高分辨率光流。

多尺度机制能够降低光流估计[224,226]、双目立体匹配[208,227]等任务的学习难度，从而提高最终的网络性能。受多尺度机制启发，光流重建模块采用了共享参数的多尺度结构，如图 5.2 所示。多尺度结构使得我们提出的光流重建模块能够在保持轻量的同时更好地处理视频序列中的复杂运动，更准确地捕获帧间的时域对应关系。

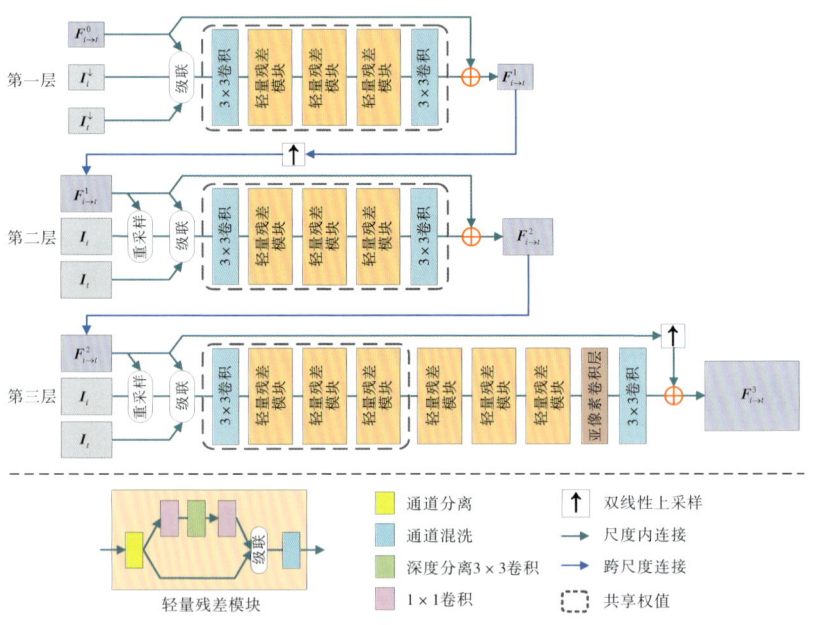

图 5.2 光流重建模块

第一层尺度：首先，将输入的 2 帧低分辨率图像 $I_i$，$I_t \in \mathbb{R}^{H \times W \times 1}$ 降采样 2 倍得 $I_i^{\downarrow}$，$I_t^{\downarrow} \in \mathbb{R}^{\frac{H}{2} \times \frac{W}{2} \times 1}$，同时初始化全 0 的光流图 $F_{i \to t}^{0} \in \mathbb{R}^{\frac{H}{2} \times \frac{W}{2} \times 2}$；其次，将 $F_{i \to t}^{0}$、$I_i^{\downarrow}$ 与 $I_t^{\downarrow}$ 沿通道维度级联后送入 3 × 3 卷积中进行特征提取；然后，进一步将得到的特征送入 3 个轻量残差模块中提取深层特征；最后，利用 3 × 3 卷积从深层特征中估计帧

间光流,并将结果与 $F_{i \to t}^{0}$ 相加,得到第一层尺度上的最终光流 $F_{i \to t}^{1} \in \mathbb{R}^{\frac{H}{2} \times \frac{W}{2} \times 2}$。

为了进一步减少模型参数量,光流重建模块中使用了轻量残差模块进行深层特征提取。如图 5.2 所示,在每个轻量残差模块中,首先将输入的特征沿通道维度切分成 2 部分,其中一部分通过 1×1 卷积、深度分离 3×3 卷积和 1×1 卷积后,与另一部分特征进行级联,并对结果进行通道混洗。通道混洗[61]和深度分离卷积[62]能大大降低轻量残差模块的参数量和计算量,提高网络的运行效率。

第二层尺度:对第一层尺度上估计得到的光流 $F_{i \to t}^{1} \in \mathbb{R}^{\frac{H}{2} \times \frac{W}{2} \times 2}$ 进行 2 倍双线性上采样得到 $F_{i \to t}^{1\uparrow} \in \mathbb{R}^{H \times W \times 2}$ 之后,利用 $F_{i \to t}^{1\uparrow}$ 对 $I_i$ 进行重采样,将其对齐到 $I_t$,得到 $I_{i \to t} \in \mathbb{R}^{H \times W \times 1}$。然后,与第一层尺度上的处理方式一致,将 $F_{i \to t}^{1\uparrow}$、$I_{i \to t}$ 与 $I_t$ 沿通道维度级联后送入共享权值的模块中估计得到第二层尺度下的光流 $F_{i \to t}^{2} \in \mathbb{R}^{H \times W \times 2}$。

第三层尺度:由于第二层尺度下得到的光流估计结果 $F_{i \to t}^{2}$ 与输入的低分辨率图像 $I_i$ 和 $I_t$ 具有相同的尺寸,因此,第三层尺度主要负责对光流进行超分辨,重建得到高分辨率光流。与第二层类似,首先利用第二层估计得到的光流 $F_{i \to t}^{2}$ 对 $I_i$ 进行重采样,得到 $I_{i \to t} \in \mathbb{R}^{H \times W \times 1}$。然后,将 $F_{i \to t}^{2}$、$I_{i \to t}$ 与 $I_t$ 沿通道维度级联后送入共享权值的模块中进行特征提取。得到特征后,送入额外的 3 个轻量残差模块中进行深层特征提取,并将得到的特征送入亚像素卷积层[228]和 3×3 卷积中得到最终高分辨率光流 $F_{i \to t}^{3} \in \mathbb{R}^{sH \times sW \times 2}$(即 $F_{i \to t}^{\mathrm{HR}}$),其中 $s$ 为超分辨放大倍率。

## 5.2.2 运动补偿模块

光流重建模块得到的高分辨率光流在高分辨率空间恢复了图像帧间的时域信息。为了让网络在进行视频超分辨的过程中能够利用这些时域信息,参照文献[129-130]中的方式,我们利用估计得到的高分辨率光流对视频序列中的邻域帧图像进行运动补偿,将时域信息编码到补偿后的图像中。但由于高分辨率光流($F_{i \to t}^{\mathrm{HR}} \in \mathbb{R}^{rH \times rW \times 2}$)与低分辨率视频图像($I_i \in \mathbb{R}^{H \times W \times 1}$)在图像分辨率上存在差异,为了解决分辨率失配问题,需要先将高分辨率光流折叠为低分辨率光流立方体（$\mathbb{R}^{H\times W\times 2r^2}$），如图 5.3 所示。需要特别说明的是，在将高分辨率光流折叠到低分辨率空间时，光流幅值大小也要除以放大倍数 $s$ 来匹配低分辨率空间。

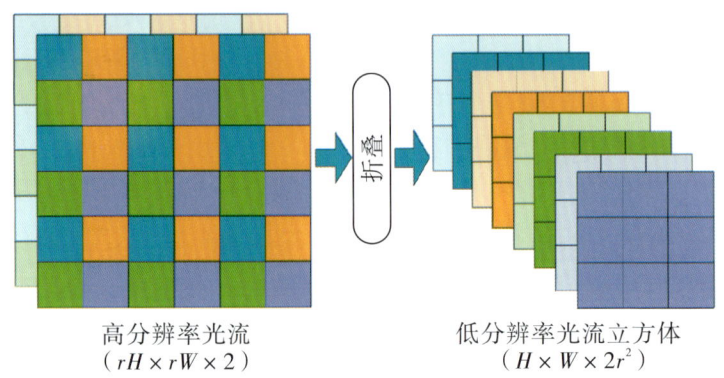

高分辨率光流
（$rH\times rW\times 2$）

低分辨率光流立方体
（$H\times W\times 2r^2$）

图 5.3　图像折叠操作

得到低分辨率光流立方体后，分别使用其中 $r^2$ 个低分辨率光流切片对低分辨率图像 $I_i$ 进行重采样操作，将其对齐到中心帧图像 $I_t$，在得到 $r^2$ 个副本图像后沿通道维度级联起来，得到副本立方体 $C_{i\to t}\in\mathbb{R}^{H\times W\times r^2}$。对于输入网络的连续 3 帧低分辨率视频图像 $I_{t-1}$、$I_t$、$I_{t+1}$，将邻域帧得到的副本立方体（$C_{t-1\to t}$ 和 $C_{t+1\to t}$）与中心帧 $I_t$ 沿通道维度进行级联，得到最终的副本立方体 $C$，如图 5.1 所示。需要特别说明的是，虽然重采样操作是在低分辨率图像上进行的，但由于使用的光流是在高分辨率空间下估计得到的，因此可以将高分辨率空间中的时域信息编码到副本立方体中。

### 5.2.3　重建模块

经过运动补偿后，将得到的副本立方体 $C$ 送入重建模块中对中心帧的高分辨率图像进行超分辨率重建，如图 5.4 所示。首先，将副本立方体 $C$ 送入 3×3 卷积中进行初始特征提取；其次，进一步利用 8 个轻量残差模块进行深层特征提取；最后，将得到的深层特征送入亚像素卷积层和 3×3 卷积中重建得到最终的高分辨率图像。由于副本立方体中包含了光流重建模块得到的高分辨率时域信息，因此重建模块能够利用这些时域信息，得到具有更高时域连贯性的超分辨结果。

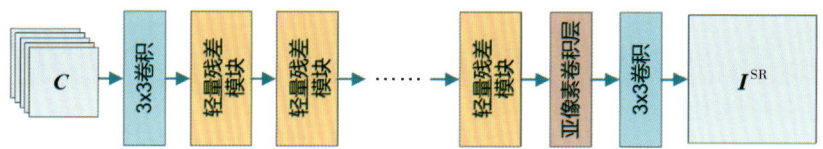

图5.4 重建模块

### 5.2.4 损失函数

本章提出的基于高分辨率光流估计的视频图像超分辨网络，在训练中使用的损失函数主要包括超分辨损失以及光流估计损失2部分。

$$L = L_{SR} + \lambda L_{flow} \tag{5.1}$$

其中，$L_{SR}$为超分辨损失，$L_{flow}$为光流估计损失，$\lambda$在实验中设置为0.01。

超分辨损失：实验中使用视频序列中每一帧图像的超分辨结果$I_i^{SR}$与真值图像$I_i^{HR}$间的均方误差(mean square error，MSE)损失作为超分辨损失。

$$L_{SR} = \sum \| I_i^{SR} - I_i^{HR} \|_2^2 \tag{5.2}$$

光流估计损失：实验中使用多尺度光流估计损失对光流重建模块中每一层得到的光流估计结果进行监督。

$$L_{flow} = \sum_{i \in [t-1, t+1], i \neq t} \frac{\lambda_1 L_{1,i} + \lambda_2 L_{2,i} + \lambda_3 L_{3,i}}{2} \tag{5.3}$$

其中，$\lambda_1$、$\lambda_2$和$\lambda_3$在实验中分别设置为0.1、0.2和1，$L_{1,i}$、$L_{2,i}$与$L_{3,i}$分别表示光流重建模块中第一、二、三层尺度下的光流结果的损失项。

$$\begin{cases} L_{1,i} = \| W(I_i^{\downarrow}, F_{i \to t}^{\downarrow}) - I_t^{\downarrow} \|_1 + \lambda_{smooth} \| \nabla F_{i \to t}^{\downarrow} \|_1 \\ L_{2,i} = \| W(I_i, F_{i \to t}) - I_t \|_1 + \lambda_{smooth} \| \nabla F_{i \to t} \|_1 \\ L_{3,i} = \| W(I_i^{HR}, F_{i \to t}^{HR}) - I_t^{HR} \|_1 + \lambda_{smooth} \| \nabla F_{i \to t}^{HR} \|_1 \end{cases} \tag{5.4}$$

其中，$W(\cdot)$表示重采样操作，$\| \nabla F_{i \to t}^{\downarrow} \|_1$、$\| \nabla F_{i \to t} \|_1$和$\| \nabla F_{i \to t}^{HR} \|_1$分别表示光流$F_{i \to t}^{\downarrow}$、$F_{i \to t}$和$F_{i \to t}^{HR}$上的$L_1$正则损失，用来对光流的平滑性进行正则约束，在实验中设置为0.1。

## 5.2.5 实验结果与分析

本节将采用一系列实验对提出的基于高分辨率光流估计的视频图像超分辨率重建算法的有效性和优越性进行验证。首先,5.2.5.1 节对实验设置进行介绍;其次,5.2.5.2 节通过消融实验,对所提算法中的不同模块进行分析;最后,5.2.5.3 节将所提算法与已有算法在不同数据上进行对比实验,并对实验结果进行描述和分析。

### 5.2.5.1 实验设置

(1)数据集。

(a)视觉图像数据集。

本章从 CDVL(consumer digital video library)网站上收集了 145 段 1080P 的高清数据片段作为训练集。该训练集覆盖了自然风景、城市街道等多种场景,同时每个片段包含了 31~60 帧具有较高质量的图像。参照文献[129 - 130]中的设置,我们将每张图像双三次降采样至 $540 \times 960$ 的尺寸作为高分辨率图像。实验过程中,使用 Derf 数据集中的 4 个场景作为验证集(coastguard、foreman、garden 及 husky)。

在测试过程中,使用常用的 Vid4 数据集[52]作为测试集。由于 Vid4 数据集中的数据量较少,本章还在 DAVIS 数据集[229]中选取了 10 个视频片段组成了 DAVIS-10 测试集,且每个视频片段均包含 31 帧图像,用于对本章所提算法进行性能测试。为了进一步验证本章所提算法在真实场景下的性能,我们使用 Vimeo 数据集[138]中的真实视频序列作为测试样本。Vimeo 数据集包括 64612 段 7 帧的视频序列,图像分辨率均为 $448 \times 256$。

(b)红外图像数据集。

为了进一步验证所提算法在红外视频序列中的有效性,本章使用了 SAITD[230] 和 Anti-UAV 这 2 个常用的红外图像数据集作为测试集。SAITD 数据集包含 350 段红外视频序列,每段视频中包含一个或多个点目标($< 3 \times 3$),其中 175 段视频有目标标签,175 段视频无目标标签。在本节实验中,我们从有标签的视频中选取了 50 段 100 帧的序列作为测试样本。Anti-UAV 是 ICCV 2021 反无人机竞赛提供的数据集,共包含 250 段红外视频序列,且每段视频中均包含

SpyNet($1.14 \times 10^6$)的模型参数量更大,同时是在更大的光流估计数据集(Flying Chairs 数据集[233])上训练得到的,因此二者取得了比本章提出的光流重建模块($0.41 \times 10^6$)更低的光流估计误差。

表5.2 终点误差结果对比

| 数据集 | | 光流上采样 | 光流重建模块 | FlowNet | SpyNet |
|---|---|---|---|---|---|
| Sintel clean | | 10.96 | 10.58 | 7.21 | 4.63 |
| Sintel final | | 11.21 | 10.83 | 8.17 | 6.02 |
| Middlebury | | 1.69 | 1.30 | 1.18 | 0.81 |
| KITTI 2012 | Noc | 23.02 | 22.24 | 13.55 | 7.62 |
| | All | 30.03 | 29.28 | 19.24 | 13.30 |
| KITTI 2015 | Noc | 24.64 | 23.82 | 20.39 | 15.34 |
| | All | 33.27 | 32.47 | 28.52 | 23.61 |

图5.5和图5.6分别展示了4倍放大倍率下 Sintel 数据集和 Middlebury 数据集上不同算法得到的光流估计结果。可以看出,光流上采样结果中在边缘位置产生了图5.5参考图像2中的手部以及图5.6参考图像1中的灌木。相比之下,在光流重建模块得到的高分辨率光流中边缘位置更加清晰、锐利。与 SpyNet 相比,本章提出的光流重建模块得到的高分辨率光流在视觉效果上具有相当的性能。这表明,本章所提光流重建模块能够得到较为精细的高分辨率光流。

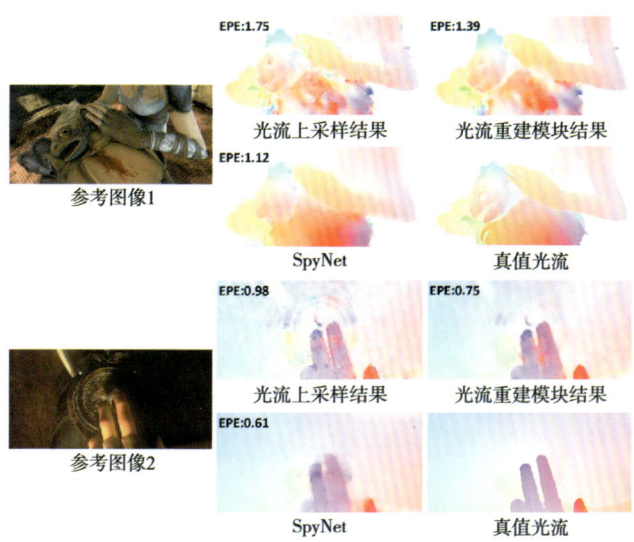

图5.5 Sintel 数据集上光流估计结果对比

表 5.3 进一步对比了在 Vid4 数据集上几种算法得到的高分辨率光流的性能差异。由于 Vid4 数据集没有真值光流，因此利用估计得到的高分辨率光流对高分辨率原始图像进行重采样，并计算重采样后图像与参考图像间的均方根误差(root mean square error，RMSE)和峰值信噪比结果作为评测指标。光流估计越准确，重采样后图像与参考图像的对齐程度越高，均方根误差越低且峰值信噪比结果越高。从表 5.3 可以看出，与光流上采样相比，本章提出的光流重建模块得到的高分辨率光流取得的均方根误差由 $3.46 \times 10^{-2}$ 降低到了 $3.26 \times 10^{-2}$，而峰值信噪比结果由 29.51 dB 提升到了 30.05 dB。这表明，本章提出的光流重建模块能够恢复更精确的帧间时域信息。

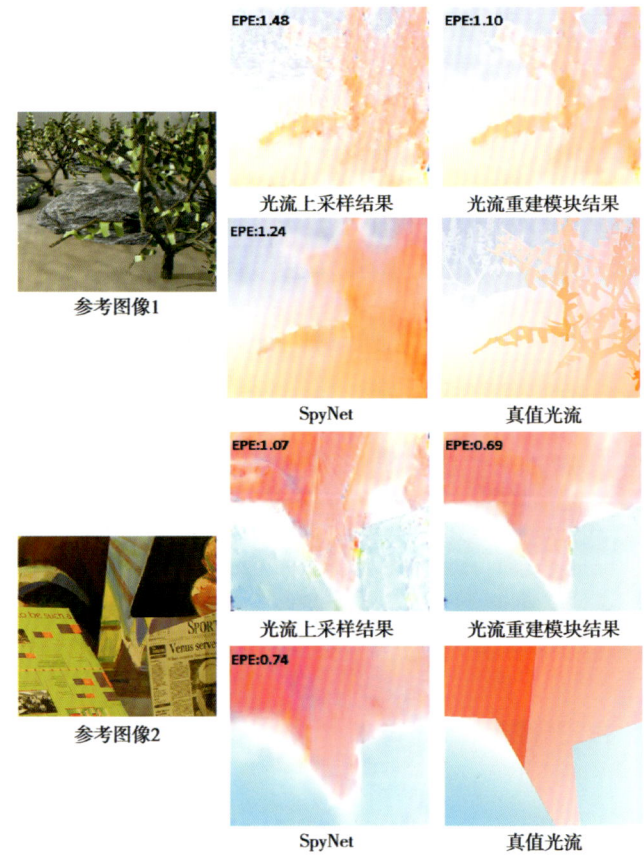

图 5.6　Middlebury 数据集上光流估计结果对比

表5.3　Vid4 数据集上结果对比

| 场景 | 光流上采样 | | 光流重建模块 | |
| --- | --- | --- | --- | --- |
| | 均方根误差 $(/10^{-2})$ | 峰值信噪比/dB | 均方根误差 $((/10^{-2})$ | 峰值信噪比/dB |
| Calendar | 4.76 | 26.51 | 4.56 | 26.89 |
| City | 3.09 | 30.49 | 3.04 | 30.62 |
| Foliage | 3.00 | 30.49 | 2.71 | 31.37 |
| Walk | 2.99 | 30.56 | 2.74 | 31.31 |
| 平均值 | 3.46 | 29.51 | 3.26 | 30.05 |

图5.7 对比了利用几种算法得到的高分辨率光流进行重采样后的误差热图。从图5.7 可以看出，与光流上采样结果相比，本章提出的光流重建模块得到的高分辨率光流能够更精准地实现帧间图像的对齐，均方根误差更低，如图5.7 第二个场景中红框所示的建筑物。这表明，本章所提光流重建模块能够得到更准确的帧间时域信息。

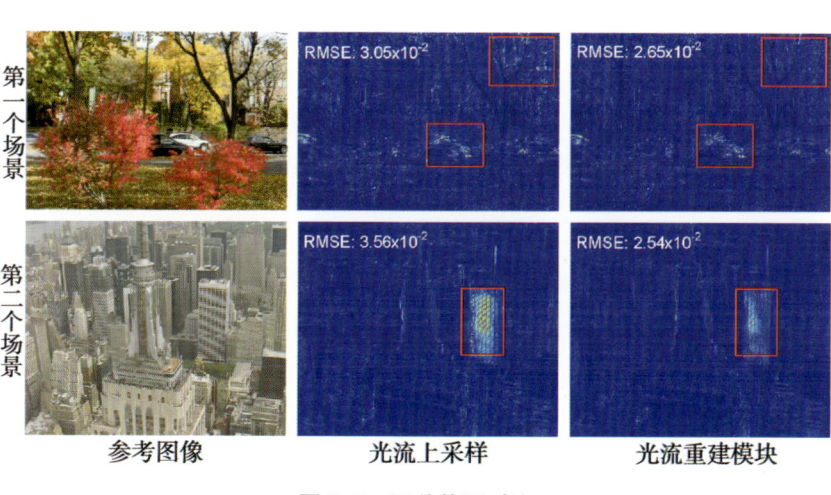

图5.7　误差热图对比

(b) 光流重建模块与图像超分辨后光流估计。

除光流上采样外，另一个得到高分辨率光流的方式是先对视频序列中的每一帧图像进行单帧图像超分辨，再对得到的高分辨率图像进行光流估计。为了测试这一方式的性能,我们设计了对比模型4(表5.1)。该模型首先对输入的低分辨率视频序列进行单帧图像超分辨,然后利用模型2中的光流重建模块进行光流估计,最后将运动补偿后的结果送入超分辨率重建模块中得到最终的超分辨结果。

从表5.1可以看出,模型4相比于模型7并没有明显的性能提升,其峰值信噪比结果(25.96 dB)、结构相似度结果(0.772)以及MOVIE指标(4.24)均与模型7相当。同时,由于模型4首先利用单帧图像超分辨提高了输入的视频序列的分辨率,后续光流估计都是在高分辨率空间中进行的,因此浮点计算量显著增加,由$108.90 \times 10^9$提高到了$1.12 \times 10^{12}$。相比之下,本章提出的光流重建模块可以直接从低分辨率图像序列中重建高分辨率光流,具有更低的计算复杂度,因此更适合在计算资源有限的移动端进行应用。

(4)多尺度参数共享结构。

在本章提出的光流重建模块中,由于3层尺度下的任务非常相似,因此为了减少网络参数量,我们采用了共享参数的多尺度结构。为了说明这一参数共享策略的有效性,设计了对比模型5(表5.1),该模型取消了参数共享策略而选择在3层尺度下使用3个独立的网络。从表5.1可以看出,模型5取得了与模型7相近的峰值信噪比和结构相似度结果,同时模型参数量由1.00M提升到了1.33M。由于光流重建模块中,3层尺度下的任务非常相近,因此模型5包含冗余参数。相比之下,本章提出的参数共享策略能够在保持性能的同时有效地减少模型参数量。

(5)轻量残差模块。

为了减少本章所提网络的参数量和计算量,我们在网络中使用了轻量残差模块进行特征提取。为了说明该模块的有效性,设计了对比模型6(表5.1),该模型将网络中全部的轻量残差模块替换为原始的残差模块。从表5.1可以看出,模型6取得了略优于模型7的峰值信噪比结果(26.04 dB)和MOVIE指标(4.20),但同时模型参数量由$1.00 \times 10^6$增加到了$1.56 \times 10^6$,浮点计算量由$108.90 \times 10^9$增长到了$143.14 \times 10^9$。这表明,轻量残差模块能够使本章提出的视频超分辨网络在保持较高性能的同时,大大降低参数量和计算量,使网络更加适合计算资源有限的移动端。

### 5.2.5.3 实验结果

本节在 Vid4 和 DAVIS-10 这 2 个数据集上，将本章提出的基于高分辨率光流估计的视频图像超分辨网络与 3 个单帧超分辨算法（DRCN[217]、LapSRN[218] 和 CARN[234]）及 6 个视频图像超分辨算法（VSRNet[128]、VESCPN[130]、TDVSR[222]、TDVSR-L[132]、SPMC[131] 和 FRVSR[133]）进行性能对比。对于 DRCN、LapSRN、CARN、VSRNet 和 SPMC，使用官方开源的代码和预训练模型进行测试。对于 TDVSR，使用作者提供的超分辨结果进行评测。对于 VESCPN、TDVSR-L 和 FRVSR，直接使用原文献中汇报的结果。对于 FRVSR，由于 FRVSR-3-64 变体与本章所提网络的参数量大致相当，实验中使用该变体进行评测。图像超分辨结果的 demo 视频二维码如图 5.8 所示。

图 5.8 图像超分辨结果的 demo 二维码

需要特别说明的是，对比算法在训练过程中使用了 2 种不同的退化模型。具体来说，DRCN、LapSRN、CARN、VSRNet、VESCPN、TDVSR 和 TDVSR-L 等使用双三次降采样来生成低分辨率视频序列，而 SPMC 和 FRVSR 使用高斯模糊核和 $s$ 折降采样（即每个 $s\times s$ 区域选取左上角像元）。因此，为了与不同退化模型上训练得到的模型进行公平对比，我们在这 2 种退化模型上分别对本章算法进行了训练。在训练过程中，对于 $s$ 折降采样退化方式，参照文献[131]中的设置，使用了 $\sigma=1.6$ 的高斯模糊核，略大于文献[133]中使用的模糊核（$\sigma=1.5$）。

（1）视觉图像数据集。

（a）Vid4 数据集。

从表 5.4 可以看出，对于双三次降采样退化，本章算法在 2 倍、3 倍和 4 倍超分辨任务上都取得了最高的性能。例如，在 4 倍超分辨任务上，与 TDVSR-L 相比，本章算法在取得更好的峰值信噪比（26.00 dB）与结构相似度（0.772）结果的同时，模型参数量和浮点计算量仅为 TDVSR-L 的 50% 和 43%。另外，本章算法在 T-MOVIE 和 MOVIE 这 2 个指标上都取得了显著优于其他对比算法的结果，这表明本章算法得到的高分辨率视频序列具有更好的帧间连贯性。这是由于，本章算法通过高分辨率光流重建，能够得到更精细的帧间时域信息，因此得到的超分辨结果具有更高的精度和更好的帧间连贯性。

表 5.4　Vid4 数据集上的性能对比

| 退化 | 放大倍率 | 算法 | 帧数 | 峰值信噪比/dB | 结构相似度 | T-MOVIE /$10^{-3}$ | MOVIE /$10^{-3}$ | 参数量 /M | 浮点计算量/G |
|---|---|---|---|---|---|---|---|---|---|
| 双三次降采样 | ×2 倍 | Bicubic | 1 | 28.42 | 0.866 | 7.24 | 1.35 | — | — |
| | | DRCN | 1 | 31.57 | 0.924 | 2.71 | 0.46 | 1.8 | 9788.7 |
| | | LapSRN | 1 | 31.41 | 0.923 | 2.62 | 0.45 | 0.8 | 29.9 |
| | | CARN | 1 | 31.96 | 0.931 | 2.35 | 0.39 | 1.6 | 222.8 |
| | | VSRNet | 5 | 31.29 | 0.927 | 2.93 | 0.48 | 0.27 | 242.7 |
| | | 本章算法 | 3 | 33.17 | 0.947 | 1.43 | **0.23** | 0.9 | 342.8 |
| | ×3 倍 | Bicubic | 1 | 25.26 | 0.730 | 21.15 | 5.02 | — | — |
| | | DRCN | 1 | 26.82 | 0.805 | 12.15 | 3.03 | 1.8 | 9788.7 |
| | | CARN | 1 | 27.16 | 0.818 | 10.69 | 2.65 | 1.6 | 118.8 |
| | | VSRNet | 5 | 26.75 | 0.807 | 12.14 | 2.81 | 0.27 | 242.7 |
| | | VESCPN | 3 | 27.25 | 0.845 | — | 2.86 | 0.89 | 5.3 |
| | | 本章算法 | 3 | 28.09 | 0.861 | 8.25 | 1.83 | 1.1 | 205.0 |
| | ×4 倍 | Bicubic | 1 | 23.75 | 0.630 | 35.93 | 8.80 | — | — |
| | | DRCN | 1 | 24.94 | 0.707 | 25.48 | 6.28 | 1.8 | 9788.7 |
| | | LapSRN | 1 | 24.98 | 0.711 | 24.93 | 6.05 | 0.8 | 149.4 |
| | | CARN | 1 | 25.27 | 0.725 | 21.95 | 5.59 | 1.6 | 90.9 |
| | | VSRNet | 5 | 24.81 | 0.702 | 26.05 | 6.01 | 0.27 | 242.7 |
| | | VESCPN | 3 | 25.35 | 0.756 | — | 5.82 | 0.09 | 3.1 |
| | | TDVSR | 5 | 25.49 | 0.746 | 23.23 | 4.92 | 0.34 | 24.7 |
| | | TDVSR-L | 5 | 25.88 | 0.767 | — | 4.69 | 2.0 | 263.9 |
| | | 本章算法 | 3 | 26.00 | 0.772 | 19.35 | 4.25 | 1.0 | 112.5 |
| $s$ 折降采样 | ×4 倍 | SPMC | 3 | 25.99 | 0.773 | 18.28 | 4.00 | 1.7 | 160.8 |
| | | FRVSR | 递归 | 26.17 | 0.798 | — | — | 2.3 | 88.8 |
| | | 本章算法 | 3 | 26.19 | 0.786 | 17.61 | 3.98 | 1.0 | 112.5 |

对于 $s$ 折降采样退化，本章算法在峰值信噪比、结构相似度、T-MOVIE 和 MOVIE 这 4 个指标上取得了最好的性能。具体来说，本章算法得到的峰值信噪比结果（26.19 dB）显著优于 SPMC（25.99 dB）。与 FRVSR 相比，本章算法在参数量减半的情况下取得了相当的性能，这进一步说明了本章算法的优越性。

图 5.9 对比了不同算法得到的超分辨结果在重建精度与帧间连贯性上的性能，其中实心圆和空心圆分别表示在双三次降采样退化和 $s$ 折降采样退化上取得的结果，圆圈的大小表示不同算法的参数

量。从图 5.9 可以看出，本章算法在双三次降采样退化和 $s$ 折降采样退化上均取得了比其他对比算法更好的重建精度和帧间连贯性，同时具有较少的模型参数量。

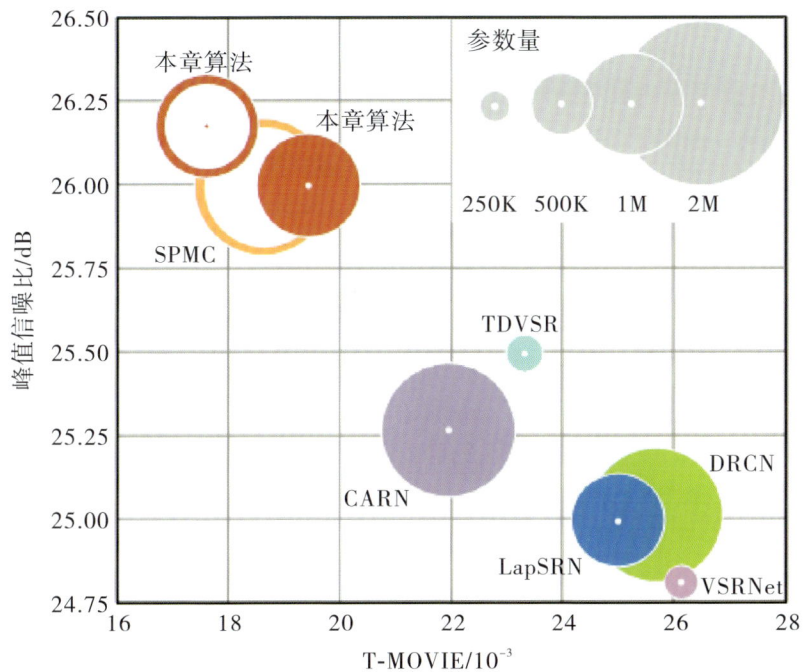

图 5.9　Vid4 数据集上精度和帧间连贯性的性能对比

图 5.10 在 Vid4 数据集中的 calendar 和 city 这 2 个场景上对比了不同算法得到的超分辨结果，其中蓝色框展示了局部放大图中蓝色虚线位置的时域剖面图，红色虚线框表示在 $s$ 折降采样退化上得到的结果。通过局部放大图可以看出，本章所提算法在双三次降采样退化和 $s$ 折降采样退化上均能够更好地恢复图像中的细节信息（如 calendar 场景中的文字"MAREE"以及 city 场景中建筑物上的条纹），取得了更好的视觉效果。同时，从时域剖面中可以进一步看出，本章算法能够更好地保持帧间的连贯性。LapSRN、CARN、VSRNet 以及 TDVSR 等算法得到的时域剖面中，几乎无法辨识文字"MAREE"；SPMC 虽然得到了更好的时域剖面结果，但结果中仍有比较明显的模糊和扭曲；相比之下，本章算法得到的时域剖面结果中边缘更加平滑清晰，视觉效果更好。

图 5.10 Vid4 数据集上 4 倍超分辨结果对比

(b) DAVIS-10 数据集。

从表 5.5 可以看出,对于双三次降采样退化,本章算法在 2 倍、3 倍和 4 倍超分辨任务上都取得了最高的峰值信噪比和结构相似度结果。在 4 倍超分辨任务上,本章算法的峰值信噪比结果(34.28 dB)和结构相似度结果(0.926)比 VSRnet 分别高 1.65 dB 和 0.029,取得了显著的性能提升。在 T-MOVIE 和 MOVIE 指标上,本章算法在 3 倍超分辨任务上取得了最优的结果。虽然在 2 倍和 4 倍超分辨任务上,本章算法在 T-MOVIE 指标上略逊于 CARN,但本章算法取得了比 CARN 更好的 MOVIE 结果。这表明本章算法超分辨得到的高分辨率视频序列具有更好的整体视觉效果。

对于 $s$ 折降采样退化,本章算法在峰值信噪比、结构相似度、T-MOVIE 及 MOVIE 指标上均明显优于 SPMC。具体来说,本章算法取得的峰值信噪比(34.28 dB)和 T-MOVIE(10.91)结果比 SPMC 提升

# 第 5 章 视频图像超分辨率重建算法

了 1.26 dB 和 3.15。这表明，本章算法超分辨得到的视频序列在重建精度和帧间连贯性上都显著优于 SPMC。这是因为，DAVIS-10 数据集中部分场景包含一些快速运动的物体，这些物体在帧间具有较大的位移，导致已有的视频超分辨算法不能很好地利用时域信息。相比之下，本章算法利用所提光流重建模块，能够更好地处理帧间大位移及其他复杂运动场景，因此能够更好地融合帧间信息进而取得更高的超分辨性能。

表 5.5 DAVIS-10 数据集上性能对比

| 退化 | 放大倍率 | 方法 | 帧数 | 峰值信噪比/dB | 结构相似度 | T-MOVIE /$10^{-3}$ | MOVIE /$10^{-3}$ | 参数量/M | 浮点计算量/G |
|---|---|---|---|---|---|---|---|---|---|
| 双三次降采样 | ×2 倍 | Bicubic | 1 | 36.43 | 0.958 | 4.63 | 0.70 | — | — |
| | | DRCN | 1 | 40.62 | 0.979 | 1.09 | 0.13 | 1.8 | 9788.7 |
| | | LapSRN | 1 | 40.30 | 0.978 | 1.05 | 0.12 | 0.8 | 29.9 |
| | | CARN | 1 | 40.99 | 0.981 | 0.85 | 0.11 | 1.6 | 222.8 |
| | | VSRnet | 5 | 39.00 | 0.972 | 1.31 | 0.20 | 0.27 | 242.7 |
| | | 本章算法 | 3 | 41.38 | 0.983 | 0.92 | 0.09 | 0.9 | 342.8 |
| | ×3 倍 | Bicubic | 1 | 32.94 | 0.912 | 13.55 | 2.63 | — | — |
| | | DRCN | 1 | 36.08 | 0.947 | 5.26 | 0.92 | 1.8 | 9788.7 |
| | | CARN | 1 | 36.70 | 0.952 | 4.44 | 0.79 | 1.6 | 118.8 |
| | | VSRnet | 5 | 34.94 | 0.936 | 6.11 | 1.20 | 0.27 | 242.7 |
| | | 本章算法 | 3 | 36.80 | 0.955 | 4.36 | 0.68 | 1.1 | 205.0 |
| | ×4 倍 | Bicubic | 1 | 30.97 | 0.870 | 22.73 | 4.75 | — | — |
| | | DRCN | 1 | 33.49 | 0.911 | 13.51 | 2.48 | 1.8 | 9788.7 |
| | | LapSRN | 1 | 33.54 | 0.911 | 12.83 | 2.43 | 0.8 | 149.4 |
| | | CARN | 1 | 34.12 | 0.921 | 11.41 | 2.05 | 1.6 | 90.9 |
| | | VSRnet | 5 | 32.63 | 0.897 | 14.63 | 2.85 | 0.27 | 242.7 |
| | | 本章算法 | 3 | 34.28 | 0.926 | 11.72 | 1.94 | 1.0 | 112.5 |
| s 折降采样 | ×4 倍 | SPMC | 3 | 33.02 | 0.911 | 14.06 | 1.96 | 1.7 | 160.8 |
| | | 本章算法 | 3 | 34.28 | 0.927 | 10.91 | 1.87 | 1.0 | 112.5 |

图 5.11 在 DAVIS-10 数据集中的 2 个场景上对比了不同算法得到的超分辨结果，其中红色虚线框表示在 s 折降采样退化上得到的结果。通过局部放大图可以看出，与其他对比算法相比，本章算法恢复的图像细节更加清晰，取得了更好的视觉效果。如场景二中的文字"PEUA"，VSRnet 得到的超分辨结果中具有明显的模糊效应，

文字难以辨识；CARN、LapSRN 和 SPMC 得到了更加清晰的结果，但部分细节仍存在明显的扭曲；相比之下，本章算法重建得到的高分辨率图像中文字更加清晰，更加容易辨识。

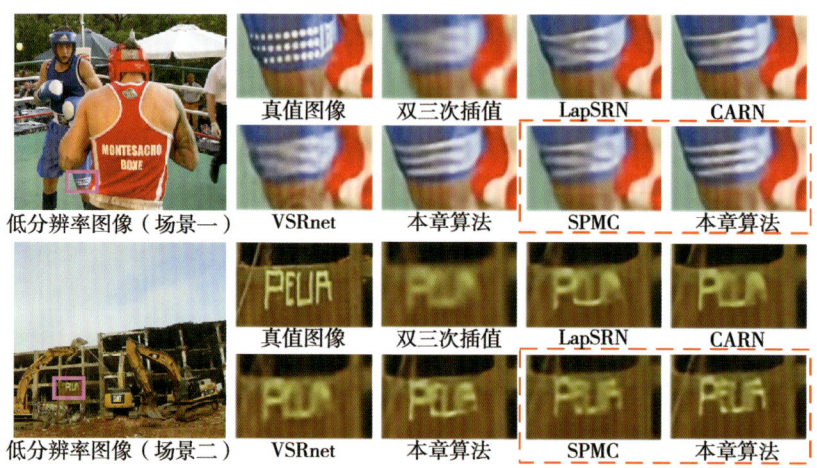

图 5.11　DAVIS-10 数据集上 4 倍超分辨结果对比

（c）Vimeo 数据集。

接下来，我们将进一步在 Vimeo 数据集中的真实视频序列上对不同算法的超分辨性能进行对比。具体来说，将 Vimeo 数据集中的 7 帧视频序列直接送入不同算法进行超分辨率重建，并对超分辨结果进行对比。从图 5.12 中的局部放大图可以看出，与其他对比算法相比，本章算法得到的超分辨结果中图像细节更加清晰，具有更好的视觉效果。在场景一中，LapSRN、CARN 和 VESPCN 得到的超分辨结果中的文字"tu"都具有明显的模糊和扭曲效应，影响了文字的辨识；相比之下，本章算法得到的超分辨结果更加清晰，文字更容易辨识。在场景二中，其他对比算法均将桌布上的方格纹理错误地恢复成了条纹纹理，而本章算法更加准确地恢复了图像中的细节信息。这表明，本章所提算法在真实视频数据上具有比已有算法更好的超分辨效果，具有较强的泛化能力。

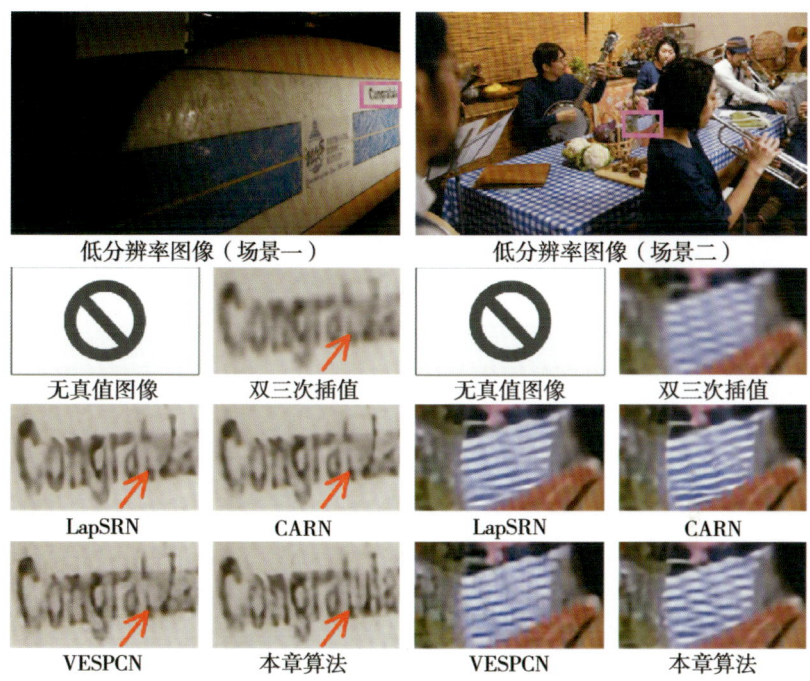

图 5.12　Vimeo 数据集上 4 倍超分辨结果对比

(2) 红外图像数据集。

(a) SAITD 数据集。

从表 5.6 可以看出，本章算法在 SAITD 红外数据集上取得了最高的峰值信噪比、结构相似度、信噪比以及信杂比结果。由于 LapSRN、CARN 这 2 种单帧图像超分辨率重建算法不能利用视频序列中的帧间相关信息，因此其性能比视频超分辨率重建算法更低。与 VESPCN 相比，本章算法能利用高分辨率时域信息更好地恢复图像中的细节信息，峰值信噪比和结构相似度结果分别由 26.57 dB 和 0.736 提高到了 26.96 dB 和 0.753。同时，本章算法在对图像进行超分辨率重建时，能够更好地保护图像中小目标的能量，有效提升像平面小目标的显著性，提高目标在局部邻域内的信噪比和信杂比。

表5.6　SAITD 数据集上 4 倍超分辨性能对比

| 算法 | 帧数 | 峰值信噪比/dB | 结构相似度 | 信噪比/dB | 信杂比 |
| --- | --- | --- | --- | --- | --- |
| 双三次插值 | 1 | 25.37 | 0.663 | 1.50 | 0.39 |
| LapSRN | 1 | 26.20 | 0.716 | 1.88 | 0.55 |
| CARN | 1 | 26.61 | 0.734 | 2.03 | 0.56 |
| VESPCN | 3 | 26.57 | 0.736 | 2.07 | 0.57 |
| 本章算法 | 3 | 26.96 | 0.753 | 2.35 | 0.59 |

图 5.13 在 SAITD 数据集中的 2 个场景上对比了不同算法得到的超分辨结果。通过目标局部放大图可以看出，与其他对比算法相比，本章算法得到的超分辨结果，目标强度更加集中，具有更高的局部显著性。这表明，本章所提超分辨率重建算法通过对图像的超分辨率重建，能够更好地检测图像中目标。

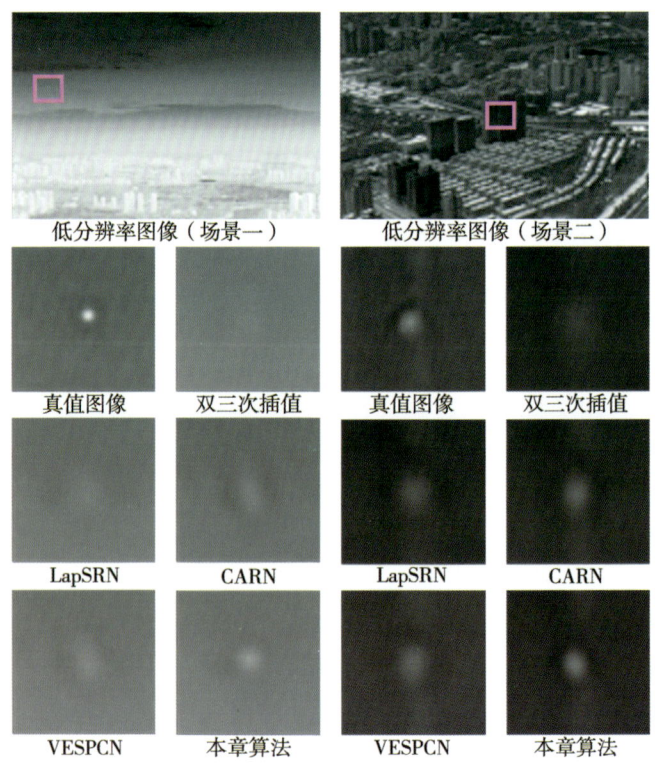

图 5.13　SAITD 数据集上 4 倍超分辨结果对比

# 第6章 高光谱图像超分辨率重建算法

在可见光谱段基础上,研究人员进一步将观测谱段延伸,得到了高光谱图像。与可见光图像相比,高光谱图像包含更加丰富的谱域信息。但由于成像机制的制约,高光谱图像的空间分辨率仍相对有限,因此高光谱图像超分辨率重建开始得到关注。本章首先阐述了高光谱成像的理论基础,其次介绍了一种基于 Transformer 的高光谱图像超分辨率重建算法并给出了该算法的代码实现,最后对本章内容进行了小结。

## 6.1 高光谱成像的理论基础

### 6.1.1 成像模型

在高光谱探测中,人们期望获得高空间分辨率和高光谱分辨率的高分辨率高光谱图像(high-resolution hyper-spectral image, HrHSI)。但在实际中,由于受探测器灵敏度等各方面因素的限制,高分辨率高光谱图像通常难以直接获得。为此,实际应用中通常先获取一张高分辨率多光谱图像(high-resolution multi-spectral image, HrMSI)和一张低分辨率高光谱图像(low-resolution hyper-spectral image, LrHSI),再将二者进行融合来间接获得高分辨率高光谱图像。在成像过程中,低分辨率高光谱图像 $X \in \mathbb{R}^{hw \times L}$ 可以看成是高分辨率高光谱图像 $Z \in \mathbb{R}^{HW \times L}$ 经过空间降质得到的,而高分辨率多光谱图像 $Y \in \mathbb{R}^{HW \times l}$ 可以看成是高分辨率高光谱图像经过光谱降质得到的,如图 6.1 所示。其中,$l$ 和 $L$ 分别为多光谱和高光谱图像的谱段数,$h$ 和 $w$ 是低分辨率图像的长和宽,$H$ 和 $W$ 是高分辨率图像的长

和宽。在理想条件下,退化过程可以表示为:

$$\begin{cases} X = PZ \\ Y = ZS \end{cases} \quad (6.1)$$

其中,$P \in \mathbb{R}^{hw \times HW}$ 表示空间降质中的点扩散函数(point spread function,PSF),$S \in \mathbb{R}^{L \times l}$ 表示光谱降质中的光谱响应函数(spectral response function,SRF)。给定低分辨率高光谱图像 $X$ 和高分辨率多光谱图像 $Y$,高光谱图像超分辨的目的是重建高分辨率高光谱图像 $Z$。

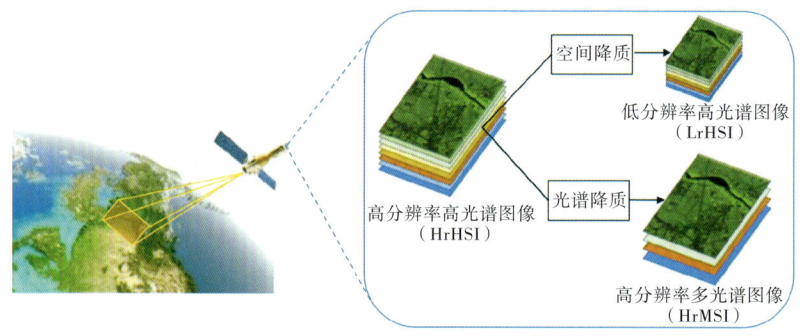

图 6.1 高光谱成像原理

在理想条件下,高光谱图像中任意一个像元的光谱都可以表示为该像元对应地物的端元光谱的线性组合,即:

$$\begin{cases} X = A_{LR} E_{HSI} \\ Y = A_{HR} E_{MSI} \\ Z = A_{HR} E_{HSI} \end{cases} \quad (6.2)$$

其中,$E_{HSI} \in \mathbb{R}^{N_{emb} \times L}$ 和 $E_{MSI} \in \mathbb{R}^{N_{emb} \times l}$ 表示高光谱和多光谱图像中的端元光谱,$A_{LR} \in \mathbb{R}^{hw \times N_{emb}}$ 和 $A_{HR} \in \mathbb{R}^{HW \times N_{emb}}$ 表示低分辨率与高分辨率的丰度矩阵,$N_{emb}$ 表示端元数量。

## 6.1.2 当前的进展与挑战

高光谱成像能够在获得场景图像信息的同时获取其光谱信息。由于不同材质对不同光谱的吸收不同,高光谱图像(hyper-spectral image,HSI)丰富的光谱信息能够很好地反映物体材质的差异。因

# 第6章 高光谱图像超分辨率重建算法

此,高光谱成像在遥感测绘[235]、农业生产[236]、食品检测[237]等领域都得到了广泛应用。由于高光谱成像一般采用分光式的成像机制,单个谱段的光谱辐射能量较低,为了保证足够的灵敏度和信噪比,探测器单个像元的面积不可过小,因为这会导致高光谱图像的空间分辨率往往较低。

为了弥补高光谱图像空间分辨率的不足,早期工作[238-241]提出通过融合高光谱图像与全色图像,得到高分辨率的高光谱图像,称为 Pan-sharpening。由于全色图像几乎不包含任何光谱信息,融合全色图像与高光谱图像通常会带来明显的光谱损失。为了解决这一问题,后来的一些工作[242-244]提出通过融合低分辨率的高光谱图像与高分辨率的多光谱图像(multi-spectral image, MSI)实现高光谱图像的分辨率增强,称为 HSI-MSI 融合或高光谱图像超分辨率重建。与全色图像相比,多光谱图像携带有一定的光谱信息,能够有效地降低融合后的光谱损失。与单帧图像相比,高光谱图像提供了额外的谱域观测信息,对提升超分辨性能有积极作用。因此,如何实现高光谱图像中空域信息与谱域信息的融合处理是高光谱图像超分辨的关键。

传统的高光谱图像超分辨率重建方法主要可以分为基于贝叶斯融合的方法和基于光谱解混的方法两大类。基于贝叶斯融合的方法[139-141]主要利用贝叶斯概率框架,通过结合先验信息构造损失函数并对其进行迭代优化,得到最终的高分辨率高光谱图像。基于光谱解混的方法[139-143]进一步考虑了高光谱成像过程中的光谱混合效应,通过矩阵分解对光谱进行解混,并利用解混后的光谱完成高分辨率高光谱图像的重建。近年来,深度学习方法在图像识别[59-60]、目标检测[66,144]、图像分割[145-146]、图像超分辨[35,77]等多个计算机视觉任务上得到了成功应用,引起了研究人员的广泛关注。许多研究人员开始尝试将深度学习方法应用到高光谱图像超分辨率重建上。例如,Xie 等[147]受近端梯度下降方法的启发,提出用深度卷积网络来端对端地学习高分辨率高光谱图像的重建;Qu 等[148]提出了一个无监督的高光谱图像超分辨率重建网络,并利用稀疏狄利克雷分布(Dirichlet distribution)来进行无监督的训练;Zheng 等[149]提出了一个耦合自编码器网络,能够无监督地对高分辨率多光谱和低分辨率高光谱图像进行解耦学习,进而完成高光谱图像的超分辨率重建。

与传统方法相比,基于深度学习的高光谱图像超分辨率重建方法取得了更优的重建性能和更快的运行效率。尽管许多基于传统方法的工作表明,光谱解混与端元提取在高光谱图像超分辨率重建中发挥着至关重要的作用[139,143],但已有的基于深度学习的方法并没有很好地对端元信息进行挖掘,这限制了其性能的进一步提升。

针对高光谱图像超分辨中空域谱域信息融合问题,本章提出了一种基于 Transformer 的高光谱图像超分辨率重建算法。该算法将端元模型与神经网络相结合,在网络中显式地对端元进行建模,并利用端元作为纽带实现空域信息与谱域信息的有效融合。首先,利用残差网络分别对输入的高分辨率多光谱图像和低分辨率高光谱图像进行特征提取;其次,利用 Transformer 结构在低分辨率高光谱图像中萃取端元特征;最后,再利用 Transformer 结构将端元特征注入到高分辨率多光谱图像中,完成最终高分辨率高光谱图像的重建。实验结果表明,该算法利用 Transformer 的全局感受野增强了网络的长程建模能力,在室内和遥感多个基准数据集上都取得了比已有方法更好的性能。

## 6.2 基于 Transformer 的高光谱图像超分辨率重建算法

本章提出的基于 Transformer 的高光谱图像超分辨率重建网络共分为特征提取、端元特征萃取、端元特征注入、超分辨率重建 4 个阶段,结构如图 6.2 所示。对于输入的高分辨率多光谱图像(HrMSI)和低分辨率高光谱图像(LrHSI),首先进行特征提取,其次利用 Transformer 模块从低分辨率高光谱图像的特征中萃取端元特征,接着利用 Transformer 模块将萃取得到的端元特征注入高分辨率多光谱图像的特征中,最后完成高分辨率高光谱图像(HrHSI)的重建。

# 第 6 章 高光谱图像超分辨率重建算法

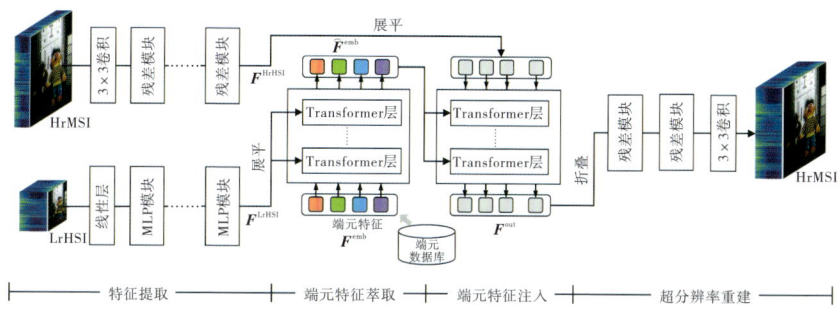

图 6.2 基于 Transformer 的高光谱图像超分辨重建网络结构

## 6.2.1 特征提取

考虑到输入的高分辨率多光谱图像空间分辨率较高、空域细节信息丰富,我们利用卷积神经网络作为其特征提取器,主要负责提取空域信息。相反,输入的低分辨率高光谱图像空间分辨率较低、光谱分辨率较高,因此将不同像元视为独立的光谱曲线,利用多层感知机(multi-layer perceptron,MLP)模块作为特征提取器,主要负责提取谱域信息。

对于输入的高分辨率多光谱图像 $Y \in \mathbb{R}^{H \times W \times l}$,先利用一层 $3 \times 3$ 卷积提取初始特征,再将提取的特征送入级联的 4 个残差模块中进行深层特征提取,得到 $F^{\mathrm{HrMSI}} \in \mathbb{R}^{H \times W \times C}$。对于输入的低分辨率高光谱图像 $X \in \mathbb{R}^{h \times w \times L}$,则先利用 1 层线性层提取初始特征,再将提取的特征送入级联的 4 个 MLP 模块中进行深层特征提取,得到 $F^{\mathrm{LrHSI}} \in \mathbb{R}^{h \times w \times C}$。其中,每个 MLP 模块包含 2 个线性层。

## 6.2.2 端元特征萃取

完成特征提取后,可进一步从 $F^{\mathrm{LrHSI}}$ 中萃取端元特征。由于同物异谱和异物同谱现象,光谱数据库中的端元光谱往往与实际图像中的端元存在差异。因此,本章利用低分辨率高光谱图像对光谱数据库中的光谱进行调制,使其能够与实际应用场景更加适配。考虑到神经网络强大的特征提取和表示能力,我们将在特征层面完成这一调制过程。为了充分利用 $\boldsymbol{F}^{\text{LrHSI}}$ 中的全局信息，本章利用 Transformer 层进行端元特征的萃取。

首先，从光谱数据库中提取 $N_{\text{emb}}$ 种端元特征 $\boldsymbol{F}^{\text{emb}} \in \mathbb{R}^{N_{\text{emb}} \times C}$，作为 query 向量；其次，将低分辨率高光谱图像中提取的特征 $\boldsymbol{F}^{\text{LrHSI}}$ 展平为 $\mathbb{R}^{hw \times C}$，作为 key 和 value 向量；最后，将 query、key、value 向量送入 3 层级联的 Transformer 层进行端元特征的调制和萃取，得到 $\hat{\boldsymbol{F}}^{\text{emb}}$。其中，第 $l$ 层 Transformer 层的结构如图 6.3 所示，处理过程如下：

$$\boldsymbol{Q}'_{l-1} = \text{SA}(\text{Linear}(\text{LN}(\boldsymbol{Q}_{l-1}, \boldsymbol{K}_{l-1}, \boldsymbol{V}_{l-1}))) + \boldsymbol{Q}_{l-1} \quad (6.3)$$

$$\boldsymbol{Q}_l = \text{MLP}(\text{LN}(\boldsymbol{Q}'_{l-1})) + \boldsymbol{Q}'_{l-1} \quad (6.4)$$

其中，LN(·) 表示层归一化，Linear(·) 表示线性层，SA(·) 表示自注意力层。具体来说，对于输入的 query 向量 $\boldsymbol{Q}_{l-1} \in \mathbb{R}^{N \times C}$、key 向量 $\boldsymbol{K}_{l-1} \in \mathbb{R}^{M \times C}$ 以及 value 向量 $\boldsymbol{V}_{l-1} \in \mathbb{R}^{M \times C}$，首先进行层归一化处理；其次，将层归一化后的 $\boldsymbol{Q}_{l-1}$、$\boldsymbol{K}_{l-1}$ 和 $\boldsymbol{V}_{l-1}$ 送入 3 个线性层，得到 $\bar{\boldsymbol{Q}}_{l-1} \in \mathbb{R}^{N \times C}$，$\bar{\boldsymbol{K}}_{l-1}$，$\bar{\boldsymbol{V}}_{l-1} \in \mathbb{R}^{M \times C}$：

$$\begin{cases} \bar{\boldsymbol{Q}}_{l-1} = \text{LN}(\boldsymbol{Q}_{l-1})\boldsymbol{W}_Q \\ \bar{\boldsymbol{K}}_{l-1} = \text{LN}(\boldsymbol{K}_{l-1})\boldsymbol{W}_K \\ \bar{\boldsymbol{V}}_{l-1} = \text{LN}(\boldsymbol{V}_{l-1})\boldsymbol{W}_V \end{cases} \quad (6.5)$$

其中，$\boldsymbol{W}_Q$，$\boldsymbol{W}_K$，$\boldsymbol{W}_V \in \mathbb{R}^{C \times C}$ 表示 3 个线性层的权重。然后，利用自注意力层对 $\bar{\boldsymbol{Q}}_{l-1}$、$\bar{\boldsymbol{K}}_{l-1}$ 和 $\bar{\boldsymbol{V}}_{l-1}$ 进行处理，得到 $\boldsymbol{Q}'_{l-1}$：

$$\boldsymbol{Q}'_{l-1} = \text{Softmax}\left(\frac{\bar{\boldsymbol{Q}}_{l-1}\bar{\boldsymbol{K}}_{l-1}^{\text{T}}}{\sqrt{C}}\right)\bar{\boldsymbol{V}}_{l-1} + \boldsymbol{Q}_{l-1} \quad (6.6)$$

其中，Softmax(·) 表示 Softmax 层。最后，对 $\boldsymbol{Q}'_{l-1}$ 进行层归一化，并送入一个 MLP 模块，得到最终的输出结果。考虑到端元特征与位置信息无关，本章没有在 Transformer 层中使用位置编码。

在训练阶段，本章随机初始化 $N_{\text{emb}}$ 个端元特征向量 $\boldsymbol{F}^{\text{emb}} \in \mathbb{R}^{N_{\text{emb}} \times C}$，使其随网络一起不断更新优化，并用训练后得到的 $N_{\text{emb}}$ 个端元特征向量构造光谱数据库。在测试阶段，从光谱数据库中取出经过训练优化的全部 $N_{\text{emb}}$ 个端元特征向量作为端元特征送入网络。

域[图 6.4(c)],对不同的端元特征进行调制[图 6.4(d)],使其适应到输入的低分辨率高光谱图像上,进而取得更好的超分辨率重建性能。

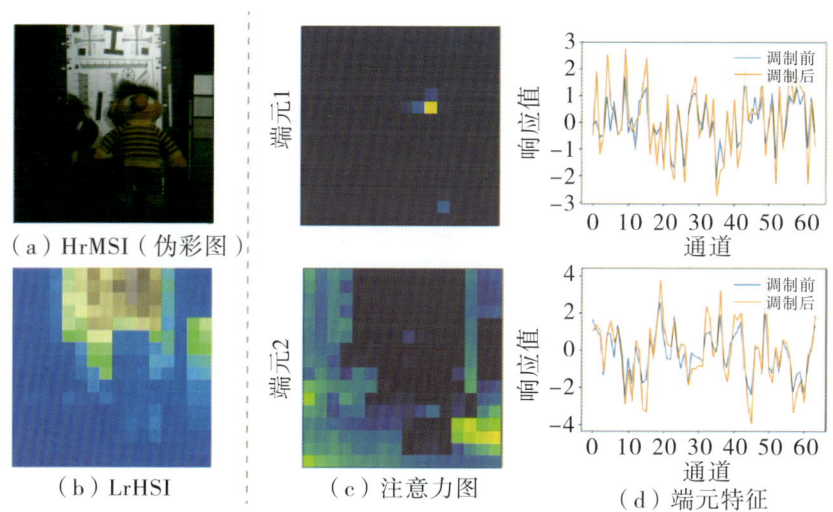

图 6.4 端元特征调制前后的结果对比

(2) Transformer 层。

与卷积层相比,Transformer 层具有全局感受野,能够更好地利用低分辨率高光谱图像的全局信息进行端元特征的调制。为了验证 Transformer 层在端元特征调制中的有效性,我们设计了对比模型 2,该模型将 Transformer 层替换为普通的卷积层进行特征调制。具体来说,模型 2 将光谱数据库中取出的端元特征与低分辨率高光谱图像特征进行级联,并送入 3 层卷积层进行端元特征的调制。通过对表 6.1 中模型 3 与模型 2 进行对比可以看出,使用 Transformer 层进行端元特征调制取得了更好的性能。由于卷积层不能很好地利用全局信息,导致调制的端元特征表示能力有限,限制了模型 2 的性能,使其在峰值信噪比、光谱角制图等指标上都逊于模型 3。相比之下,本章提出的 Transformer 结构更有助于利用图像全局信息提取更准确的端元信息,因此模型 3 取得了更好的重建结果。

(3) 端元数量。

我们还进一步分析了不同端元数量对网络性能的影响。具体来说,设计了具有不同端元数量的对比模型 4 至模型 7,采用相同的训练策略对其进行训练,并对几个模型的性能进行了对比。如表 6.2 所示,随着端元数量的增加,其网络性能得到提升,峰值信噪比和光谱角制图等指标不断提高。这是由于端元数量的增加能够丰富端元特征种类,细化端元特征的颗粒度,进而提升最终高光谱图像的超分辨率重建性能,特别是光谱重建效果。当端元数量超过 32 时,模型的性能开始趋于饱和,进一步增加端元数量带来的性能提升相对较小,因此我们使用 32 作为模型默认的端元数量以控制模型参数量。

表 6.2　不同端元数量下的性能对比

| 模型 | 端元数量 | 峰值信噪比/dB | 光谱角制图 | ERGAS | 结构相似度 | UIQI |
| --- | --- | --- | --- | --- | --- | --- |
| 模型 4 | 8 | 39.32 | 7.95 | 0.49 | 0.982 | 0.951 |
| 模型 5 | 16 | 39.50 | 7.86 | 0.47 | 0.985 | 0.954 |
| 模型 6 | 32 | 39.65 | 7.81 | 0.42 | 0.987 | 0.958 |
| 模型 7 | 64 | **39.72** | **7.79** | **0.42** | **0.988** | **0.958** |

(4)噪声鲁棒性。

本小节选取了 CNMF[139] 和 CSTF[247] 这 2 个具有代表性的传统算法以及 1 个深度学习算法 MHFnet[145] 作为对比算法,分析本章算法与对比算法在不同噪声强度下的鲁棒性。如表 6.3 所示,当低分辨率高光谱图像中的噪声强度增大时,不同算法的峰值信噪比和结构相似度结果均逐渐减小。在基于深度学习的算法中,与 MHFnet 相比,本章算法在不同噪声水平下取得了更优的性能。例如,当噪声强度为 0.10 时,本章算法的峰值信噪比和结构相似度结果比 MHFnet 分别高 2.50 dB 和 0.011。这表明,与 MHFnet 相比,本章算法具有更好的噪声鲁棒性。

表 6.3　不同噪声强度下的峰值信噪比(单位为 dB)/结构相似度结果对比

| 算法 | 0 | 0.05 | 0.10 |
| --- | --- | --- | --- |
| CNMF | 30.11/0.911 | 27.62/0.784 | 23.74/0.680 |
| CSTF | 32.74/0.902 | 29.60/0.635 | 24.40/0.553 |
| MHFnet | 37.30/0.949 | 34.12/0.902 | 33.26/0.875 |
| 本章算法 | **39.65/0.958** | **37.26/0.915** | **35.76/0.886** |

图 6.5 进一步对比了本章算法与对比算法在噪声条件下的可视化结果。其中,第一行展示了输入的高分辨率多光谱图像、含噪声的低分辨率高光谱图像以及参考图像,后两行展示了不同算法的重建结果及误差热图。对于每一个高光谱图像,图中展示了第 7 个通道(460 nm)的结果图和误差热图。通过误差热图可以看出,当低分辨率高光谱图像中存在噪声时,CNMF、CSTF、MHFnet 这 3 种算法得到的重建结果中均会出现一些异常的纹理,重建误差较大。相比之下,本章算法具有更强的噪声鲁棒性,取得了更好的重建效果。

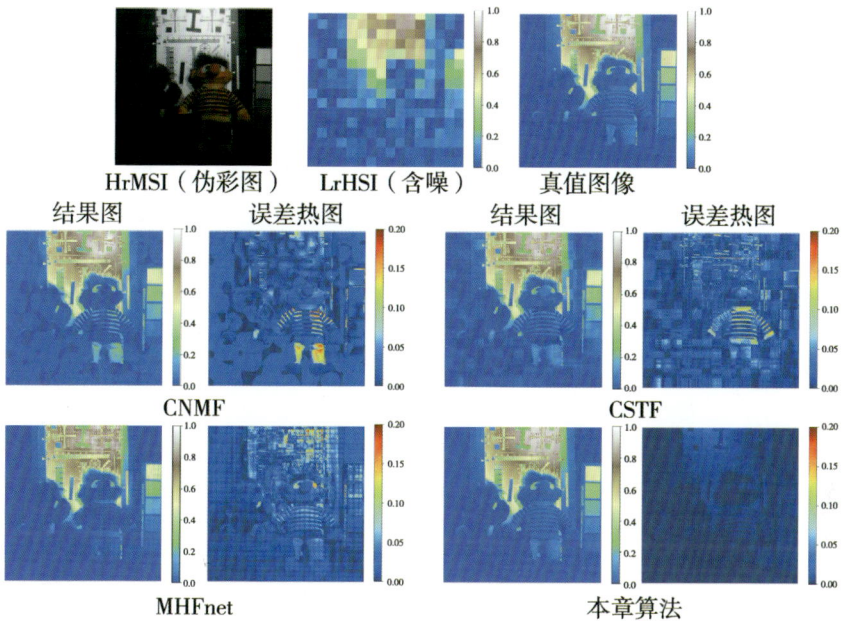

图 6.5 噪声条件下 CAVE 数据集上的超分辨结果对比

### 6.2.5.3 实验结果

(1) 室内高光谱图像数据集。

本小节我们在室内高光谱图像数据集 CAVE 上,将本章算法与已有的高光谱图像超分辨率重建算法进行定性和定量对比。我们使用了 CNMF[139]、CSU[143]、FUSE[248]、HySure[142] 及 CSTF[247] 5 个传统算法,uSDN[148]、CUCaNet[150]、MHFnet[147] 及 MoG-DCN[151] 4 个深度学习算法作为对比算法。其中,uSDN、CUCaNet 与 MHFnet 为轻量级网络(参数量 $<3\times10^6$),MoG-DCN 为重量级网络(参数量 $>3\times$

$10^6$)。定量结果如表 6.4 所示,可视化结果如图 6.6 所示。

(a)定量结果。

从表 6.4 可以看出,在传统算法中,CNMF 和 CSU 这 2 种算法取得了较好的光谱重建性能,其光谱角制图等指标优于其他对比算法。这是由于 CNMF 和 CSU 作为基于光谱解混的高光谱图像超分辨率重建算法,在超分辨过程中考虑了高光谱图像成像中的光谱混合效应,因此重建得到的高光谱图像光谱损失更小。与传统算法相比,基于深度学习的高光谱图像超分辨算法(uSDN、CUCaNet、MHFnet、MoG-DCN)取得了更好的性能,在峰值信噪比和光谱角制图等指标上都取得了显著提升。与轻量级网络 CUCaNet、MHFnet 相比,本章所提算法取得了最好的性能,在峰值信噪比、ERGAS、结构相似度及 UIQI 指标上都取得了可观的性能提升。为了与 MoG-DCN 进行公平对比,我们通过进一步加宽和加深网络,训练了一个参数量与之相当的大网络。通过对比可以看出,本章算法在参数量少于 MoG-DCN 的情况下获得了更好的超分辨率重建性能,其峰值信噪比和光谱角制图结果分别取得了 0.29 dB 和 0.31 的提升。

表 6.4  CAVE 数据集上的性能对比

| 算法 | 参数量/K | 峰值信噪比/dB | 光谱角制图 | ERGAS | 结构相似度 | UIQI |
| --- | --- | --- | --- | --- | --- | --- |
| CNMF | — | 30.11 | 9.98 | 0.69 | 0.919 | 0.911 |
| CSU | — | 30.26 | 11.03 | 0.65 | 0.911 | 0.898 |
| FUSE | — | 29.87 | 16.05 | 0.77 | 0.756 | 0.860 |
| HySure | — | 31.26 | 14.59 | 0.72 | 0.905 | 0.891 |
| CSTF | — | 32.74 | 13.13 | 0.64 | 0.914 | 0.902 |
| uSDN | 2 | 34.67 | 10.02 | 0.52 | 0.921 | 0.905 |
| CUCaNet | 957 | 37.51 | **7.49** | 0.47 | 0.959 | 0.955 |
| MHFnet | 2536 | 37.30 | 7.75 | 0.49 | 0.961 | 0.949 |
| 本章算法 | 788 | **39.65** | 7.81 | **0.42** | **0.987** | **0.958** |
| MoG-DCN | 6594 | 42.96 | 6.33 | 0.32 | 0.993 | 0.946 |
| 本章算法 | 3346 | **43.25** | **6.02** | **0.31** | **0.997** | **0.960** |

(b) 可视化结果。

图 6.6 为在 CAVE 数据集中的分辨率测试卡与毛绒玩具场景上本章算法与对比算法的可视化结果。其中，第一行展示了输入的高分辨率多光谱图像、低分辨率高光谱图像以及参考图像，后 5 行展示了不同算法的重建结果及误差热图。对于每一个高光谱图像，图中展示了第 9 个通道(480 nm)的结果。可以看出，与其他算法相比，

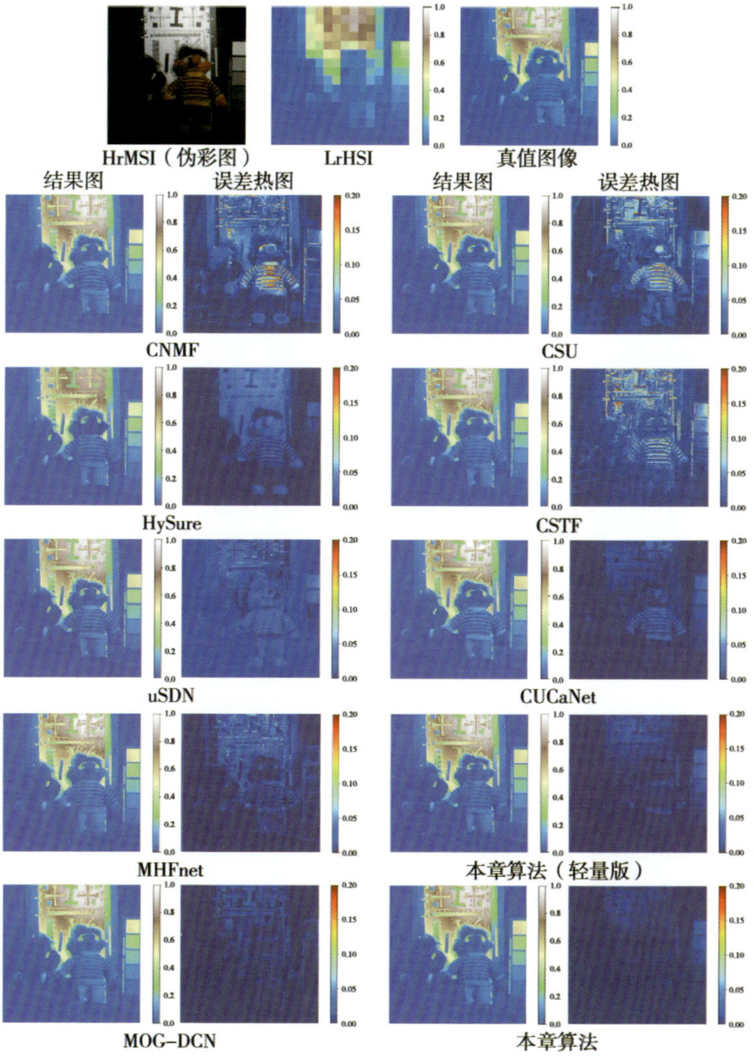

图 6.6 CAVE 数据集上的超分辨结果对比

本章算法重建得到的高分辨率高光谱图像与参考图像最为接近。从误差热图中可以看出，传统算法在玩偶以及分辨率测试纸区域都具有相对较高的重建误差；uSDN 提高了分辨率测试纸区域的重建精度，但在其他区域重建误差较大；CUCaNet 与 MHFnet 在玩偶与分辨率测试纸区域取得了较好的重建效果，但仍在边缘等位置存在较大的重建误差；与其他算法相比，本章算法取得了更优的重建效果，重建误差更低。与 MoG-DCN 相比，本章算法能够更好地恢复图像细节信息，在玩偶及分辨率测试纸处具有更高的重建精度。

（c）运行效率。

我们还进一步对比了所提算法与其他深度学习算法的运行效率，如表 6.5 所示。从表 6.5 可以看出，与其他轻量级深度学习算法相比，本章算法取得了最好的运行效率。uSDN 与 CUCaNet 在测试过程中需要数万次迭代才能达到收敛，得到最终的重建结果，因此运行时间比较长。相比之下，本章算法在测试过程中只需要一次前向传播即可得到超分辨结果，仅需要 0.08 s 的运行时间。与 MoG-DCN 相比，本章算法在取得更优性能的同时，具有更低的计算量（$2207 \times 10^9$）和更短的运行时间（0.51 s）。

表 6.5　CAVE 数据集上的效率对比

| 指标 | uSDN | CUCaNet | MHFnet | 本章算法（轻量版） | MOG-DCN | 本章算法 |
| --- | --- | --- | --- | --- | --- | --- |
| 参数量/K | 2 | 957 | 2536 | 788 | 6594 | 3346 |
| 浮点计算量/G | 0.4 | 139 | 334 | 85 | 2593 | 2207 |
| 运行时间/s | 50000 | 4000 | 0.24 | 0.08 | 0.62 | 0.51 |

（2）遥感高光谱图像数据集。

（a）Chikusei 数据集。

本小节我们在 Chikusei 数据集上将本章算法与已有高光谱图像超分辨率重建算法进行对比。使用了 5 个传统算法（CNMF、CSU、FUSE、HySure、CSTF）和 4 个深度学习算法（uSDN、CUCaNet、MHFnet、MoG-DCN）作为对比算法。定量结果如表 6.6 所示，可视化结果如图 6.7 所示。

定量结果：从表 6.6 可以看出，与其他对比算法相比，本章所提算法取得了最好的性能,在峰值信噪比、UIQI 等指标上都取得了显著的提升。例如,与 MHFnet 相比,本章算法在峰值信噪比指标上取得了 1.79 dB 的提升,同时具有更低的光谱重建误差,光谱角制图指标也由 3.51 下降到了 3.36。这是由于,本章算法考虑了高光谱成像过程中的光谱混合效应,显式地在神经网络中对端元进行了建模,并利用端元信息完成了高分辨率高光谱图像的重建,因此取得了更高的光谱重建精度。

表6.6 Chikusei 数据集上的性能对比

| 算法 | 峰值信噪比/dB | 光谱角制图 | ERGAS | 结构相似度 | UIQI |
| --- | --- | --- | --- | --- | --- |
| CNMF | 38.03 | 4.81 | 0.58 | 0.961 | 0.976 |
| CSU | 37.89 | 5.03 | 0.61 | 0.945 | 0.977 |
| FUSE | 39.25 | 4.50 | 0.47 | 0.970 | 0.977 |
| HySure | 39.97 | 4.35 | 0.45 | 0.974 | 0.976 |
| CSTF | 36.52 | 6.33 | 0.66 | 0.929 | 0.915 |
| uSDN | 38.32 | 3.89 | 0.51 | 0.964 | 0.976 |
| CUCaNet | 42.70 | **3.13** | 0.40 | 0.988 | 0.990 |
| MHFnet | 43.71 | 3.51 | 0.42 | 0.985 | 0.992 |
| 本章算法(轻量版) | **45.50** | 3.36 | **0.38** | **0.992** | **0.997** |
| MoG-DCN | 49.76 | 3.02 | 0.32 | 0.996 | 0.998 |
| 本章算法 | **51.02** | **2.88** | **0.29** | **0.997** | **0.998** |

可视化结果:图 6.7 展示了本章算法及对比算法在 Chikusei 数据集上的可视化结果。其中,图 6.7(a)展示了参考图像及输入的低分辨率高光谱图像(第 7 个通道),图 6.7(b)~(j)分别展示了不同算法重建结果的伪彩图(谱段 70-100-36 分别作为 RGB 通道)以及第 7 个通道的误差热图。可以看出,本章算法重建得到的高分辨率高光谱图像取得了与参考图像最接近的视觉效果。对于图 6.7(a)中圈出的道路区域,FUSE、HySure 等算法的重建结果中出现明显的颜色偏差,产生了较大的重建误差。uSDN 在这一区域取得了较好的重建效果,但在左侧道路、村落区域具有较大的重建误差。CUCaNet、MHFnet 提高了道路、村落区域的重建精度,却在图像边缘等位置的重建精度较低,具有较大的重建误差。总体来看,本章算法取得了最低的重建误差。与 MoG-DCN 相比,本章算法在河流区域及图像中的边缘位置均取得了更高的重建精度。

图 6.8 对比了不同算法重建结果中 2 个不同位置的光谱曲线。从图 6.8(a)可以看出，在该位置，本章算法与 MHFnet 重建得到的光谱曲线均与真实曲线较为接近，而 CSTF、HySure、uSDN 等算法重建得到的光谱曲线偏差较大。从图 6.8(b)可以看出，在该位置，本章算法与 FUSE、HySure 都取得了较为准确的光谱重建结果，而 MHFnet 和 CSTF 的重建结果产生了较大偏差。综合来看，本章算法取得了更好的光谱重建效果。

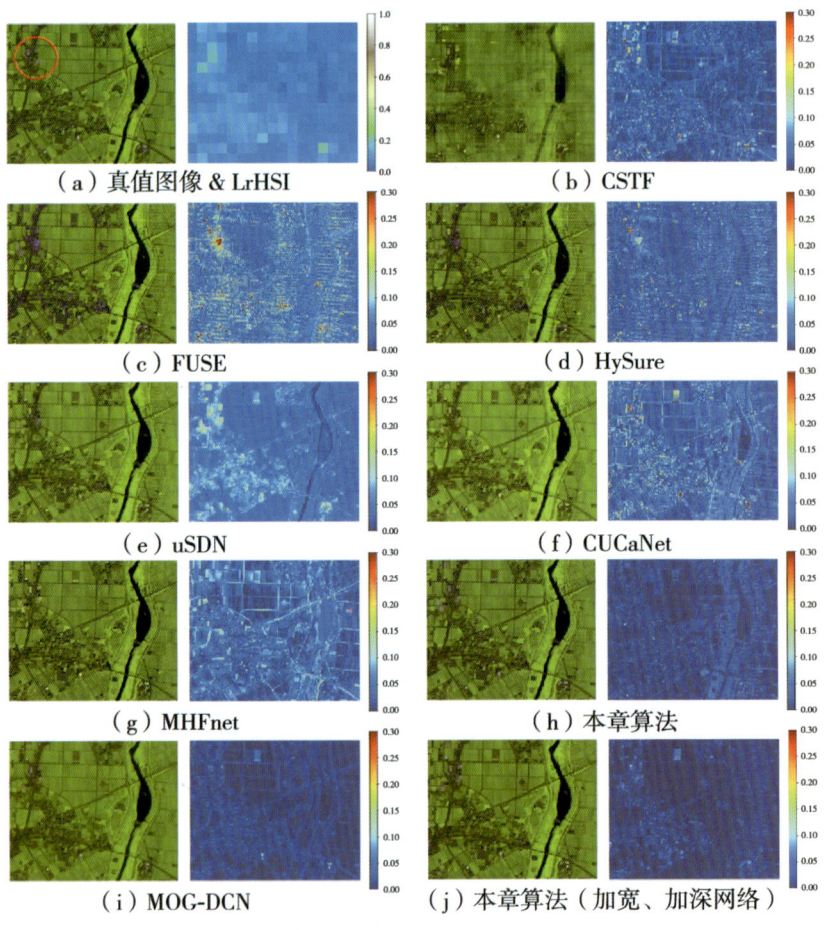

图 6.7　Chikusei 数据集上的超分辨结果对比

图 6.9 进一步展示了本章算法与对比算法在不同谱段的峰值信噪比和结构相似度结果。通过对比可以看出，本章算法在不同谱段

上的峰值信噪比和结构相似度指标都显著优于其他算法,这进一步说明了本章算法的优越性。

(b) Pavia 数据集。

本小节我们进一步在 Pavia University 数据集上对本章所提算法的泛化能力进行测试。使用了3个传统算法(CSTF、FUSE、HySure)和3个深度学习算法(uSDN、CUCaNet、MHFnet)作为对比算法。对于本章所提算法与 MHFnet,直接使用在 Chikusei 数据集上训练得到的模型进行测试。

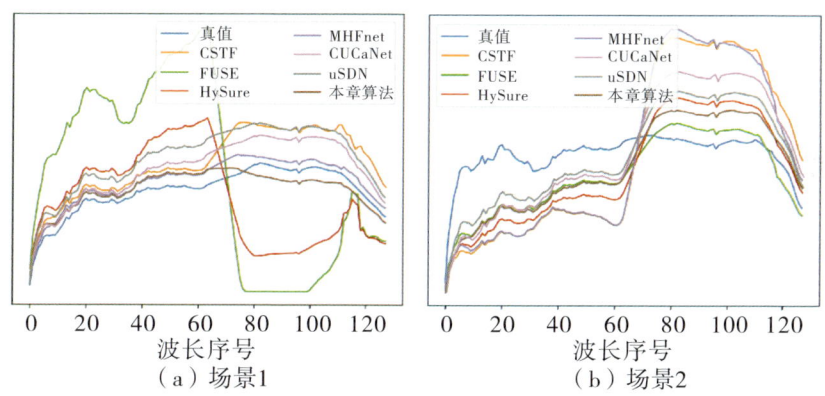

图6.8 Chikusei 数据集上的光谱曲线对比

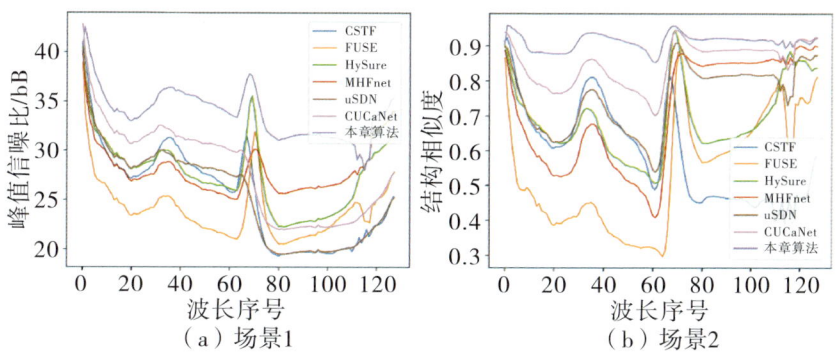

图6.9 Chikusei 数据集不同谱段的峰值信噪比和结构相似度结果对比

图6.10 展示了不同算法在 Pavia University 数据集上的可视化结果。其中,图6.10(a)展示了参考图像及输入的低分辨率高光谱图像(第60个通道),图6.10(b)~(j)分别展示了不同算法重建结果

的伪彩图(谱段 20-36-70 分别作为 RGB 通道)以及第 60 个通道的误差热图。可以看出,3 个传统算法都产生了较高的重建误差,特别是 FUSE 的重建结果与参考图像相比出现了明显的颜色偏差。与传统算法相比,uSDN 与 CUCaNet 这 2 种算法具有较好的重建效果,但在图像左侧的建筑物区域仍具有较大的重建误差。在 Chikusei 上训练得到的 MHFnet 在边缘位置重建效果较差,存在较大的重建误差。与 MHFnet 相比,本章算法的重建结果具有更好的视觉效果,重建误差更小,这表明本章所提算法具有更强的泛化能力。虽然 CUCaNet 取得了与本章算法相近的重建效果,但 CUCaNet 在测试时需要数万次迭代以适应新的场景,运行时间较长。而本章算法只需要一次前向传播,能在更高的运行效率下取得相当的重建性能。

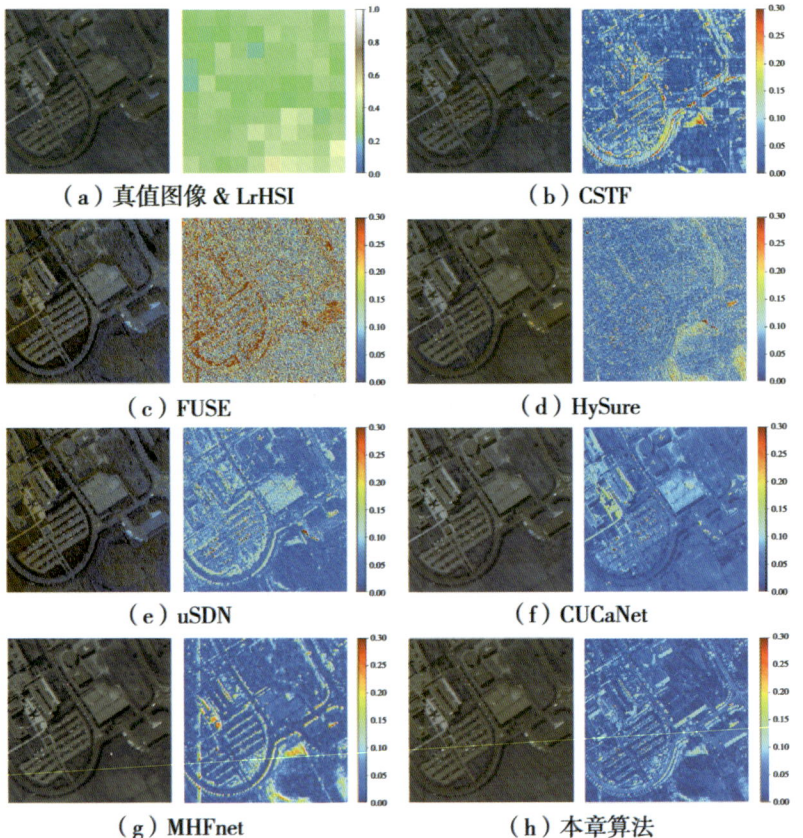

图 6.10　Pavia University 数据集上的超分辨结果对比

(c) ABU 数据集。

本小节我们还进一步在 ABU 数据集上分析了所提高光谱图像超分辨率重建算法对高光谱异常目标检测的影响。使用了 3 个传统算法（CSTF、FUSE、HySure）和 2 个深度学习算法（CUCaNet、MHFnet）作为对比算法，其中对于本章所提算法与 MHFnet，直接使用在 Chikusei 数据集上训练得到的模型进行测试。具体来说，先将 ABU 数据集中选取的测试样本生成的高分辨率多光谱图像和低分辨率高光谱图像，分别送入不同的高光谱图像超分辨率重建算法，得到高光谱图像超分辨结果；然后利用 RX 异常检测算法，在不同算法得到的超分辨结果中进行异常检测，统计得到不同算法的接收机工作特性曲线（receiver operating characteristic curve，ROC 曲线），如图 6.11 所示。

在图 6.11(a) 场景中，与其他对比算法相比，本章算法取得了更好的检测性能。当虚警率为 0.2～0.4 时，本章算法得到的超分辨结果中异常目标检测率能达到 95% 以上，相比之下，其他算法的超分辨结果中检测率均较低。在图 6.11(b) 场景中，本章算法与 HySure 和 CSTF 取得了相当的性能，且显著优于其他算法。虽然 HySure 和 CSTF 在 urban 场景中取得了与本章算法相近的性能，但二者在 beach 场景中性能较差。对于基于深度学习的算法 MHFnet 和 CUCaNet，虽然二者在 beach 场景中性能较高，但在 urban 场景中性能较差。

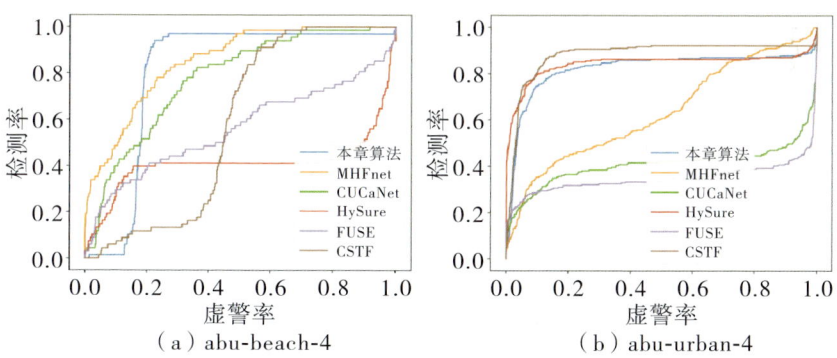

图 6.11 ABU 数据集超分辨结果的异常目标检测性能对比

表 6.7 将不同算法的 AUC（area under curve）值进行对比，来分析不同算法超分辨结果中的异常目标检测性能。AUC 值的大小反映了整体检测性能，值越高表明检测性能越好。从表 6.7 可以看出，与传统算法 CSTF、FUSE 和 HySure 相比，基于深度学习的算法

CUCaNet 和 MHFnet 取得了更高的 AUC 值。与其他算法相比，本章算法取得了最高的 AUC 结果，这表明本章算法得到的超分辨结果中目标更容易被 RX 异常检测算法检测到，进一步说明了本章算法的有效性。

表 6.7　ABU 数据集上的 AUC 结果对比

| 指标 | CSTF | FUSE | HySure | CUCaNet | MHFnet | 本章算法 |
| --- | --- | --- | --- | --- | --- | --- |
| AUC 值 | 0.706 | 0.523 | 0.616 | 0.666 | 0.760 | **0.806** |

## 6.3　代码实现

### 6.3.1　代码组成

本章提出的视频图像超分辨率重建算法的代码链接为 https://github.com/The-Learning-And-Vision-Atelier-LAVA/HyperSR，该链接下的代码组成如图 6.12 所示。

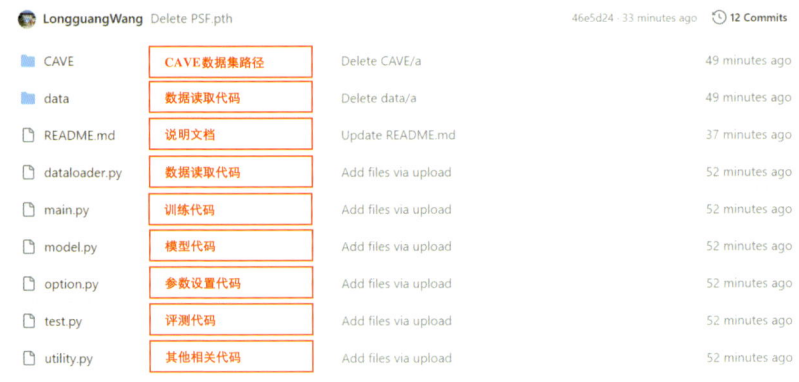

图 6.12　代码组成示意

代码主要分为模型训练及模型测试 2 个部分，其中模型训练部分主要负责利用训练数据集对网络模型进行训练，主要函数为 main.py；模型测试部分主要负责对训练好的网络模型进行测试，主要函数为 test.py。

### 6.3.2 代码运行

#### 6.3.2.1 环境配置

完成 GPU、CUDA、cuDNN、Python 等基础环境的配置后,执行如下指令完成环境配置。

```
pip install pytorch>=1.8.0 numpy prefetch_generator sewar scipy
```

#### 6.3.2.2 模型训练

运行如下指令进行训练。

```
python main.py
```

#### 6.3.2.3 模型测试

运行如下指令进行测试。

```
python test.py
```

## 6.4 本章小结

本章在高光谱图像超分辨率重建领域,针对高光谱图像超分辨中的端元信息利用问题开展了相关研究。本章取得的研究成果主要包括以下 2 个方面。

其一,提出将端元模型与神经网络相结合,在网络中显式地对端元进行建模,并利用端元作为纽带实现高光谱图像超分辨率重建任务中空域信息与谱域信息的有效融合。实验结果表明,显式引入端元模型能够更好地融合空域信息与谱域信息,提高最终的超分辨性能。

其二,提出了一个基于 Transformer 的高光谱图像超分辨率重建算法。该算法利用 Transformer 结构在低分辨率高光谱图像中萃取端元特征,之后将端元特征注入到高分辨率多光谱图像中,完成最终高分辨率高光谱图像的重建。实验结果表明,该算法能够利用 Transformer 结构的全局感受野来增强网络的长程建模能力,在室内和遥感多个数据集上都取得了比已有算法更好的超分辨性能,且具有更好的运行效率。

# 第7章　光场图像超分辨率重建算法

在双目图像的基础上，研究人员进一步提出利用多孔径成像技术记录场景的光场信息。受硬件设备限制，光场图像在增加角度分辨率的同时牺牲了空间分辨率，使得光场图像超分辨率重建得到了研究人员的广泛关注。本章首先阐述了光场成像的理论基础，其次介绍了一种基于解耦机制的光场图像超分辨率重建算法和一种基于退化建模与调制的光场图像超分辨率重建算法，接着给出了这2种算法的代码实现，最后对本章内容进行了小结。

## 7.1　光场成像的理论基础

### 7.1.1　光场图像获取

光场相机是获取光场图像的设备。不同于传统的单孔径成像设备通过收集射入孔径的光线来记录三维场景的二维投影，光场相机利用多孔径成像技术，同时记录射入光线的强度与角度信息，从而记录场景的三维信息。根据结构的不同，现有的光场相机可以分为扫描式光场相机、微透镜式光场相机和阵列相机等。

#### 7.1.1.1　扫描式光场相机

获取当前场景不同视角图像的一个简单且直接的思路是，利用单个相机在不同的位置对当前场景依次进行拍摄。根据该思路，研究人员设计研发了各种扫描式光场相机，将单个相机固定在一维或二维扫描台上，通过控制扫描台让相机依次在不同的位置拍摄当前场景。Unger等[249]通过将相机固定于二维扫描台上搭建了一个扫描式的光场成像系统[图7.1(a)]，该系统通过操控扫描台水平或竖直移动相机，可以获取场景不同视角处的图像。Stanford 大学搭建了名为"乐高-头脑风暴"的扫描式光场成像系统，如图 7.1(b) 所示，通过步进马达的旋转实现相机在扫描台的预定轨道上进行移动。不同于上述方案对相机进行移动，Ihrke 等[250]使用平面镜和具有高动态范围的摄像机搭建了一种新型的光场成像系统，通过不断移动平面镜来记录光线的角度信息。Taguchi 等[251]利用相机与球面镜搭建了一种扫描式的光场成像系统，通过在球面镜的轴线上移动相机来记录光线的角度信息，如图 7.1(c) 所示。

扫描式光场相机作为各研究团队早期常用的实验室光场成像设备，具有采样点数量可调、采样点间距（基线长度）可调等优势，从而便于进行原理验证与算法开发。然而，由于扫描式光场相机需要保证相机在移动到不同位置时所拍摄的场景内容一致，因此仅能针对静态场景进行拍摄。此外，由于扫描式光场相机是时序拍摄，因此整体拍摄时间较长，获取场景光场图像的步骤较为复杂。

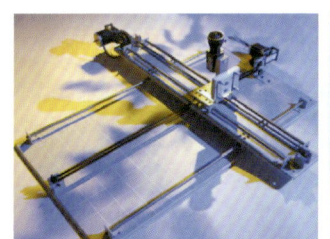
(a) Unger 等设计的扫描式光场相机

(b) Stanford 大学研制的扫描式光场相机

(c) Taguchi 等设计的球面镜扫描式光场成像系统

图 7.1　常见的扫描式光场相机

### 7.1.1.2　微透镜式光场相机

微透镜式光场相机在相机的传感器前加入了一层微透镜阵列，通过将射入相机主孔径内的光线进一步折射为不同的方向获取场景光线的方向信息。

Adelson 和 Wang[252]设计了首个微透镜相机，实现了基于单个镜头单次拍摄的光场成像。通过对传感器平面记录的图像进行重排，可以获取具有 5×5 视角的光场图像，每个视角图像的分辨率为 100 像素×100 像素。Ng 等[253]设计了一种可以手持的微透镜式光场相机，该相机在其探测器前插入了规模为 296×296 的微透镜阵列，可以获取具有 14×14 视角的光场图像。此类光场相机后来成功实现了商业化，诞生了 Lytro Ⅰ 代光场相机[图 7.2(a)]、Lytro Ⅱ 代光场相机[图 7.2(b)]以及工业级光场相机 Raytrix[图 7.2(c)]。Georgiev 等[254]指出 Ng 等[253]研制的微透镜式光场相机为提升角度分辨率牺牲了空间分辨率，并研制了一个视角数量为 4×5 的微透镜式光场相机[图 7.2(d)]，通过减少光场相机的视角数量提升了每个子孔径图像的空间分辨率，增强了光场相机的空间分辨能力。

(a) Lytro Ⅰ 代光场相机　(b) Lytro Ⅱ 代光场相机　(c) Raytrix光场相机　(d) Georgiev等研制的微透镜式光场相机

图 7.2　常见的微透镜式光场相机

综上所述，微透镜式光场相机通过空间和角度分享同一个探测器，实现了便携式的光场成像，其成像过程仅需要单次曝光，相比于扫描式光场相机更加快捷。微透镜式光场相机成功实现了光场成像设备的小型化与商业化，为光场相机的普及与光场成像技术的繁荣做出巨大贡献。然而，由于探测器总探测元的数量有限，微透镜式光场相机所记录光场的空间分辨率与角度分辨率之间相互制约，这也限制了微透镜式光场相机的进一步发展。

#### 7.1.1.3　阵列相机

如图 7.3 所示，阵列相机采用多个子相机在不同的位置对场景进行拍摄，实现对光线角度信息的获取。Stanford 大学设计了一个包含有 8×12 个子相机的阵列相机成像系统[图 7.3(a)]，每个子相机都可以拍摄记录视频信息，实现了动态光场的获取。Yang 等[255]设计了一个 8×8 阵列相机来记录场景的信息，该成像系统中的每个子相机都可以记录视频，如图 7.3(b)所示。为了缓解庞大的数据量带来的传输难题，Yang 等[255]同步提出了一种分布式渲染的方法。西北工业大学的计算摄像学团队[256]组建了大型相机阵列[图 7.3(c)]，并利用该硬件设备在多个光场图像处理任务上对所提算法进行了验证。

上述基于阵列相机的光场成像系统主要用于光场计算成像原理验证，因其设备较笨重、实用性方面存在欠缺，故难以推广普及。

鉴于此，许多高校和机构在阵列相机小型化方面进行了相关的探索。杜克大学设计并实现了 TOMBO 系统[图 7.3(g)]，该系统利用 3×3 的镜头阵列，获取了分辨率与高质量单相机成像系统相当的红外图像，从而在成像性能相同的条件下提高了成像系统的便携性。Pelican Imaging 公司[257]研制了一个用于手机的计算成像系统 PiCam，如图 7.3(f)所示，该系统由 4×4 个摄像头阵列组成，每个摄像头只采集一种颜色，通过颜色合成形成彩色图像，从而提升了图像的细节展现能力。但该系统的摄像头共用一个 CMOS 探测器，限制了最终的合成孔径大小和系统总像素数量。

图 7.3　常见的阵列相机

除了采用相同的子相机组成相机阵列，也有研究人员探索采用不同规模和尺寸的镜头组成混合镜头的相机阵列。清华大学计算成像研究团队[258]研制的混合镜头阵列相机，如图 7.3(d)所示，通过在单个大相机的周围安装 8 个小相机，实现了对当前场景混合分辨率的采样。结合所提高分辨率中心视角图像引导的光场图像超分辨率重建算法，该成像系统最终可以通过计算成像生成当前场景高分辨率的 3×3 视角图像。美国的 Light 公司研制了 L16 计算成像相机，如图 7.3(e)所示，该相机大小与手机类似，拥有 16 个不同的镜头，变焦范围为 28150 mm，通过后期算法能够合成一张 5000 万像素的图像。台湾大学的 Shih 和 Chen[259]通过结合多个长焦子相机与单个广角子相机，研制了一台混合镜头的阵列相机，并采用图像拼接技术以广角镜头拍摄得到的图像为引导，得到大视场高分辨率的图像。清华大学的 Yuan 等[260]同样采用广角镜头与长焦镜头的组合进行了

"十亿像素"的高分辨率成像。

综上所述,基于阵列相机的光场成像系统主要有以下3个特点。

其一,相比于微透镜式光场相机,阵列相机中不同的子相机通常具有独立的探测器,因此不受空间分辨率与角度分辨率之间的制约。同时,阵列相机可以通过增加子相机的数量或者提升子相机的分辨率来提升成像系统的分辨能力。此外,阵列相机具有更大的等效孔径,不同视角间观测的图像具有更大的视差,可以实现场景深度估计[261]、去除前景遮挡物成像[262]等功能。

其二,相比于扫描式光场相机,阵列相机中不同的子相机可以同时对场景进行拍摄,以更加高效地记录场景信息。

其三,阵列相机的每个子相机都具有一定的体积,因此阵列相机无法在空间上实现十分密集的排布。在进行近场成像(所拍摄的物体距离相机较近)时,阵列相机在视角域的采样较为稀疏,通常需要结合角度超分辨率重建算法[263-265]生成角度方向密集采样的光场。

### 7.1.2 光场图像表征

本章采用光场的双平面参数化模型[266]将光场建模为一个四维张量 $L \in \mathbb{R}^{U \times V \times H \times W}$,式中 $U$ 和 $V$ 表示角度维度,$H$ 和 $W$ 表示空间维度。由于四维张量无法直接通过二维图像的形式可视化,光场通常表示为阵列子图像、极平面图像、宏像元图像3种形式。

#### 7.1.2.1 阵列子图像

如图7.4(a)所示,四维光场可以表达为一个 $U \times V$ 的图像阵列,阵列中的每张图像 $L(u, v, :, :) \in \mathbb{R}^{H \times W}$ 称为子图像,可以被视为在角度坐标 $(u, v)$ 处的相机所记录的图像。在光场的阵列子图像表示中,每一张子图像都具有和自然图像相同的风格,以便于使用卷积神经网络提取光场的空间信息。

#### 7.1.2.2 极平面图像

将部分阵列子图像沿某一角度维度(如 $V$ 维度)进行堆叠,可以形成一个如图7.4(b)所示的三维图像体。该三维图像体的 $V$-$W$ 剖面 $L(u, :, h, :) \in \mathbb{R}^{V \times W}$ 称为极平面图像(epipolar plane image,EPI)。真实场景中的物体在不同子图像上具有不同的空间位置,这一"视差"特性在极平面图像中体现为斜线状的纹理,且纹理的斜率反映了该点在四维光场中的视差值。得益于简单且有规律的纹理特性,极平面图像较好地体现了光场的空间－角度关联,因此被广泛应用于光场三维场景解析(如视角生成[265,267]、深度估计[268-271])等任务。然而,由于极平面图像是四维光场的二维切片,仅包含一个空间维度与一个角度维度的信息。因此,采用极平面图像作为输入难以让卷积神经网络充分利用四维光场的空间与角度信息。

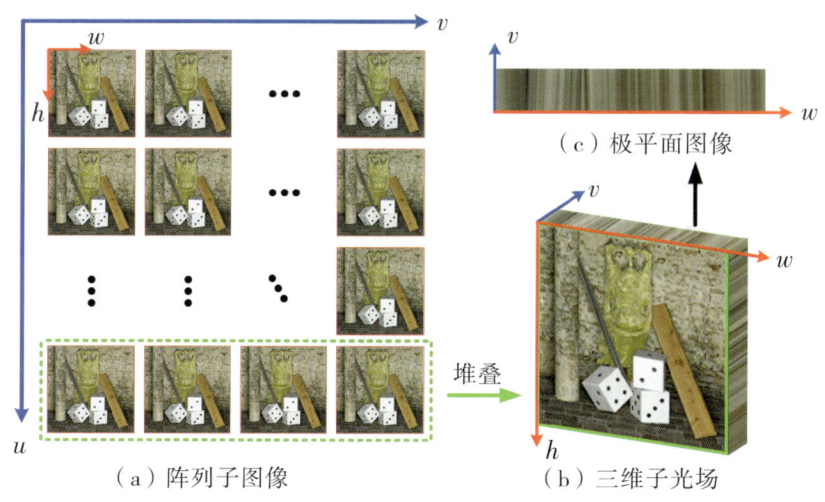

图7.4　光场的阵列子图像与极平面图像示意

### 7.1.2.3　宏像元图像

类似于阵列子图像,四维光场也可以表示为一个 $H \times W$ 的宏像元阵列,宏像元 $L(:,:,h,w) \in \mathbb{R}^{U \times V}$ 可以被视为不同角度位置的相机所记录的同一个空间坐标 $(h,w)$ 的像元集合。如图7.5所示,宏像元 $L(:,:,h,w) \in \mathbb{R}^{U \times V}$ 由阵列子图像中相同空间位置 $(h,w)$ 的像元按照角度坐标拼合而成。不同空间位置的宏像元按照空间坐标组合在一起形成宏像元图像。如图7.5(b)所示,宏像元的引入导致了"马赛克"效应,不便于人类的直观视觉感知。然而,在宏像元图像的表示形式中,光场的空间信息与角度信息均匀混合,可以通过设计特定的卷积对其进行有选择性的提取与融合。鉴于以上分析,我们将采用宏像元图像的光场表示形式,通过设计多个作用于宏像元图像的特征提取子对光场特征进行解耦。在7.2.1节将对所提光场解耦机制进行详细阐述。

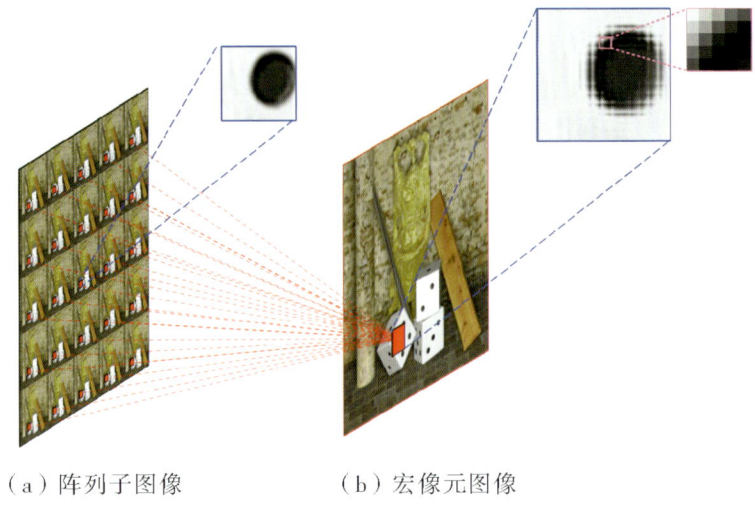

(a) 阵列子图像　　　　　(b) 宏像元图像

图 7.5　光场的宏像元图像表示形式示意

### 7.1.3　当前的进展与挑战

与单帧图像超分辨率重建相比,光场图像超分辨率重建可以同时利用每张子图像的上下文先验信息(空间信息)与不同子图像之间的互补信息(角度信息),取得比单图超分辨率重建更加优越可靠的重建性能。近年来,随着深度学习的迅猛发展,卷积神经网络被广泛应用于图像超分辨率重建任务。[272-274] 在光场图像超分辨率重建领域,学者们提出了不同架构的卷积神经网络[155,161,163,165],取得了比传统光场图像超分辨率重建算法更优越的性能[268,275-278]。然而,由于光场图像具有 2 个空间维度与 2 个角度维度,现有的卷积神经网络在处理四维光场数据时通常难以充分利用其包含的信息。同时,真实场景复杂的三维结构使得光场图像的空间信息与角度信息高度耦合。因此,如何设计卷积神经网络从复杂的高维光场中有效地提取可用信息,是提升光场图像超分辨率重建性能的关键。

现有的光场图像超分辨率重建算法利用光场图像的冗余性(即不同视角的子图像记录的场景内容相似),通过弃用部分视角的图像实现对光场数据的降维,以便于卷积层能够更好地提取光场特征。Yoon 等[155] 提出了首个用于光场图像超分辨率重建的卷积神经网络

LFCNN。在该算法中，不同视角的子图像首先分别通过单图超分辨率重建网络 SRCNN[279]进行超分辨，然后将相邻视角的图像在通道维度级联并送入所提精炼网络进行角度信息融合。Wang 等[161]先将四维光场拆分为多个横向与纵向的三维子光场（两维空间 + 一维角度），之后采用双向递归网络[280]分别结合每个三维子光场中的空间与角度信息。Zhang 等[163]结合光场图像的结构特性，先将子图像沿不同角度方向进行分组，并将分组后的子图像沿通道维度级联，形成多个三维子光场。之后，通过设计多分支的残差子网络结合光场的空间信息与部分角度信息。虽然上述算法通过选用部分视角将四维光场简化为多个三维子光场，降低了卷积神经网络提取光场特征并学习低分辨率图像与高分辨率图像之间映射的难度，但是由于在光场降维过程中弃用了部分视角，导致现有光场图像超分辨率重建算法未能充分利用所有视角的信息，限制了超分辨率重建的性能。

　　针对以上问题，本章提出了基于光场解耦的超分辨率重建算法。首先，提出了光场解耦机制，并根据光场的结构特性设计了空间、角度与极平面特征提取子，将四维光场解耦至多个二维子空间。相比于现有的光场图像超分辨率重建卷积神经网络，本章所提解耦机制不仅进一步降低了网络学习四维光场数据的难度，还实现了对特定子空间特征的处理，在简化四维光场数据的同时能利用所有视角的互补信息。其次，在所提解耦机制的基础上，进一步提出了一个用于光场图像超分辨率重建的卷积神经网络，通过设计相应的卷积模块对解耦至不同子空间的特征进行融合，提升了光场图像的超分辨率重建性能。

## 7.2　基于解耦机制的光场图像超分辨重建算法

### 7.2.1　光场解耦机制

　　本章结合光场的结构特性提出了光场解耦机制，通过设计 3 种作用在宏像元图像上的卷积（即特征提取子）将光场解耦至不同的子空间。我们将通过图 7.6 中的空间分辨率为 3×4、角度分辨率为

3×3 的示例光场(宏像元图像形式)对所提解耦机制进行介绍。在图 7.6 中,不同的宏像元标记为不同的颜色,宏像元中来自不同视角的像素标记为不同的字母。本章沿用现有光场图像超分辨率重建算法[155,163,166,281-282]的通用设置,设 $U=V=A$,其中 $A$ 表示光场的角度分辨率。

#### 7.2.1.1 空间特征提取子

空间特征提取子是指能够从光场宏像元图像中提取空间信息的卷积。根据上文对空间信息的定义,空间特征提取子的卷积核应当仅覆盖来自同一视角中的像素,并保证来自不同视角的像素不发生混叠。因此,我们将空间特征提取子设计为一个核尺寸为 3×3、步长为 1、膨胀率为 $A$ 的卷积核。在使用空间特征提取子进行卷积之前,应对输入宏像元图像进行 0 填充以保证卷积前后的特征尺寸一致。本章沿用现有大多数卷积神经网络中的设置,即采用 3×3 大小的卷积核使模型具有较低的参数量,并且将膨胀率设置为 $A$ 使得宏像元图像中来自同一视角的像素刚好被空间特征提取子的卷积核覆盖。因此,所提空间特征提取子仅处理光场中的空间信息。

#### 7.2.1.2 角度特征提取子

角度特征提取子是指能够从光场宏像元图像中提取角度信息的卷积。根据上文对角度信息的定义,角度特征提取子的卷积核应当覆盖来自不同视角的同一空间位置的像素。因此,我们将角度特征提取子设计为一个核尺寸为 $A\times A$、步长为 $A$、膨胀率为 1 的卷积核。由于在使用角度特征提取子进行卷积时不采用填充策略,因此输出特征的尺寸为 $H\times W$。如图 7.6 所示,在使用角度特征提取子对宏像元图像做卷积时,宏像元图像中的每一个宏像元刚好被卷积核覆盖,同时 $A$ 的步长能够保证不同宏像元之间的像素不发生混叠。因此,所提角度特征提取子仅处理光场中的角度信息。

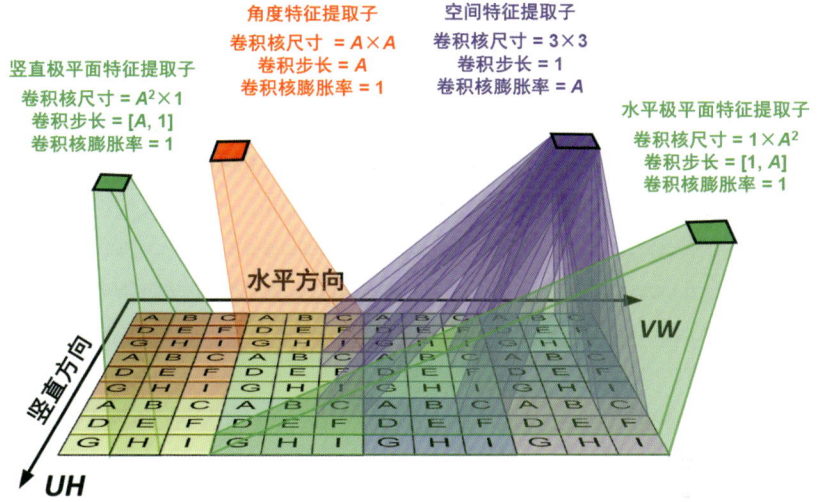

图 7.6 光场特征提取子示意

### 7.2.1.3 极平面特征提取子

上文介绍的空间特征提取子和角度特征提取子虽然能够将光场分别解耦至空间与角度 2 个子空间,却无法很好地建模空间和角度之间的关联。考虑到极平面图像中的线形纹理能够很好地反映空间和角度之间的关系,我们设计了水平与竖直 2 种极平面特征提取子,分别将光场解耦至 V-W 与 U-H 子空间。不同于空间与角度特征提取子,极平面特征提取子具有非对称的卷积核与步长。为了不失一般性,本节以水平极平面特征提取子为例介绍极平面特征提取子的定义与实现方式。如图 7.6 所示,水平极平面特征提取子通过对宏像元图像水平切片上(即具有相同的 $U$ 和 $H$ 坐标)的像素进行卷积提取光场 V-W 子空间的特征。因此,我们将水平极平面特征提取子设计为一个核尺寸为 $1 \times A^2$、竖直步长为 1、水平步长为 $A$ 的卷积核。此处,$1 \times A^2$ 的卷积核与竖直步长使得水平极平面特征提取子在每一个水平高度上做卷积,而水平步长 $A$ 在卷积的过程中能同时保持光场的结构。由于在使用极平面特征提取子进行卷积时不采用填充策略,因此输出特征的尺寸为 $AH \times W$。所提极平面特征提取子可以同时提取一个空间维度与一个角度维度的信息,对光场的空间角度关联特性具有较强的建模能力。

## 7.2.2 网络结构

### 7.2.2.1 整体框架

图 7.7 为本章所提的基于光场解耦的图像超分辨率重建网络。网络的输入为低分辨率阵列图像 $I_{\text{SAIs}}^{\text{LR}} \in \mathbb{R}^{AH \times AW}$,输出为高分辨率阵列图像 $I_{\text{SAIs}}^{\text{HR}} \in \mathbb{R}^{\alpha AH \times \alpha AW}$,其中 $\alpha$ 表示空间上采样因子。该网络先将输入的阵列子图像转换为宏像元图像 $I_{\text{MacPI}}^{\text{LR}} \in \mathbb{R}^{AH \times AW}$,再通过所提空间、角度和极平面特征提取子从宏像元图像中提取光场的解耦特征。在设计网络顶层框架时,我们借鉴了领域内先进的单图超分辨网络 RCAN[283] 中"递归残差连接"的思想,将 4 个具有局部残差连接的解耦块级联组成解耦组,并进一步将 4 个具有残差连接的解耦组级联构成所提网络。

### 7.2.2.2 解耦块

解耦块是所提网络的基本组成模块。如图 7.7(b)所示,解耦块将光场宏像元图像特征 $F_{\text{in}} \in \mathbb{R}^{AH \times AW \times C}$($C$ 为通道的数量,本章设为 64)作为输入,并使用 4 个平行的特征处理分支(包括 1 个角度分支、1 个空间分支、2 个极平面分支)实现光场特征的解耦与融合。

在空间分支中,采用 2 个空间特征提取子提取光场的空间信息,最终输出特征 $F_{\text{spa}} \in \mathbb{R}^{AH \times AW \times C}$。在角度分支中,先利用一个角度特征提取子提取光场的角度信息,生成中间结果 $F_{\text{ang}}^{\text{tmp}} \in \mathbb{R}^{H \times W \times \frac{C}{4}}$;再对中间结果特征进行上采样,将其分辨率提升至与输入特征相同,得到角度分支的输出特征 $F_{\text{ang}} \in \mathbb{R}^{AH \times AW \times \frac{C}{4}}$。受场景中物体边缘或纹理的影响,宏像元中的像素通常具有不一致的灰度值,因此我们采用 $1 \times 1$ 卷积与二维像素混洗模块[图 7.7(d)]对中间结果特征 $F_{\text{ang}}^{\text{tmp}}$ 进行上采样。

64×64(用于2倍超分辨率重建)或128×128(用于4倍超分辨率重建)的图像块,然后采用双三次下采样的方式生成空间分辨率为32×32的低分辨率阵列子图像块。在训练过程中,采用随机水平翻转、随机竖直翻转和随机旋转对训练数据进行扩充。当进行翻转与旋转操作时,空间与角度维度需同时翻转或者旋转以保持光场的结构。

我们采用 $L_1$ 损失对网络进行训练,并使用 Adam 优化器[285](设优化器参数 $\beta_1=0.9$、$\beta_2=0.999$)对网络的参数进行优化。训练时将批处理数量设为8。本章所提网络采用 PyTorch 框架编程,并在1台配有2块 GTX 2080Ti 显卡的工作站上进行训练。初始学习率设为 $2\times10^{-4}$,每过15轮减小为原来的一半,网络共训练50轮。

采用峰值信噪比(PSNR)与结构相似度(SSIM)2个数值指标对超分辨率重建的光场图像进行定量评价。对于具有 $M$ 个场景的测试集,且每个场景的光场角度分辨率为 $A\times A$,首先分别计算每个场景中每个视角的指标,其次计算每个场景所有视角指标的平均值作为该场景的指标,最后计算所有场景指标的平均值得到在该数据集的测试集上的指标。

#### 7.2.3.2 消融实验与算法分析

我们首先对所提解耦块中不同的分支进行深入分析,其次比较解耦机制与四维卷积的性能,最后探索本章算法在不同角度分辨率下的光场图像超分辨率重建性能差异。

(1)解耦模块不同分支的消融分析。

我们通过有选择性地移除解耦模块中的空间分支、角度分支与极平面分支来对其有效性进行验证。为了排除参数量对性能的影响,我们通过调整不同变体的通道数量以控制其参数量不小于主模型。表7.1展示了主模型及其变体在光场图像2倍超分辨率重建任务上的峰值信噪比指标。下文将分别对各个分支的有效性进行分析。

表 7.1　本章网络的主模型及其变体在 2 倍超分辨率重建任务上的
峰值信噪比指标对比

单位：dB

| 序号 | 空间 | 角度 | 极平面 | 参数量/M | EPFL | HCInew | HClold | INRIA | STFgantry | 平均值 |
|---|---|---|---|---|---|---|---|---|---|---|
| 1 | √ | | | 3.59 | 33.04 | 34.93 | 41.15 | 34.97 | 36.56 | 36.13 |
| 2 | | √ | | 3.55 | 29.58 | 31.28 | 36.52 | 30.90 | 30.05 | 31.66 |
| 3 | √ | √ | | 3.62 | 34.48 | 37.65 | 44.74 | 36.26 | 39.96 | 38.62 |
| 4 | √ | √ | √* | 4.43 | 34.53 | 37.86 | 44.81 | 36.25 | 40.33 | 38.76 |
| 主模型 | | | | 3.53 | 34.81 | 37.96 | 44.94 | 36.59 | 40.40 | 38.94 |

注：*表示在模型 4 的 2 个极平面分支中未采用参数共享策略。

**仅使用空间分支。** 模型 1 仅采用空间分支进行光场图像超分辨率重建，从而不能结合任何角度信息，并退化成为一个单图超分辨率重建算法。如表 7.1 所示，模型 1 在 5 个数据集上达到的平均峰值信噪比为 36.13 dB，相比于主模型的 38.94 dB 下降了 2.81 dB。实验结果说明，角度信息对光场图像超分辨率重建是至关重要的。

**仅使用角度分支。** 模型 2 仅采用角度分支进行光场图像超分辨率重建，从而不能结合任何空间信息。如表 7.1 所示，模型 2 取得了远低于主模型的峰值信噪比指标。这说明，空间信息对光场图像超分辨率重建任务也是至关重要的。该实验同时说明，角度信息仅仅可以作为补充项来提升超分辨率重建的性能，而不能脱离空间信息单独使用。

**使用空间与角度分支，不使用极平面分支。** 在移除极平面分支的情况下，模型 3 达到的平均峰值信噪比为 38.62 dB，比主模型低了 0.32 dB。值得一提的是，模型 3 在视差较大的 STFgantry 数据集上的峰值信噪比指标为 39.96 dB，比主模型低了 0.44 dB。其原因在于，模型 3 仅使用角度分支来结合不同视角的互补信息，在视差较大的情况下，同一物体对应的像素无法落入同一个宏像元中，从而使得角度信息难以通过角度特征提取子来结合。相比之下，极平面特征提取子能够将光场解耦至极平面子空间中，其强大的空间角度关联建模能力使主模型的超分辨率重建性能对视差变化具有更强

# 第 7 章　光场图像超分辨率重建算法

的鲁棒性。以上结果说明了所提解耦块中极平面分支的有效性。

使用空间、角度和极平面分支,但 2 个极平面分支之间不共享参数。模型 4 同时使用了空间、角度和极平面分支,但是 2 个极平面分支之间不进行参数共享。如表 7.1 所示,模型 4 的平均峰值信噪比为 38.76 dB,略低于主模型。其原因在于,水平和竖直的极平面图像具有相同的纹理结构,都能够反映四维光场空间和角度维度之间的关联。通过共享 2 个极平面处理分支的参数,每个极平面处理分支都能够同时学习水平和竖直极平面图像的结构特征,从而使所提网络能够更好地拟合光场的视差结构,提升超分辨率重建的性能。

(2) 不同角度分辨率下的超分辨率重建性能比较。

除了分析所提算法在不同角度分辨率的光场图像上的 2 倍和 4 倍超分辨率重建性能,我们还通过提取测试集中 $9 \times 9$ 光场的中心 $A \times A (A = 2, 3, \cdots, 9)$ 视角生成了不同角度分辨率的光场。如表 7.2 所示,本章模型的峰值信噪比指标随着角度分辨率的增长而提升,这表明更多的视角可以提供更加丰富的角度信息,从而提升超分辨率重建的性能。同时也可以注意到,当角度分辨率大于 $7 \times 7$ 时,进一步提升角度分辨率仅能带来微弱的峰值信噪比结果提升。其原因在于,$7 \times 7$ 的光场所包含的角度信息已经较为充足,从而使得超分辨率重建性能趋于饱和。

表 7.2　不同角度分辨率下的峰值信噪比结果对比

单位:dB

| 角度分辨率 | 2 倍超分辨 | | | | | | 4 倍超分辨 | | | | | |
| --- | --- | --- | --- | --- | --- | --- | --- | --- | --- | --- | --- | --- |
| | EPFL | HCInew | HCIold | INRIA | STFgtr | 平均值 | EPFL | HCInew | HCIold | INRIA | STFgtr | 平均值 |
| $2 \times 2$ | 33.71 | 36.76 | 43.62 | 35.67 | 38.96 | 37.74 | 28.24 | 30.77 | 36.72 | 30.54 | 30.70 | 31.39 |
| $3 \times 3$ | 34.14 | 37.40 | 44.34 | 35.97 | 39.79 | 38.33 | 28.67 | 31.07 | 37.17 | 30.83 | 31.11 | 31.77 |
| $4 \times 4$ | 34.41 | 37.75 | 44.92 | 36.58 | 40.37 | 38.92 | 28.81 | 31.25 | 37.31 | 30.92 | 31.22 | 31.90 |
| $5 \times 5$ | 34.81 | 37.96 | 44.94 | 36.59 | 40.40 | 38.94 | 28.99 | 31.38 | 37.55 | 30.99 | 31.65 | 32.11 |
| $6 \times 6$ | 35.00 | 38.00 | 44.95 | 36.63 | 40.55 | 39.03 | 29.10 | 31.38 | 37.53 | 30.98 | 31.58 | 32.11 |
| $7 \times 7$ | 35.16 | 38.10 | 44.94 | 36.68 | 40.57 | 39.09 | 29.39 | 31.43 | 37.65 | 31.18 | 31.61 | 32.25 |
| $8 \times 8$ | 34.95 | 38.23 | 45.06 | 36.62 | 40.78 | 39.13 | 29.30 | 31.51 | 37.76 | 31.21 | 31.58 | 32.27 |
| $9 \times 9$ | 35.23 | 38.15 | 45.12 | 36.70 | 40.70 | 39.18 | 29.41 | 31.47 | 37.80 | 31.22 | 31.65 | 32.31 |

### 7.2.3.3 性能比较

本小节将本章算法与多个先进的超分辨率重建算法进行比较。对比算法包括3个单图超分辨率重建算法（VDSR[157]、EDSR[160]、RCAN[283]）以及4个光场图像超分辨率重建算法（resLF[163]、LFSSR[162]、LF-ATO[166]、LF-InterNet[282]）。同时，将双三次插值算法选为基线比较算法。为了实现算法间的公平比较，所有基于深度学习的算法[157,159,161,163,166,282-283]均在本章训练集上进行了重新训练。下文展示在5×5光场上的2倍和4倍超分辨率重建结果。图像超分辨结果的demo视频二维码如图7.8所示。

图7.8 图像超分辨结果的demo视频二维码

（1）定量结果。

表7.3和表7.4分别给出了本章算法和其他超分辨率重建算法在2倍和4倍超分辨倍率下的峰值信噪比与结构相似度指标。本章算法在所有数据集上均取得了最高的峰值信噪比与结构相似度。值得一提的是，当超分辨倍数为2时，本章算法在STFgantry数据集上具有十分显著的优势，比排名第二的算法的峰值信噪比高出了0.76 dB。其原因在于，STFgantry数据集中的光场图像通过相机扫描获得，不仅具有更加复杂的纹理，还具有更大的视差。本章算法通过将光场解耦至不同的子空间，能够更好地处理此类复杂的场景。同时，本章算法也能够在Lytro相机拍摄的EPFL和INRIA光场数据集上保持优越的性能。

表7.3 不同算法在光场图像2倍超分辨率重建任务上的
峰值信噪比（单位为dB）/结构相似度结果对比

| 方法 | EPFL | HCInew | HCIold | INRIA | STFgantry |
| --- | --- | --- | --- | --- | --- |
| 双三次插值 | 29.74/0.9376 | 31.89/0.9356 | 37.69/0.9785 | 31.33/0.9577 | 31.06/0.9498 |
| VDSR[157] | 32.50/0.9598 | 34.37/0.9561 | 40.61/0.9867 | 34.44/0.9741 | 35.54/0.9789 |
| EDSR[160] | 33.09/0.9629 | 34.83/0.9592 | 41.01/0.9874 | 34.99/0.9764 | 36.30/0.9818 |
| RCAN[283] | 33.16/0.9634 | 35.02/0.9603 | 41.13/0.9875 | 35.05/0.9769 | 36.67/0.9831 |
| resLF[163] | 33.62/0.9706 | 36.69/0.9739 | 43.42/0.9932 | 35.40/0.9804 | 38.35/0.9904 |
| LFSSR[162] | 33.67/0.9744 | 36.80/0.9749 | 43.81/0.9938 | 35.28/0.9832 | 37.94/0.9898 |
| LF-ATO[166] | 34.27/0.9757 | 37.24/0.9767 | 44.21/0.9942 | 36.17/0.9842 | 39.64/0.9929 |
| LF-InterNet[282] | 34.11/0.9760 | 37.17/0.9763 | 44.57/0.9946 | 35.83/0.9843 | 38.44/0.9909 |
| 本章算法 | 34.81/0.9787 | 37.96/0.9796 | 44.94/0.9949 | 36.59/0.9859 | 40.40/0.9942 |

表 7.4　不同算法在光场图像 4 倍超分辨率重建任务上的
峰值信噪比(单位为 dB)/结构相似度结果对比

| 方法 | EPFL | HCInew | HCIold | INRIA | STFgantry |
| --- | --- | --- | --- | --- | --- |
| 双三次插值 | 25.26/0.8324 | 27.72/0.8517 | 32.58/0.9344 | 26.95/0.8867 | 26.09/0.8452 |
| VDSR[157] | 27.25/0.8777 | 29.31/0.8823 | 34.81/0.9515 | 29.19/0.9204 | 28.51/0.9009 |
| EDSR[160] | 27.83/0.8854 | 29.59/0.8869 | 35.18/0.9536 | 29.66/0.9257 | 28.70/0.9072 |
| RCAN[283] | 27.91/0.8863 | 29.69/0.8886 | 35.36/0.9548 | 29.81/0.9276 | 29.02/0.9131 |
| resLF[163] | 28.26/0.9035 | 30.72/0.9107 | 36.71/0.9682 | 30.34/0.9412 | 30.19/0.9372 |
| LFSSR[162] | 28.60/0.9118 | 30.93/0.9145 | 36.91/0.9696 | 30.59/0.9467 | 30.57/0.9426 |
| LF-ATO[166] | 28.51/0.9115 | 30.88/0.9135 | 37.00/0.9699 | 30.71/0.9484 | 30.61/0.9430 |
| LF-InterNet[282] | 28.81/0.9162 | 30.96/0.9161 | 37.15/0.9716 | 30.78/0.9491 | 30.37/0.9409 |
| 本章算法 | 28.99/0.9195 | 31.38/0.9217 | 37.55/0.9732 | 30.99/0.9519 | 31.65/0.9535 |

(2) 可视化结果。

图 7.9 和图 7.10 分别展示了不同算法 2 倍和 4 倍超分辨结果的中心视角放大图(对应红色方框),同时给出了相应的峰值信噪比与结构相似度指标。从红色方框对应的放大区域可以看出,单图超分辨率重建算法 VDSR[157]、EDSR[160] 以及 RCAN[283] 的输出图像较为模糊,无法可靠地恢复出图像退化过程中遗失的细节。本章所提算法通过利用光场图像不同视角的互补角度信息,重建出了比单图超分辨率重建算法更加清晰的超分辨结果。与领域内其他先进的光场图像超分辨率重建算法相比,本章算法的超分辨结果图更接近真值图像。

(3) 角度一致性。

光场图像超分辨率重建不仅要求每一个视角的重建图像具有清晰的细节,还要求重建图像能够保持光场的视差结构,即不同视角的图像之间具有角度一致性。图 7.9 和图 7.10 还展示了不同算法超分辨结果的极平面图像切片(对应图中的绿色线段)。由图可见,本章算法对应的极平面图像切片中具有更加清晰的直线纹理,说明本章算法重建出的光场具有更高的角度一致性。在线视频中也直观对比了不同算法的角度一致性,结果显示本章算法在角度一致性上显著优于其他超分辨率重建算法。

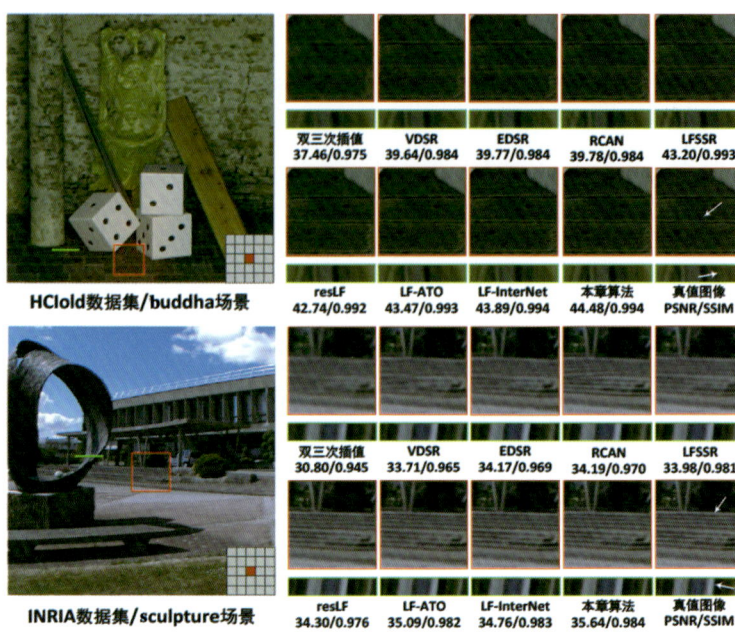

图 7.9　HCIold 和 INRIA 数据集上的 2 倍超分辨结果对比

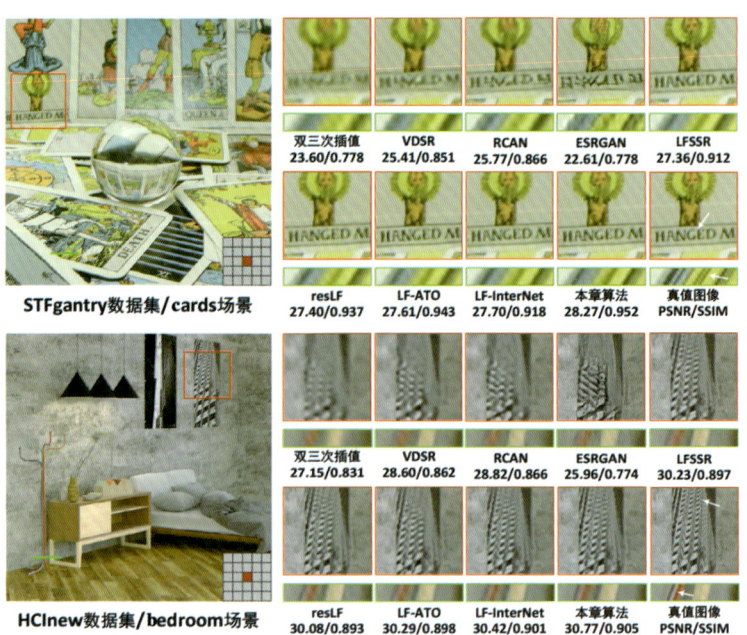

图 7.10　STFgantry 和 HCInew 数据集上的 4 倍超分辨结果对比

此外，由于细节丰富且角度一致的光场图像更有利于视差估计，本章采用视差估计算法 SPO(self-supervised prompt optimization)[269]对不同超分辨率重建算法得到的 4 倍超分辨结果图像进行视差估计，从而比较不同超分辨率重建算法重建出的光场图像的一致性。本章采用 HCIold 数据集的测试场景 buddha 和 monasRoom 进行评测，并使用该数据集提供的真值视差对不同算法得到的视差图进行定量比较。在进行定量比较时，采用视差估计图与视差真值图之间的百倍均方误差(MSE×100)作为评估指标。如图 7.11 所示，在本章算法所生成的超分辨图像上进行视差估计，可以得到接近于在真值高分辨率图像上进行视差估计的结果。相比于其他超分辨率重建算法，本章算法可以显著地减小视差估计的误差。以上实验结果说明，本章算法重建出的光场具有真实丰富的细节与更高的角度一致性。

图 7.11　HCIold 数据集上基于不同算法的超分辨图像进行视差估计的结果对比

(4) 运行效率。

表 7.5 给出了不同超分辨率重建算法的模型参数量、浮点运算量以及在 5 个数据集上的平均峰值信噪比。浮点运算量的计算基于角度分辨率为 5×5、空间分辨率为 32×32 的输入光场。由表 7.5 可见，本章算法均达到了最高的平均峰值信噪比，并且具有较小的模型参数量与浮点运算量。值得一提的是，将本章所提模型的通道数从 64 减至 32 之后，本章算法的平均峰值信噪比仍处于领域内先进水平，与算法 LF-ATO[166] 和 LF-InterNet[282] 的性能相当。而本章算法在通道数减半后具有很小的参数量与很低的浮点运算量，在 2 倍和 4 倍超分辨率重建下的参数量仅为 0.88M 和 0.90M，浮点运算量仅为 16.09G 和 16.50G。以上实验结果充分说明了本章所提解耦机制的有效性与高效性。

表 7.5 不同超分辨率重建算法的运行效率对比

| 方法 | 2 倍超分辨 | | | 4 倍超分辨 | | |
| --- | --- | --- | --- | --- | --- | --- |
| | 参数量/M | 浮点运算量/G | 峰值信噪比/dB | 参数量/M | 浮点运算量/G | 峰值信噪比/dB |
| EDSR[160] | 38.6 | 988.9 | 36.04 | 38.9 | 1017 | 30.20 |
| RCAN[283] | 15.3 | 392.8 | 36.11 | 15.4 | 408.5 | 30.27 |
| LFSSR[162] | 0.81 | 25.70 | 37.53 | 1.61 | 128.4 | 31.23 |
| resLF[163] | 6.35 | 37.06 | 37.50 | 6.79 | 39.70 | 31.25 |
| LF-ATO[166] | 1.51 | 597.7 | 38.30 | 1.66 | 687.0 | 31.54 |
| LF-InterNet[282] | 4.80 | 47.46 | 38.08 | 5.23 | 50.10 | 31.59 |
| 本章算法(通道减半) | 0.88 | 16.09 | 38.24 | 0.90 | 16.50 | 31.57 |
| 本章算法(原始版本) | 3.53 | 64.16 | 38.94 | 3.58 | 65.62 | 32.11 |

## 7.3 基于退化建模与调制的光场图像超分辨率重建算法

基于退化调制的光场图像超分辨率重建网络，其结构如图 7.12 所示。给定低分辨率阵列子图像和与之对应的模糊核宽度及噪声强度，所提网络依次进行模糊核先验嵌入、退化调制下的特征提取以及特征上采样。基于 DistgSSR 网络，我们继续采用级联残差组的顶层结构设计。在每一个残差组中，设计有一个退化调制模块用来根

## 7.3.4 实验结果与分析

本小节首先介绍数据集与算法实施细节，其次将本章算法与领域内多个先进的超分辨率重建算法进行比较，最后根据设计的消融实验来验证所提模块的有效性，并深入分析输入模糊核宽度与噪声强度对超分辨率重建结果的影响。

### 7.3.4.1 数据集与实施细节

我们在合成的低分辨率图像与对应高分辨率图像上对本章网络进行训练与验证，并在 Lytro 相机与 Raytrix 相机所记录的真实光场图像上对其进行测试。在训练和验证过程中，采用了 HCInew[290]、HCIold[291] 以及 STFgantry 这 3 个公开的光场数据集。为了进一步验证本章算法在真实图像退化下的泛化性能，采用了 EPFL[292]、INRIA[293] 以及 STFlytro 这 3 个 Lytro 相机拍摄得到的真实数据集和 1 个由 Raytrix 相机拍摄得到的真实光场数据集[294]。在本章中，分别有 39 个场景用于训练，8 个场景用于验证，26 个场景用于测试。

HCInew、HCIold、STFgantry、EPFL、INRIA 和 STFlytro 等光场数据集具有 9×9 的角度分辨率，Raytrix 数据集中的光场角度分辨率为 5×5。对于角度分辨率为 9×9 的光场，本章沿用领域内现有超分辨率重建算法[282]的设定，将中心的 5×5 视角用于训练、验证与测试。在训练阶段，以 32 像素的步长将高分辨率子图像裁剪为 152 像素 × 152 像素的图像块，并生成对应的低分辨率图像。本章仅考虑 4 倍上采样率的光场图像超分辨率重建，因此生成的低分辨率图像块的尺寸为 38 像素 ×38 像素。沿用文献[287−288]中的设置，采用 21×21 的各向同性高斯核，模糊核宽度在区间[0,4]内随机选取实数值，噪声强度在区间[0,75]内随机选取实数值。值得一提的是，为避免滤波操作对图像边缘造成的影响，进一步裁剪了高分辨率图像块的中心 128 像素 ×128 像素与对应低分辨率图像中心的 32 像素 ×32 像素区域，作为高、低分辨率图像对用于网络训练。采用随机水平翻转、随机垂直翻转、随机旋转以及 RGB 三通道随机混排等将训练数据进一步扩充为原先的 48 倍。

我们采用超分辨率重建光场图像与真值光场图像之间的 $L_1$ 损失对所提网络进行训练，并采用 Adam 算法[285]对网络进行优化。在训练阶段，训练数据的批数量设为 8，初始学习率设为 $2 \times 10^{-4}$，且每过 $3 \times 10^4$ 次迭代缩减为原来的 0.5 倍。训练的迭代数量总计为 $1 \times 10^5$ 次。

我们沿用现有大多数图像超分辨率重建工作[286-288,295]中的设置，采用峰值信噪比(PSNR)与结构相似度(SSIM)作为数值指标对算法的超分辨性能进行评价。在计算某个数据集上的指标(如 PSNR)时，先对每个场景的每个视角分别计算，再计算该场景不同视角指标的均值获得该场景的指标，最后对该数据集所有场景的指标求均值，得到该数据集的指标。

#### 7.3.4.2 性能对比

首先，我们对本章算法与领域内其他先进超分辨率重建算法的性能进行对比。对比算法如下。

①DistgSSR 算法：在双三次下采样进行训练的高性能光场图像超分辨率重建算法。

②SRMD 算法[287]：先进的单图超分辨率重建算法，基于输入的各向同性高斯模糊与高斯噪声实现图像超分辨率重建。

③DASR 算法[288]：先进的单图超分辨率重建算法，通过估计输入图像的退化表征实现多种退化下的图像超分辨率重建。

④BSRNet 算法[296]与 Real-ESRNet 算法[297]：2 个先进的面向真实图像退化的单图超分辨重建算法，在考虑了多种图像退化因素的复杂退化下进行训练。

图 7.14　图像超分辨结果的 demo 视频二维码

除上述对比算法外，本章还将双三次上采样算法(Bicubic)作为基准对比算法。本章图像超分辨结果的 demo 视频二维码如图 7.14 所示。

(1) 合成退化下的性能对比。

表 7.6 和表 7.7 分别给出了不同算法在不同合成退化下的超分辨率重建结果的峰值信噪比和结构相似度。由表 7.6 和表 7.7 可见，DistgSSR 算法在双三次下采样退化下(即模糊为 0，噪声水平为 0)取得了峰值信噪比和结构相似度第一的优异结果，但是其超分辨率重建性能在模糊核宽度与噪声强度大于 0 时显著下降。这表明，现有的光场图像超分辨率重建算法在简单的双三次下采样退化下进行训练无法成功泛化至其他类型的退化上。

表 7.6　不同算法在不同合成退化下的峰值信噪比指标对比

| 算法 | 模糊 | HCInew/dB | | | HCIold/dB | | | STFgantry/dB | | |
|---|---|---|---|---|---|---|---|---|---|---|
| | | 0 | 15 | 50 | 0 | 15 | 50 | 0 | 15 | 50 |
| Bicubic | | 27.71 | 25.90 | 19.53 | 32.58 | 28.55 | 20.05 | 26.09 | 24.68 | 19.18 |
| DistgSSR | | 31.38 | 24.88 | 15.59 | 37.56 | 26.17 | 15.43 | 31.66 | 24.37 | 15.53 |
| SRMD[287] | | 29.55 | 27.88 | 25.37 | 35.04 | 31.56 | 28.26 | 28.85 | 26.73 | 23.60 |
| DASR[288] | 0.0 | 29.31 | 27.78 | 24.10 | 34.54 | 31.45 | 22.70 | 26.99 | 26.07 | 21.92 |
| BSRNet[296] | | 28.42 | 24.98 | 19.32 | 32.73 | 28.22 | 17.97 | 26.55 | 22.55 | 17.46 |
| Real-ESRNet[297] | | 28.05 | 26.99 | 23.65 | 31.80 | 30.11 | 24.14 | 24.78 | 24.51 | 19.45 |
| 本章算法 | | 30.43 | 29.55 | 28.23 | 36.44 | 34.63 | 32.42 | 29.77 | 28.62 | 26.99 |
| Bicubic | | 27.02 | 25.42 | 19.41 | 31.63 | 28.16 | 19.99 | 25.15 | 24.00 | 18.96 |
| DistgSSR | | 28.60 | 24.46 | 15.60 | 33.64 | 25.97 | 15.43 | 27.16 | 23.59 | 15.57 |
| SRMD[287] | | 29.58 | 27.39 | 25.01 | 35.00 | 31.02 | 27.94 | 28.87 | 26.05 | 23.06 |
| DASR[288] | 1.5 | 29.46 | 27.34 | 24.09 | 34.87 | 30.95 | 23.44 | 27.83 | 25.84 | 21.95 |
| BSRNet[296] | | 28.38 | 24.79 | 19.36 | 32.77 | 28.11 | 18.00 | 26.67 | 22.34 | 17.39 |
| Real-ESRNet[297] | | 28.17 | 26.68 | 23.50 | 32.11 | 29.85 | 24.13 | 25.18 | 24.30 | 19.41 |
| 本章算法 | | 30.15 | 28.98 | 27.65 | 36.10 | 33.87 | 31.81 | 29.47 | 27.91 | 26.25 |
| Bicubic | | 25.52 | 24.32 | 19.09 | 29.59 | 27.12 | 19.82 | 23.21 | 22.45 | 18.41 |
| DistgSSR | | 25.79 | 23.30 | 15.47 | 29.92 | 25.19 | 15.38 | 23.55 | 21.83 | 15.32 |
| SRMD[287] | | 29.20 | 26.32 | 24.30 | 34.39 | 29.87 | 27.36 | 28.29 | 24.51 | 22.08 |
| DASR[288] | 3.0 | 28.62 | 26.26 | 23.70 | 33.72 | 29.82 | 23.75 | 27.71 | 24.48 | 21.50 |
| BSRNet[296] | | 27.60 | 24.13 | 19.33 | 31.96 | 27.72 | 18.05 | 26.05 | 21.62 | 17.23 |
| Real-ESRNet[297] | | 27.33 | 25.67 | 23.04 | 31.45 | 29.11 | 23.93 | 25.24 | 23.35 | 19.14 |
| 本章算法 | | 29.43 | 27.76 | 26.54 | 35.10 | 32.34 | 30.54 | 28.51 | 26.22 | 24.72 |
| Bicubic | | 24.36 | 23.41 | 18.79 | 28.05 | 26.19 | 19.63 | 21.80 | 21.26 | 17.90 |
| DistgSSR | | 24.38 | 22.48 | 15.33 | 28.08 | 24.50 | 15.31 | 21.83 | 20.67 | 15.04 |
| SRMD[287] | | 26.32 | 25.09 | 23.65 | 30.62 | 28.61 | 26.66 | 24.34 | 22.80 | 21.28 |
| DASR[288] | 4.5 | 25.34 | 24.89 | 23.11 | 29.33 | 28.39 | 23.94 | 22.99 | 22.65 | 20.76 |
| BSRNet[296] | | 26.31 | 23.40 | 19.26 | 30.35 | 27.10 | 18.03 | 24.23 | 20.83 | 17.06 |
| Real-ESRNet[297] | | 26.28 | 24.69 | 22.55 | 30.04 | 28.08 | 23.66 | 23.97 | 22.17 | 18.90 |
| 本章算法 | | 28.00 | 26.55 | 25.58 | 33.39 | 30.88 | 29.45 | 26.59 | 24.64 | 23.30 |

表7.7 不同算法在不同合成退化下的结构相似度指标对比

| 算法 | 模糊 | HCInew 0 | HCInew 15 | HCInew 50 | HCIold 0 | HCIold 15 | HCIold 50 | STFgantry 0 | STFgantry 15 | STFgantry 50 |
|---|---|---|---|---|---|---|---|---|---|---|
| Bicubic | 0.0 | 0.852 | 0.789 | 0.492 | 0.934 | 0.857 | 0.501 | 0.845 | 0.789 | 0.516 |
| DistgSSR | | 0.922 | 0.722 | 0.284 | 0.973 | 0.751 | 0.256 | 0.953 | 0.754 | 0.319 |
| SRMD[287] | | 0.886 | 0.851 | 0.806 | 0.953 | 0.919 | 0.883 | 0.911 | 0.869 | 0.795 |
| DASR[288] | | 0.886 | 0.852 | 0.785 | 0.950 | 0.919 | 0.829 | 0.897 | 0.866 | 0.768 |
| BSRNet[296] | | 0.865 | 0.831 | 0.748 | 0.933 | 0.895 | 0.748 | 0.880 | 0.829 | 0.714 |
| Real-ESRNet[297] | | 0.862 | 0.839 | 0.789 | 0.931 | 0.905 | 0.842 | 0.871 | 0.850 | 0.754 |
| 本章算法 | | 0.907 | 0.886 | 0.859 | 0.967 | 0.951 | 0.929 | 0.932 | 0.912 | 0.878 |
| Bicubic | 1.5 | 0.836 | 0.773 | 0.478 | 0.923 | 0.846 | 0.491 | 0.821 | 0.764 | 0.493 |
| DistgSSR | | 0.876 | 0.699 | 0.273 | 0.949 | 0.739 | 0.251 | 0.883 | 0.714 | 0.302 |
| SRMD[287] | | 0.886 | 0.840 | 0.798 | 0.953 | 0.912 | 0.879 | 0.910 | 0.851 | 0.776 |
| DASR[288] | | 0.884 | 0.840 | 0.781 | 0.952 | 0.911 | 0.831 | 0.902 | 0.850 | 0.755 |
| BSRNet[296] | | 0.861 | 0.824 | 0.746 | 0.932 | 0.892 | 0.749 | 0.877 | 0.815 | 0.706 |
| Real-ESRNet[297] | | 0.862 | 0.830 | 0.783 | 0.932 | 0.900 | 0.840 | 0.872 | 0.834 | 0.741 |
| 本章算法 | | 0.900 | 0.872 | 0.845 | 0.963 | 0.942 | 0.920 | 0.924 | 0.894 | 0.857 |
| Bicubic | 3.0 | 0.803 | 0.741 | 0.454 | 0.898 | 0.822 | 0.476 | 0.766 | 0.711 | 0.450 |
| DistgSSR | | 0.811 | 0.656 | 0.254 | 0.904 | 0.710 | 0.241 | 0.780 | 0.639 | 0.265 |
| SRMD[287] | | 0.876 | 0.816 | 0.782 | 0.948 | 0.896 | 0.871 | 0.898 | 0.807 | 0.742 |
| DASR[288] | | 0.867 | 0.815 | 0.767 | 0.942 | 0.896 | 0.829 | 0.887 | 0.807 | 0.723 |
| BSRNet[296] | | 0.843 | 0.804 | 0.740 | 0.921 | 0.883 | 0.750 | 0.849 | 0.776 | 0.691 |
| Real-ESRNet[297] | | 0.845 | 0.807 | 0.769 | 0.919 | 0.889 | 0.835 | 0.856 | 0.789 | 0.712 |
| 本章算法 | | 0.884 | 0.845 | 0.821 | 0.955 | 0.924 | 0.904 | 0.904 | 0.853 | 0.814 |
| Bicubic | 4.5 | 0.779 | 0.718 | 0.438 | 0.879 | 0.803 | 0.465 | 0.725 | 0.672 | 0.420 |
| DistgSSR | | 0.781 | 0.631 | 0.242 | 0.880 | 0.690 | 0.235 | 0.728 | 0.595 | 0.243 |
| SRMD[287] | | 0.818 | 0.792 | 0.769 | 0.908 | 0.882 | 0.864 | 0.780 | 0.753 | 0.716 |
| DASR[288] | | 0.799 | 0.788 | 0.755 | 0.895 | 0.880 | 0.827 | 0.761 | 0.749 | 0.697 |
| BSRNet[296] | | 0.816 | 0.784 | 0.734 | 0.902 | 0.874 | 0.749 | 0.795 | 0.738 | 0.680 |
| Real-ESRNet[297] | | 0.816 | 0.787 | 0.758 | 0.900 | 0.878 | 0.830 | 0.810 | 0.743 | 0.693 |
| 本章算法 | | 0.854 | 0.820 | 0.801 | 0.937 | 0.906 | 0.890 | 0.860 | 0.808 | 0.771 |

由于SRMD算法与DASR算法是专门针对多种退化设计的超分辨算法,因此在模糊与噪声的场景下取得了比DistgSSR算法显著更优的性能。其中,SRMD算法受益于输入的真值退化信息,其性能略优于DASR算法。由表7.6和表7.7可见,BSRNet算法和Real-ESRNet算法的峰值信噪比与结构相似度均低于SRMD算法与DASR算法。这主要是因为,BSRNet算法和Real-ESRNet算法是在复杂的

合成退化下进行训练的，所以这 2 个算法能够解决特定退化的性能相比于 SRMD 算法与 DASR 算法更弱。这些单图超分辨算法均只利用了单个视角内的空间上下文信息，而忽略了视角之间的互补信息，进而导致了较低的超分辨精度与视角间的不一致性。

相比于以上单图超分辨与光场图像超分辨算法，本章算法可以同时结合空间信息与角度信息，并且可以适应多种不同的退化，在训练分布内退化（模糊核宽度分别为 0.0、1.5、3.0）以及训练分布外退化（模糊核宽度为 4.5）下均能取得最好的结果。图 7.15 展示了不同算法在模糊核宽度为 1.5、噪声水平为 15 的合成退化下的超分辨结果。由图 7.15 可见，本章算法能够从模糊且含噪的输入光场中有效恢复出场景的纹理细节。

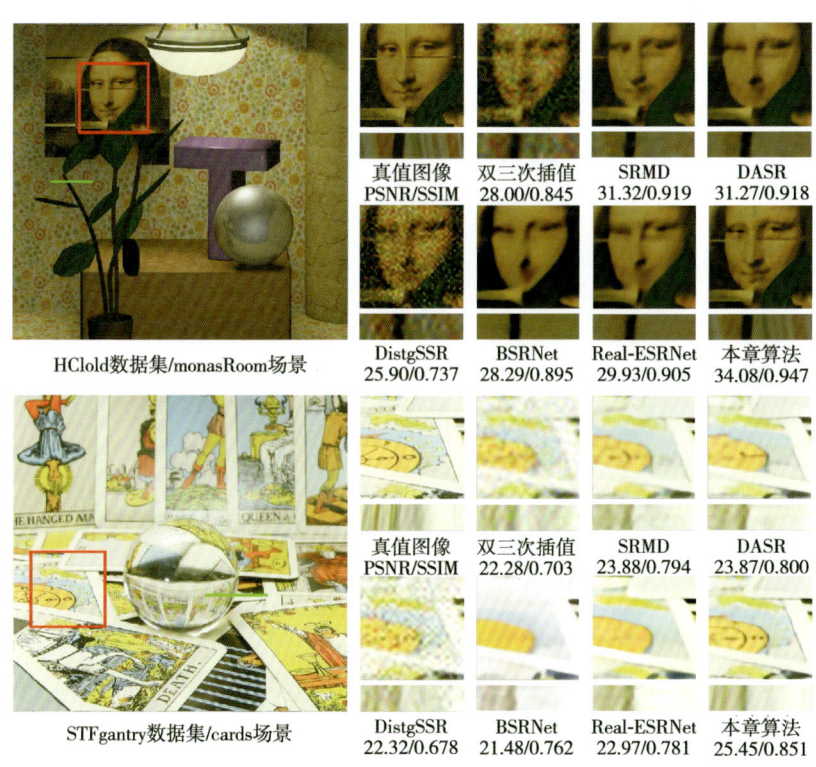

图 7.15　不同超分辨算法在高斯模糊核宽度为 1.5、高斯噪声水平为 15 的合成退化下的超分辨结果展示

(2)真实退化下的性能对比。

我们将所提算法在模拟退化下训练得到的模型直接应用到真实光场图像上进行超分辨率重建,并与不同超分辨率重建算法得到的结果进行比较。由于不存在真值高分辨率图像,本章通过视觉效果对比来比较各个算法的性能。从图 7.16 与图 7.17 可见,输入图像双三次插值结果的质量较低,细节不清晰。DistgSSR 算法进一步放大了输入的噪声,且输出结果存在严重失真(图 7.16)或模糊(图 7.17)。这说明,在双三次下采样退化下训练得到的算法无法有效地实现对真实图像的超分辨,因此具有有限的使用价值。

虽然 SRMD、DASR、BSRNet 和 Real-ESRNet 这 4 种算法是专门针对多种退化下的超分辨而设计的算法,但是这些单图超分辨算法未考虑光场图像不同视角间的关联,即忽略了有益的角度信息。因此,当处理高度病态的真实光场图像超分辨问题时,此类算法的结果中存在噪声残留(如 DASR 的结果)、过度平滑(如 SRMD 的结果)以及颜色失真(如 Real-ESRNet 的结果)问题。

图 7.16　不同超分辨算法在 Lytro Illum 相机拍摄的真实光场图像上的超分辨结果展示

相比于现有的超分辨算法,本章算法可以在真实的光场图像上取得更好的性能,即本章算法的结果具有更加精细的细节(如场景 general_11 中的字母)与更少的失真。这说明本章所提算法在所提合成退化上进行训练,可以很好地解决真实图像超分辨问题。

图 7.17　不同超分辨算法在 Raytrix 相机拍摄的真实光场图像上的超分辨结果展示

(3) 角度一致性。

由于光场图像超分辨算法需要保持光场的视差结构并生成角度一致的高分辨率光场图像,因此,我们通过对极平面图像进行可视化的方式对不同超分辨算法的角度一致性进行比较。如图 7.15、图 7.16 以及图 7.17 放大的长条状区域所示,本章算法能够生成更加清晰的直线纹理,说明较好地保护了光场的视差结构。

(4) 运行效率。

表 7.8 在参数量、浮点计算量、运行时间以及平均峰值信噪比与结构相似度 5 个方面对不同超分辨算法的效率与性能进行了比较。值得一提的是,这 0.27M 的额外的参数量主要是由本章所提模糊核先验嵌入模块与退化调制模块构成,且仅导致增加了 1.77G 的浮点运算量与 0.002 s 的运行时间。相比于 DASR、BSRNet 以及 Real-ESRNet 算法,本章算法具有更小的模型体量、更少的浮点运算量以及更短的运行时间。以上结果充分表明本章算法具有较高的运行效率。

表7.8 不同超分辨算法重建精度与运行效率对比

| 算法 | 参数量/M | 浮点运算量/G | 运行时间/s | 平均峰值信噪比(单位为 dB) / 结构相似度 | | |
|---|---|---|---|---|---|---|
| | | | | HCInew | HCIold | STFgantry |
| SRMD | 1.50 | 39.76 | 0.070 | 27.18/0.838 | 31.16/0.913 | 25.78/0.840 |
| DASR | 5.80 | 82.03 | 0.051 | 26.74/0.831 | 29.47/0.896 | 24.92/0.829 |
| BSRNet | 16.70 | 459.60 | 0.119 | 24.03/0.807 | 26.17/0.856 | 21.98/0.793 |
| Real-ESRNet | 16.70 | 459.60 | 0.119 | 25.92/0.821 | 28.52/0.888 | 22.82/0.809 |
| DistgSSR | 3.53 | 64.16 | 0.037 | 22.79/0.611 | 24.97/0.642 | 22.06/0.623 |
| 本章算法 | 3.80 | 65.93 | 0.039 | 28.75/0.869 | 33.69/0.939 | 27.61/0.885 |

#### 7.3.4.3 消融实验

接下来我们将对本章所提模块与所设计的方案进行消融实验，共引入5个模型变体，如表7.9所示。

模型1：该模型同时移除了退化调制模块与光场解耦模块中的角度分支与极平面分支。因此，模型1等价于一个既不对退化进行调制，也不结合视角间的任何信息的单图超分辨率重建网络。为保证该模型的参数量不少于本章主模型，此处增加了该模型内卷积核的特征通道数量。

表7.9 消融实验模型变体设计及其参数量

| 模型 | 退化调制卷积 | 通道加权 | 模糊核先验嵌入 | 角度信息 | 参数量/M |
|---|---|---|---|---|---|
| 模型1 | | | | | 3.94 |
| 模型2 | | √ | | √ | 3.77 |
| 模型3 | √ | √ | √ | | 4.01 |
| 模型4 | √ | √ | | √ | 3.77 |
| 模型5 | √ | | √ | √ | 3.79 |
| 本章模型 | √ | √ | √ | √ | 3.80 |

模型2：该模型通过将退化调制卷积替换为一个 $3 \times 3$ 的逐层卷积(depth-wise convolution)与一个 $3 \times 3$ 的普通卷积，来验证本章所提退化调制卷积的有效性。该模型保留了光场解耦模块用于结合不同视角的互补信息。需要注意到，模糊核先验嵌入模块也被移除，因

为该模型不需要退化信息作为其输入。该变体可以看作不采用退化调制的普通光场图像超分辨率重建网络，并在本章所提合成退化上进行训练。

模型3：该模型移除了光场解耦模块中的角度分支与极平面分支，但是保留了退化调制模块。同时采用了与模型1中相同的策略来保证该模型的参数量不少于主模型。由于该变体只能结合单个视角内的信息与输入的退化信息，因此可以被视为一个基于退化调制的单图超分辨率重建网络，从而可以验证角度信息在多退化光场图像超分辨率重建中的重要性。

模型4：该模型对模糊核嵌入模块进行修改以验证模糊核先验嵌入的有效性。具体来讲，该变体取消了通过模糊强度对各向同性高斯模糊核的重建，而直接将模糊强度输入至一个5层的多层感知机以生成相应退化表征。在此设计下，该变体模型无法结合各向同性高斯模糊核的先验信息。

模型5：该模型移除了退化调制模块中的通道加权，进而验证根据退化信息对特征不同通道进行加权对超分辨率重建性能带来的增益。

（1）退化调制卷积。

作为本章所提网络的一个核心元素，退化调制卷积可以根据输入的退化信息对特征进行调制，从而加强网络针对不同图像退化的处理能力。如表7.10所示，在不使用退化调制卷积时，模型2相比于本章算法在平均峰值信噪比指标上下降了1.61 dB。其原因在于，经历了不同退化的图像具有不同的空间特性，导致难以通过固定的卷积核进行有效处理。相比之下，本章所提退化调制卷积可以基于输入的退化信息动态地生成卷积核权重，进而能够动态地处理不同退化下的图像特征。因此，网络能够在各类合成的图像退化下取得更高的峰值信噪比结果。此外，本章还对不同退化下生成的卷积核进行了可视化。如图7.18所示，4个退化调制卷积在不同的退化输入下具有不同的分布，同时卷积核的权重大小在网络的不同阶段也具有差异性。以上定量及定性的结果均说明了本章所提退化调制卷积的有效性。

表 7.10　消融实验模型在不同合成退化下取得的峰值信噪比结果

单位：dB

| 模型 | 噪声水平 = 0 | | | 噪声水平 = 15 | | | 噪声水平 = 50 | | | 平均值 |
|---|---|---|---|---|---|---|---|---|---|---|
| | $\sigma_b=0$ | $\sigma_b=1.5$ | $\sigma_b=3$ | $\sigma_b=0$ | $\sigma_b=1.5$ | $\sigma_b=3$ | $\sigma_b=0$ | $\sigma_b=1.5$ | $\sigma_b=3$ | |
| 模型 1 | 27.79 | 27.47 | 26.54 | 26.27 | 25.49 | 23.92 | 23.29 | 22.75 | 21.82 | 25.04 |
| 模型 2 | 28.94 | 28.28 | 27.21 | 28.14 | 27.31 | 25.82 | 26.82 | 25.99 | 24.48 | 26.00 |
| 模型 3 | 27.95 | 28.00 | 27.49 | 26.43 | 25.79 | 24.35 | 23.43 | 22.92 | 21.90 | 25.36 |
| 模型 4 | 29.46 | 29.21 | 28.28 | 28.68 | 27.96 | 26.34 | 27.06 | 26.33 | 24.75 | 27.56 |
| 模型 5 | 29.15 | 29.29 | 28.25 | 28.33 | 27.85 | 26.19 | 26.84 | 26.16 | 24.63 | 27.41 |
| 本章模型 | 29.77 | 29.47 | 28.51 | 28.62 | 27.91 | 26.22 | 26.99 | 26.25 | 24.72 | 27.61 |

（2）角度信息。

本章所提退化调制光场超分辨率重建网络与现有的基于退化调制的单图超分辨率重建网络（如 SRMD[287]）的最大区别在于，本章所提网络能够结合光场不同视角的信息。如表 7.10 所示，当在超分辨率重建的过程中不结合角度信息时（模型 3），峰值信噪比指标会下降 2.25 dB。此外，表 7.6 和表 7.7 中本章算法与 SRMD 算法之间的性能差距也进一步说明了，视角之间的关联信息对多退化下的光场图像超分辨率重建起到了十分关键的作用。

（3）模糊核先验嵌入。

如表 7.10 所示，在模型 4 取消了模糊核先验嵌入之后，其峰值信噪比相比于本章主模型下降了 0.05 dB。其原因在于，在不进行模糊核先验嵌入时，模型 4 需要在更大的范围内寻找合适的退化表征，以生成相应卷积核对退化图像特征进行恢复。由于本章采用各向同性高斯核作为模糊核对图像进行退化，退化先验嵌入模块可以缩小模型的搜索空间，因此使本章所提网络能够学习到更加精确的退化表征，从而实现更好的超分辨率重建性能。

（4）退化调制的通道加权。

如表 7.10 所示，在移除退化调制的通道加权模块后，模型 5 相比于本章主模型在平均峰值信噪比上降低了 0.20 dB。这验证了本章所提退化调制的通道加权的有效性。由于本章所提退化调制卷积可以在空间维度让网络适应于输入的退化，退化调制的通道加权可以理解为在通道维度上对退化调制卷积的一个补充。此外，本章所提退化调制的通道加权仅带来了 0.01M 的参数量增加，不会给模型的运行效率造成负担。

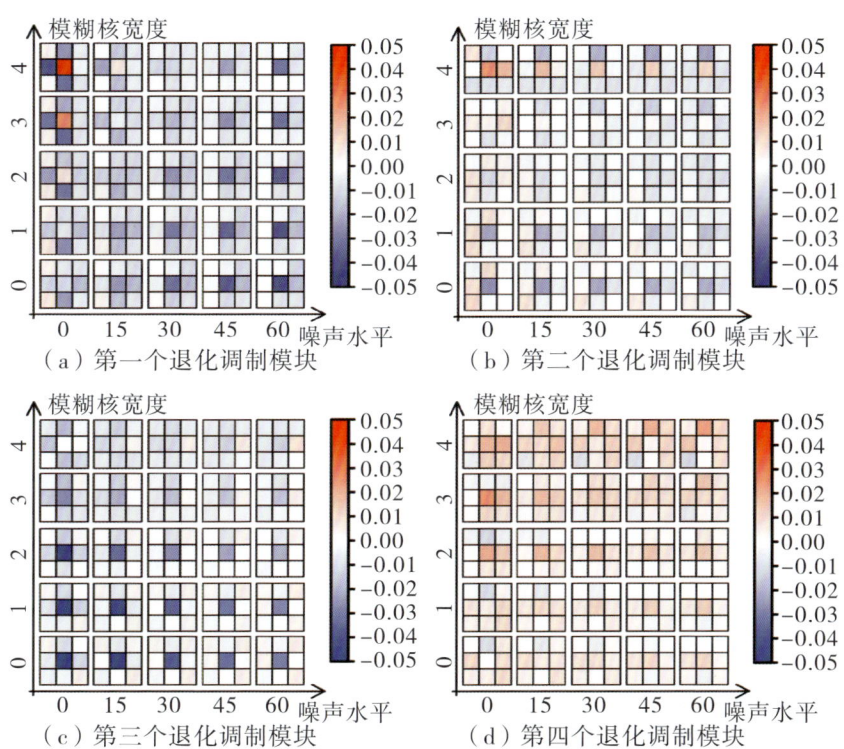

图 7.18 退化调制卷积核的权重可视化结果

### 7.3.4.4 退化失配分析

由于本章所提算法需要将退化信息（模糊核宽度与噪声强度）作为输入，而上文的实验均在输入的退化信息与图像的退化信息匹配的情况下进行。接下来，我们将研究退化失配（即输入退化信息与输入图像对应的退化不一致）对本章所提网络超分辨结果的影响。首先在合成退化下对退化失配问题进行定量分析，其次在 Lytro 相机与 Raytrix 相机拍摄的真实光场图像上对退化失配进行定性评估。

(1) 合成退化下退化失配问题的定量分析。

在合成退化下，通过给真值高分辨率图像施加不同程度的退化，定量地研究退化失配给网络超分辨率重建性能带来的影响。我们将从以下 3 个方面进行研究。

(a) 不同噪声强度下模糊核宽度失配的影响。

分别固定噪声强度为 0、15、30、50，通过网格搜索的策略，以 0.3 的步长在 0~3 的区间内分别遍历输入模糊核宽度 $B_{in}$ 与真值模糊核宽度 $B_{gt}$（即对输入图像施加的退化模糊核的宽度），本章算法取得的峰值信噪比结果如图 7.19(a)~(d) 所示。

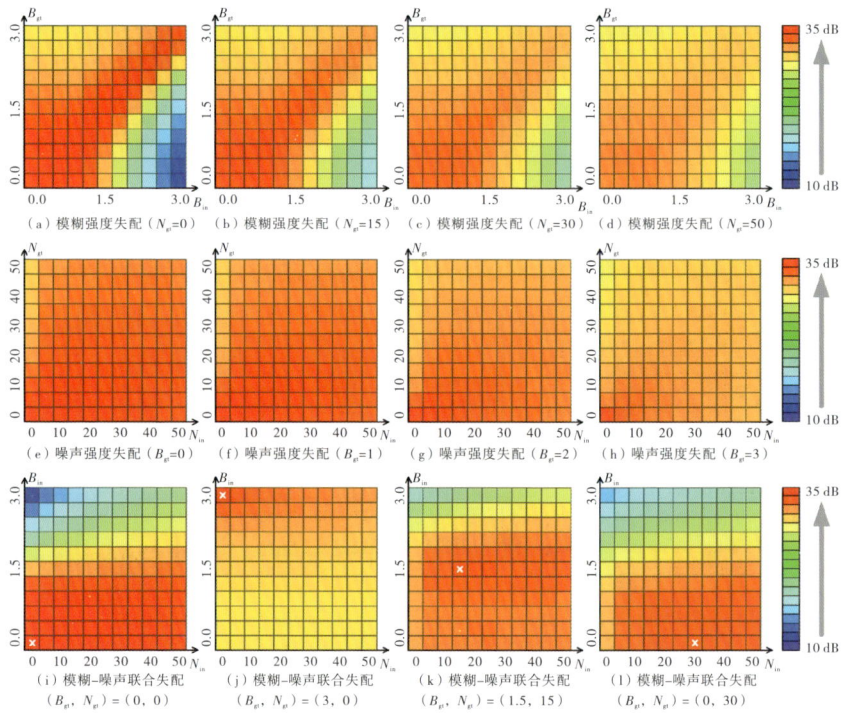

图 7.19　合成退化下退化失配问题的定量分析

(b) 不同模糊程度下噪声强度失配的影响。

分别固定模糊核宽度为 0、1、2、3，通过网格搜索的策略，以 5 的步长在 0~50 的区间内分别遍历输入噪声强度 $N_{in}$ 与真值噪声强度 $N_{gt}$（即对输入图像添加的噪声的强度），本章算法取得的峰值信噪比结果如图 7.19(e)~(h) 所示。

(c) 模糊核宽度和噪声强度同时失配时网络的性能。

分别固定真值退化 $(B_{in}, N_{gt})$ 为 (0, 0)、(3, 0)、(1.5, 15)、(0, 30)，以 0.3 的步长在 0~3 的区间内分别遍历输入模糊核宽度

$B_{in}$，以5的步长在0～50的区间内分别遍历输入噪声强度$N_{in}$，本章算法取得的峰值信噪比结果如图7.19(i)～(l)所示。

根据图7.19，可以得到以下结论。

①模糊核宽度失配造成的超分辨率重建性能下降相比于噪声强度失配更加严重。

②当模糊核失配时，过大地估计图像的模糊程度(即$B_{in}>B_{gt}$)会比过小地估计图像的模糊程度(即$B_{in}<B_{gt}$)造成更严重的性能下降。

③输入噪声水平的增加会降低模糊核失配带来的影响。

④当且仅当输入退化信息与图像的真值退化信息匹配时，本章所提网络可以取得最优的超分辨率重建性能。

(2) 真实退化下退化失配问题的定性分析。

我们还进一步研究了本章算法在不同的输入退化信息下在真实光场图像上的超分辨率重建性能。将所提网络直接应用于Lytro和Raytrix光场相机所拍摄的光场图像，以1的步长在0～3的区间内对输入模糊核宽度进行遍历，以15的步长在0～60的区间内对输入噪声强度进行遍历。由于真实光场图像对应的高分辨率真值图像及其所经历的退化过程是未知的，因此通过观察视觉效果的方式对真实图像下的退化失配问题进行评估。图7.20与图7.21分别展示了4倍超分辨率重建下本章算法在不同退化输入下取得的超分辨率重建结果。

从图7.20和图7.21可以得到以下结论。

①增大输入的模糊核宽度可以增强结果图像的局部对比度，锐化边缘与纹理，但是过大的输入模糊核宽度会导致振铃效应。

②增大输入的噪声强度可以促进结果图的局部平滑并且抑制振铃效应，但是过大的输入噪声水平会导致结果图像过于模糊。

③针对Lytro相机获取的光场图像，当输入模糊核宽度为2、输入噪声水平为30时，本章算法可以取得最好的超分辨视觉效果。

④针对Raytrix相机获取的光场图像，当输入模糊核宽度为4、输入噪声水平为60时，本章算法可以取得最好的超分辨视觉效果。

⑤针对不同相机的光场图像，通过调整退化调制参数(模糊核宽度与噪声强度)均可取得理想的超分辨率重建效果，说明本章所提基于退化建模与调制的光场图像超分辨率重建算法能准确地反映不同相机的调制和逆调制过程。

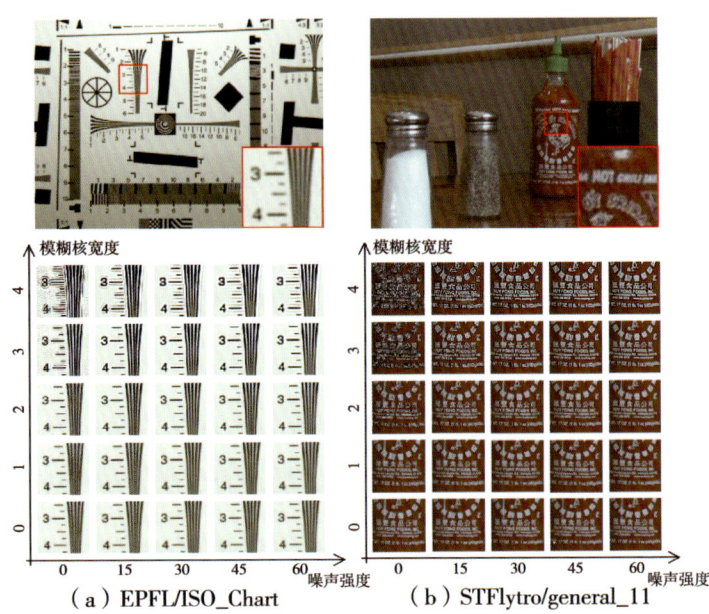

图 7.20　不同输入退化信息下 Lytro 光场图像的 4 倍超分辨率重建结果

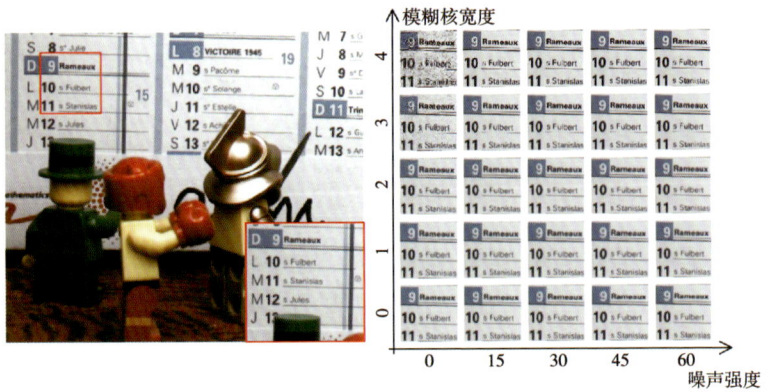

图 7.21　不同输入退化信息下 Raytrix 光场图像的 4 倍超分辨率重建结果

## 7.4 代码实现

### 7.4.1 基于解耦机制的光场图像超分辨率重建

#### 7.4.1.1 代码组成

本章提出的基于解耦机制的光场图像超分辨率重建算法的代码链接为 https://github.com/YingqianWang/DistgSSR，该链接下的代码组成如图 7.22 所示。

图 7.22 代码组成示意

代码主要分为数据集生成、模型训练及基准数据集测试 3 个部分。数据集生成部分主要负责对原始光场图像数据进行预处理以生成训练数据集；模型训练部分主要负责利用生成的训练数据集对网络模型进行训练；基准数据集测试部分主要负责在基准数据集上对训练好的网络模型进行测试，并得到定量评测结果。

### 7.4.1.2　代码运行

（1）环境配置。

完成 GPU、CUDA、cuDNN、Python 等基础环境的配置后，执行如下指令完成环境配置。

> pip install pytorch==1.3.0 numpy skimage imageio h5py

（2）数据集准备。

①根据 readme.md 中的链接下载 EPFL、HCInew、HCIold、INRIA 和 STFgantry 数据集，并将 5 个数据集放在 ./Datasets 文件夹中。

②运行 Generate_Data_for_Train.m 生成训练数据，生成的数据将保存在 ./Data/train_kxSR_AxA/ 中。

③运行 Generate_Data_for_Test.m 生成测试数据，生成的数据将保存在 ./Data/test_kxSR_AxA/ 中。

（3）模型训练。

①运行 train.py 来执行网络训练。

②训练日志及模型参数保存在 ./log 文件夹中。

（4）基准数据集测试。

①运行 test_on_dataset.py 对每个数据集执行测试。

②结果文件和评测指标分数保存在 ./Results 中。

## 7.4.2　基于退化建模与调制的光场图像超分辨率重建

### 7.4.2.1　代码组成

本章提出的基于退化建模与调制的光场图像超分辨率重建算法的代码链接为 https://github.com/YingqianWang/LF-DMnet，该链接下的代码组成如图 7.23 所示。

图 7.23 代码组成示意

代码主要分为数据集生成、模型训练、基准数据集测试和快速测试 4 个部分。数据集生成部分主要负责对原始光场图像数据进行预处理以生成训练数据集;模型训练部分主要负责利用生成的训练数据集对网络模型进行训练;基准数据集测试部分主要负责在基准数据集上对训练好的网络模型进行仿真验证,并得到定量评测结果;快速测试部分主要负责利用训练好的网络模型对自有数据集进行推理验证,并得到超分辨结果。

#### 7.4.2.2 代码运行

(1) 环境配置。

完成 GPU、CUDA、cuDNN、Python 等基础环境的配置后,执行如下指令完成环境配置。

```
pip install pytorch==1.3.0 numpy skimage imageio h5py
```

(2) 数据集准备。

① 根据 readme.md 中的链接下载 HCInew、HCIold 和 STFgantry 数据集,并将 3 个数据集放在 ./Datasets/ 文件夹中。

② 运行 Generate-Data-For-Training.m 生成训练数据,生成的数据保存在 ./Data/Train_MDSR_5x5/ 中。

③ 根据 readme.md 中的链接下载 EPFL、INRIA 和 STFlytro 数据

集，并将数据集保存在./Data/Validation_MDSR_5x5/中。

（3）模型训练。

①运行 train.py 来执行网络训练。

②训练日志以及模型参数保存在./log/文件夹中。

（4）基准数据集测试。

①运行 validation.py 对每个数据集执行测试。

②结果文件和评测指标分数保存在./log/文件夹中。

（5）快速测试。

①将自有光场图像放置于./input/文件夹。

②运行 test.py 对每个自有数据集执行测试。

③运行后的超分辨图像保存在./output/文件夹中。

## 7.5 本章小结

本章在光场图像超分辨率重建领域，针对高维度光场有效信息挖掘与利用问题和大视差下的光场图像超分辨率重建问题开展了相关研究。本章取得的研究成果主要包括以下 2 个方面。

其一，提出了光场解耦机制，根据光场的结构特性设计了空间、角度与极平面三种特征提取子，将四维光场解耦至多个二维子空间。通过让不同的卷积层并行处理不同子空间的特征，实现了对所有视角信息的利用，同时降低了网络学习四维光场数据的难度。在公开数据集上的大量实验结果说明了本章所提解耦机制在光场图像超分辨率重建任务上的有效性。

其二，提出了一个基于退化调制的光场图像超分辨率重建网络。该网络通过将退化信息作为网络额外的输入，动态生成卷积核的权重与特征通道权重，从而差异化地处理了不同退化下的图像特征。所提算法不仅在多个光场数据集上取得了先进的超分辨率重建性能，而且也在真实光场图像上取得了较好的超分辨效果。

# 第8章　图像超分辨率重建加速算法

随着智能手机等终端设备的普及，越来越多的图像采集、展示、处理等任务在手机上完成。由于终端设备的计算资源有限，现有的图像超分辨率重建算法大多具有较高的计算复杂度，难以直接部署在终端设备上。因此，图像超分辨率重建算法的轻量化加速开始得到研究人员的广泛关注。本章首先阐述了图像超分辨率重建加速算法的研究进展与挑战，其次介绍了一种基于动态稀疏卷积的加速算法和一种基于查表的加速算法，并给出了这2种算法的代码实现，最后对本章内容进行了小结。

## 8.1　当前的进展与挑战

随着神经网络在诸多计算机视觉任务中展现出超越传统算法的巨大潜力，人们开始通过设计越来越大的网络模型来推动性能的不断提升。例如，常用的 ResNet-101 网络[59]具有 101 层结构，参数量超过四千万；常用的超分辨网络 RCAN[85]具有超过 400 层结构，参数量超过一千万。近年来，随着人工智能芯片的快速发展，智能手机、智能手表、智能眼镜等智能设备开始大量涌现，带动深度学习算法开始在机载、车载、星载的边缘处理器上部署和应用。然而，由于边缘处理器受成本、功耗、体积、散热等多方面因素的限制，与显卡等高性能处理器相比，其计算资源和计算能力非常有限①，这就给深度学习算法在端侧的部署与应用带来了巨大挑战。

为了解决神经网络在边缘处理器上的部署应用问题，研究人员

---

① 例如，英伟达 RTX 2080Ti 显卡和麒麟 990 芯片的浮点运算能力分别为 13.4 TFLOPS 和 0.9 TFLOPS。

对模型压缩和加速开展了广泛研究。权重低秩分解算法[298-300]发现神经网络中卷积层的权重矩阵是低秩的，权重向量大多分布在低秩子空间内，因此通过低秩分解的方式对权重矩阵进行分解，从而减少网络的参数量和运算量，实现网络的压缩和加速。网络剪枝算法[301-306]同样从神经网络卷积层中卷积核的冗余性入手，通过设计不同的判决准则，判断卷积核中不同滤波器（即不同通道）的重要性，并通过剪掉低重要性的滤波器来减少网络的参数量和运算量。知识蒸馏算法[307-311]发现大模型的输出可以提供额外的监督信号来训练另外一个小模型，以有效提升小模型的性能，从而将网络参数量和运算量由大模型压缩到小模型体量。常用的深度学习框架多采用32位浮点数的格式对神经网络的参数和中间数值进行存储和计算。网络量化算法[312-318]通过减少数据的比特位数，减少了网络在存储和运行过程中的内存占用，同时通过定点运算器，加快了网络的运行速度。

已有的模型压缩和加速算法大多是面向分类、检测等高层计算机视觉任务设计的。在典型的分类和检测网络中，随着层数加深，特征的空间分辨率不断减小，通道数不断增加，因而通道维度具有较高的冗余度。与分类和检测网络致力于从图像中抽取高层语义信息不同，图像超分辨率重建作为典型的低层计算机视觉任务，致力于恢复输入图像中损失的细节信息。由于在图像超分辨网络中，特征空间分辨率的缩小会造成性能的显著下降，因此在大部分网络中，特征的空间分辨率在主干网络的不同层上均保持不变。超分辨网络的这一特点导致其与分类、检测网络相比，在处理相同大小的图像（如320像素×320像素）时具有更高的计算复杂度，如表8.1所示。

表8.1 目标检测网络与图像超分辨网络对比

| 指标 | 目标检测网络 | | | 图像超分辨网络 | | |
| --- | --- | --- | --- | --- | --- | --- |
| | YOLOv4[319] | YOLOv3-tiny[320] | YOLObile[321] | VDSR[78] | CARN[234] | SRFBN-S[84] |
| 参数量/M | 64.4 | 8.9 | 4.6 | 0.7 | 1.6 | 0.3 |
| 浮点计算量/G | 35.5 | 3.3 | 4.0 | 272.5 | 99.1 | 255.3 |

为了减少图像超分辨网络的计算量，加快超分辨网络的运行速度，研究人员通过密集连接、特征复用等通用手段，设计了轻量化的网络结构。[234,322-323]这些网络在保持较好的超分辨性能的同时，也

降低了网络的计算复杂度。然而,这些网络仅采用了一些通用的网络轻量化设计策略,并没有针对图像超分辨任务的特殊性进行针对性设计。对于低分辨率图像来说,图像退化过程中损失的高频细节信息主要在边缘和纹理区域,在平滑区域的信息损失较小,因此这些区域只需要较少的计算资源。已有的神经网络没有考虑不同区域间的差异性而是同等地处理所有区域,这就导致平滑区域产生了大量的冗余计算。

为了提升超分辨网络在专用硬件上的运行效率,研究人员尝试利用网络量化算法对超分辨网络进行量化处理。[324-325] 然而,这些算法没有考虑超分辨网络中权重值和特征值的钟形长尾分布,而是采用线性量化器对网络中的浮点值进行均匀量化。直觉上,由于网络中权重值和特征值主要集中在靠近 0 的位置,这些区域的量化间隔应该适当减小。近期,一些可学习的量化算法[326-328]构造了可微的量化函数,并在网络训练中同步对量化函数进行优化,使其适配到相应的权值和特征值分布上。然而,由于特征值量化需要在推理过程中在线完成,这些复杂的量化函数在推理过程中产生了较大的计算开销,降低了量化后网络的运行速度。

针对图像超分辨中的冗余计算问题,本章在 8.2 节提出了一种基于动态稀疏卷积的神经网络加速算法。该算法通过学习空域和通道域二值掩膜,先对超分辨网络中的冗余计算进行定位,然后利用稀疏掩膜卷积动态地跳过这些冗余计算。实验结果表明,该算法能够准确地定位并跳过冗余计算,在保持网络性能的同时,可以有效地降低网络的计算复杂度,提高网络的运行速度。针对图像超分辨网络量化中特征值在线量化的效率问题,本章还在 8.3 节提出了一种基于查表的神经网络量化加速算法。该算法通过构造可微查询表作为量化函数,利用简单的查表操作加快特征值的在线量化效率。实验结果表明,该算法得到的查询表不仅能在网络训练过程中适配到权值和特征值分布上,而且还能有效地加快推理过程中的特征值在线量化速度。

## 8.2 基于动态稀疏卷积的神经网络加速算法

### 8.2.1 图像超分辨率中的稀疏性

我们首先分析图像超分辨任务的内在稀疏性,然后进一步对图像超分辨网络中的特征稀疏性进行研究。

对于一张高分辨率图像 $I^{HR}$ 和一张 4 倍降采样的低分辨率图像 $I^{LR}$,利用双三次插值和 4 倍 RCAN 超分辨网络对 $I^{LR}$ 进行超分辨,得到 $I^{SR}_{Bicubic}$ 和 $I^{SR}_{RCAN}$。图 8.1 为 $I^{SR}_{Bicubic}$、$I^{SR}_{RCAN}$ 和 $I^{HR}$ 在 Y 通道间的误差热图。从图 8.1(b)中可以看出,双三次插值得到的超分辨结果在平滑区域已经可以取得足够好的超分辨结果,只在稀疏的边缘纹理区域仍存在明显的信息损失。也就是说,图像超分辨任务具有内在的

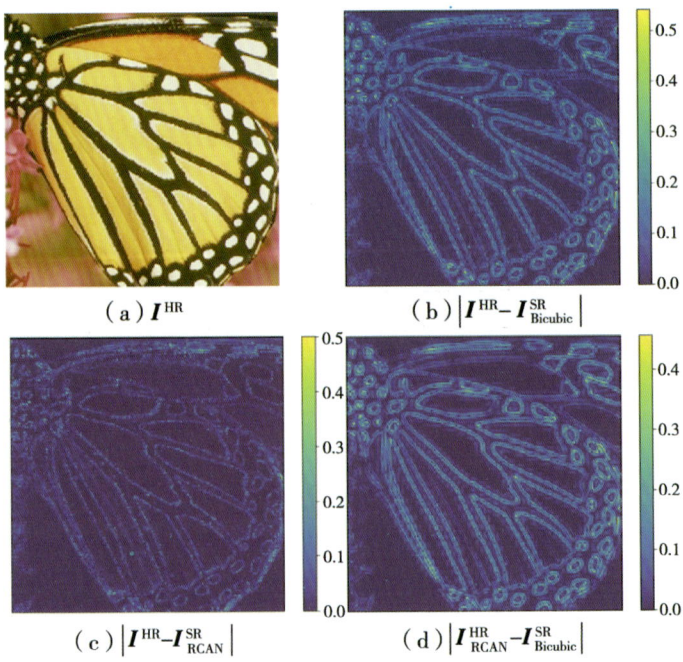

图 8.1 误差热图

稀疏性，低分辨率图像中的信息损失主要集中在稀疏的边缘纹理区域。从图8.1(c)中可以看出，与双三次插值相比，RCAN在平滑区域取得了大致相当的性能，同时更好地恢复了边缘纹理区域的细节信息。尽管RCAN聚焦于恢复边缘纹理区域中损失的高频细节信息，但网络在处理过程中也对平滑区域进行了同等的处理，导致产生了大量的冗余计算。

图8.2进一步展示了RCAN主干网络中修正线性单元(rectified linear unit，ReLU)后的特征中不同通道的稀疏性，其中稀疏度是指对应通道的特征中零响应的比例。从图8.2中可以看出，不同通道中的特征稀疏度差异较大，有75%的通道具有较高的稀疏度(>0.8)。这些通道的特征图中，仅有边缘和纹理区域具有响应值。由于修正线性单元没有激活剩余的平滑区域，这些区域在上一层中的卷积操作是冗余操作。同时，仍有少部分通道具有较低的稀疏度，也就是说这些通道的特征图中大部分位置都有响应值。从不同区域的横向对比来看，平滑区域只有少量的激活通道，而边缘纹理区域中有更多的通道被激活。这表明，网络将更多的网络容量分配给了边缘纹理区域，这也与图8.1中的发现相一致。

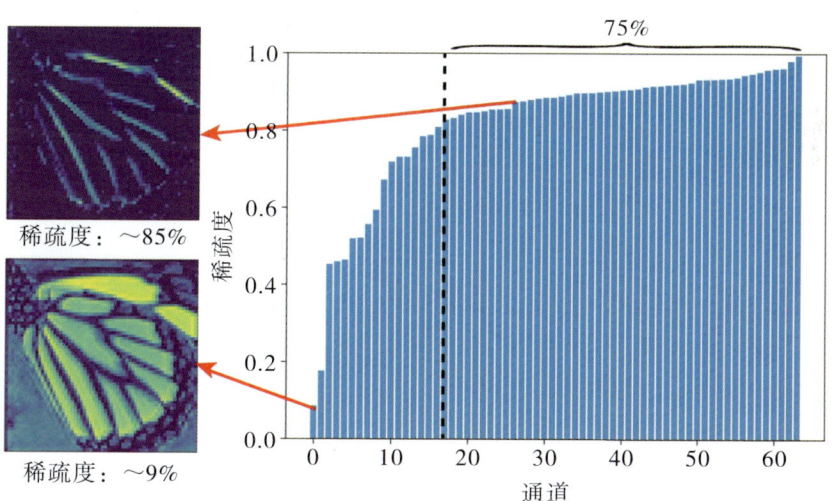

图8.2　超分辨网络中的特征稀疏性

## 8.2.2 稀疏掩膜超分辨网络

受图像超分辨率中的稀疏性启发，本章提出了稀疏掩膜超分辨网络，利用稀疏掩膜卷积在特征层面动态地跳过冗余计算，从而实现了超分辨网络的加速推理。如图 8.3 所示，对于输入的低分辨率图像，该网络首先利用 3×3 卷积提取浅层特征；其次利用 5 个稀疏掩膜模块进行深层特征的提取，同时动态地跳过特征提取过程中的冗余计算；最后利用亚像素卷积层重建得到最终的超分辨结果。

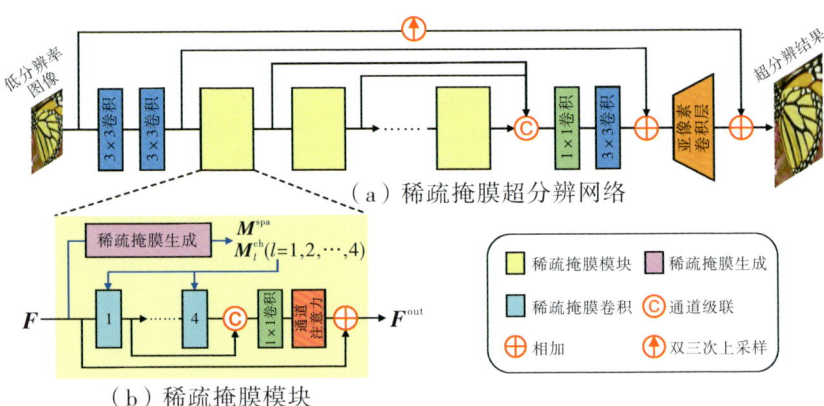

图 8.3 网络结构

稀疏掩膜模块是整个网络的核心结构，主要包括稀疏掩膜生成和稀疏掩膜卷积两部分。如图 8.3(b) 所示，在每个稀疏掩膜模块中，首先从输入的特征图 $F$ 中生成空域掩膜 $M^{spa}$ 和 4 个通道掩膜 $M_l^{ch}$（$l=1,2,\cdots,4$）对冗余计算进行定位；其次利用 4 层稀疏掩膜卷积对 $F$ 进行处理，同时根据生成的稀疏掩膜动态地跳过标记的冗余计算；最后将 4 层稀疏掩膜卷积的输出级联起来送入 1×1 卷积和通道注意力层，得到最终的输出特征 $F^{out}$。

### 8.2.2.1 稀疏掩膜生成

稀疏掩膜生成旨在生成二值化的空域掩膜和通道掩膜来定位网络中的冗余计算。由于二值掩膜中独热分布（one-hot-distribution）的不可导性，难以直接对二值掩膜进行优化，因此，本章采用了 Gumbel 重参数化技巧。在训练过程中，将独热分布软化为可导的

Gumbel Softmax 分布进行优化；在推理过程中，将 Gumbel Softmax 分布硬化为独热分布进行推理计算。

（1）训练阶段。

空域掩膜：空域掩膜主要负责标记图像中的重要区域（标记为 1）和冗余区域（标记为 0）。如图 8.4 所示，首先将输入特征 $F \in \mathbb{R}^{H \times W \times C}$ 送入 3 层沙漏网络中得到 $F^{\mathrm{spa}} \in \mathbb{R}^{H \times W \times 2}$，其次将 $F^{\mathrm{spa}}$ 送入 Gumbel Softmax 层，得到软化后的空域掩膜 $M^{\mathrm{spa}} \in \mathbb{R}^{H \times W}$：

$$M^{\mathrm{spa}}[m,n] = \frac{\exp((F^{\mathrm{spa}}[m,n,1] + G^{\mathrm{spa}}[m,n,1])/\tau)}{\sum_{i=1}^{2} \exp((F^{\mathrm{spa}}[m,n,i] + G^{\mathrm{spa}}[m,n,i])/\tau)} \quad (8.1)$$

其中，$m$ 和 $n$ 分别表示图像中的位置，$G^{\mathrm{spa}} \in \mathbb{R}^{H \times W \times 2}$ 为服从 Gumbel(0，1)分布的噪声张量，$\tau$ 为温度参数。当 $\tau$ 趋近于无穷大时，Gumbel Softmax 得到的结果趋近于均匀分布，即 $M^{\mathrm{spa}}$ 均为 0.5；当 $\tau$ 趋近于零时，Gumbel Softmax 得到的结果趋近于独热分布，即 $M^{\mathrm{spa}}$ 变成了二值掩膜。在本章实验中，先将 $\tau$ 初始化为一个较高的温度值，再不断将其退火为一个较低的温度值，最终得到二值化的空域掩膜。

通道掩膜：与空域掩膜互补，通道掩膜主要负责标记通道维度中的重要通道（标记为 1）和冗余通道（标记为 0）。其中，重要通道保留密集特征图，即特征图上全部位置的响应值均予以保留；冗余通道只保留稀疏特征图，即只保留空域掩膜中标记的重要位置处的响应值。如图 8.4 所示，将辅助变量 $S \in \mathbb{R}^{C \times 2}$ 送入 Gumbel Softmax 层，得到软化后的通道掩膜 $M^{\mathrm{ch}} \in \mathbb{R}^{C}$：

$$M^{\mathrm{ch}}[c] = \frac{\exp((S^{\mathrm{ch}}[c,1] + G^{\mathrm{ch}}[c,1])/\tau)}{\sum_{i=1}^{2} \exp((S^{\mathrm{ch}}[c,i] + G^{\mathrm{ch}}[c,i])/\tau)} \quad (8.2)$$

其中，$c$ 表示第 $c$ 个通道，$G^{\mathrm{ch}} \in \mathbb{R}^{C}$ 为服从 Gumbel(0，1)分布的噪声张量。在本章实验中，利用 N(0，1)的高斯分布对 $S$ 进行初始化。

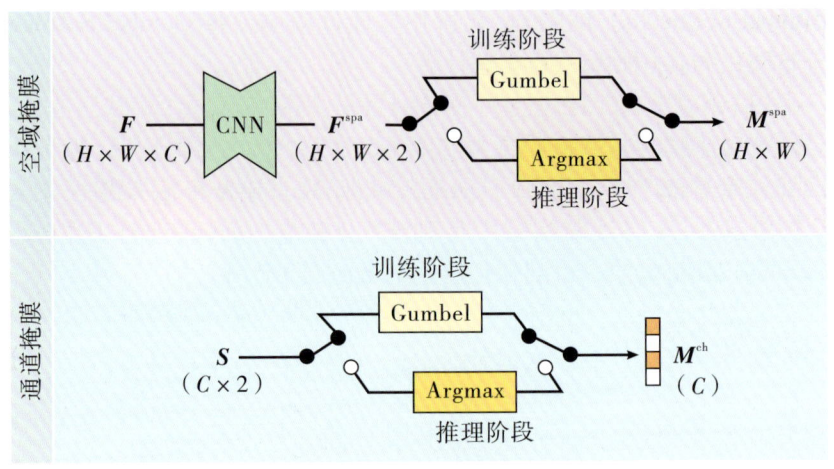

图 8.4　稀疏掩膜生成

稀疏正则：基于得到的空域掩膜和通道掩膜，将特征图中重要位置的比例定义为稀疏率 $\eta$。

$$\eta = \frac{1}{H \times W \times C} \sum_{m,n,c} \left[ (1 - M^{ch}[c]) \times M^{spa}[m,n] + M^{ch}[c] \times 1[m,n] \right] \tag{8.3}$$

其中，$\mathbf{1} \in \mathbb{R}^{H \times W}$ 表示全一矩阵。为了减少网络的计算量，提高运行速度，希望特征图中需要计算的重要位置越少越好，即稀疏率越低越好。因此，我们进一步定义了稀疏正则损失：

$$L_{reg} = \frac{1}{L} \sum_{l=1}^{L} \eta_l \tag{8.4}$$

其中，$l$ 表示第 $l$ 层稀疏掩膜卷积，$L$ 为网络中稀疏掩膜卷积的总数。

退火策略：本章在训练过程中，采用如下退火策略控制温度参数 $\tau$。

$$\tau(t) = \max\left(\tau_{min},\ \tau_{min} - \frac{t}{T}\right) \tag{8.5}$$

其中，$\tau$ 表示训练过程中的第 $\tau$ 代，$T$ 为控制温度下降速度的超参数。

（2）推理阶段。

在训练阶段，随着温度参数 $\tau$ 根据退火策略不断减小，Gumbel Softmax 分布逐渐逼近独热分布，最终得到二值化的空域掩膜和通道掩膜。因此，在推理阶段，将图 8.4 中的 Gumbel Softmax 层替换为

Argmax 层，直接得到二值化的掩膜。

#### 8.2.2.2 稀疏掩膜卷积

到二值化的空域掩膜和通道掩膜后，稀疏掩膜卷积利用掩膜标记信息动态地跳过冗余位置而只计算重要位置的卷积结果。为了在训练过程中实现可微分的跳过操作，稀疏掩膜卷积使用门控机制来模拟跳过操作。

（1）训练阶段。

由于密集特征（通道掩膜标记为1）和稀疏特征（通道掩膜标记为0）在处理方式和生成方式上都存在不同，因此稀疏掩膜卷积可以分为密集-密集、密集-稀疏、稀疏-密集、稀疏-稀疏共4个分支。为了保证在训练过程中4个分支中的梯度都可以通过反向传播对卷积核进行优化，在4个分支中使用了共享权值的卷积核，并利用门控机制来模拟冗余计算的跳过操作，如图8.5(a)所示。对于第$l$层稀疏掩膜卷积，首先，将输入特征$F$分别乘以$M_{l-1}^{ch}$和$(1-M_{l-1}^{ch})$，使输入特征中的密集特征和稀疏特征分离开，得到$F^D$和$F^S$。其次，将$F^D$和$F^S$分别送到对应的分支中进行处理，并将4个分支得到的结果分别乘以$M_l^{ch}$、$(1-M_{l-1}^{ch})$和$M^{spa}$的不同组合，得到$F^{D2D}$、$F^{D2S}$、$F^{S2D}$和$F^{S2S}$。最后，将4个分支的最终结果相加得到最终的输出特征$F^{out}$。

（2）推理阶段。

在推理阶段，稀疏掩膜卷积利用稀疏卷积显式地跳过冗余位置的计算，在4个分支中只使用卷积核对应有效的部分。如图8.5(b)所示，首先，根据$M_{l-1}^{ch}$和$M_l^{ch}$将第$l$层稀疏掩膜卷积的卷积核切分为4个子卷积核，分别用于4个分支；同时，利用$M_{l-1}^{ch}$将输入特征$F$切分为$F^D$和$F^S$。其次，将$F^D$和$F^S$分别送到分支①～④中进行处理，得到$F^{D2D}$、$F^{D2S}$、$F^{S2D}$和$F^{S2S}$。其中，分支①对全图位置都进行卷积计算，而分支②～④只对空域掩膜标记的重要位置进行卷积计算。最后，对4个分支得到的结果进行级联和相加，得到最终输出特征$F^{out}$。

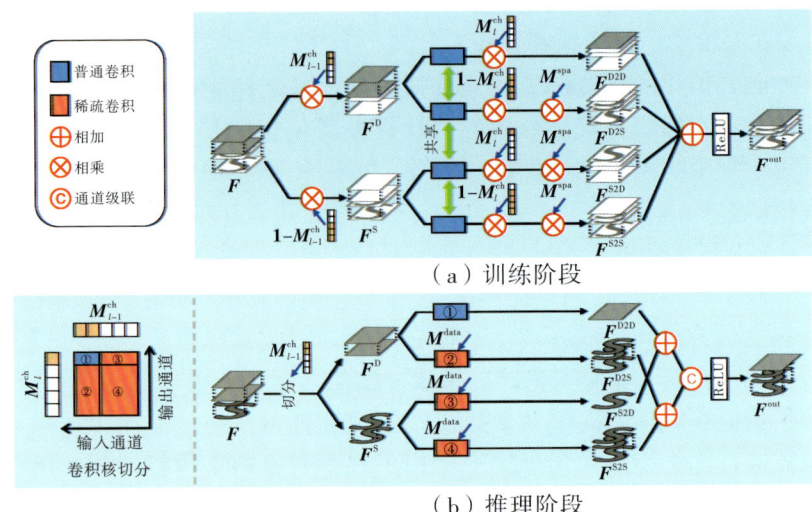

图 8.5 稀疏掩膜卷积

## 8.2.3 实验结果与分析

我们通过一系列实验对提出的动态稀疏卷积的神经网络加速算法的有效性和优越性进行验证。需要特别说明的是,本章所提算法具有较强的通用性,在单帧、双目、视频及高光谱图像超分辨网络中都可以进行应用。为了便于分析,本节实验主要在最基础的单帧图像超分辨网络上进行。首先,8.2.3.1 节对实验设置进行介绍;其次,8.2.3.2 节通过消融实验,对所提算法中的不同模块进行分析;最后,8.2.3.3 节将所提算法与已有算法在不同数据上进行对比实验,并对实验结果进行描述和分析。

### 8.2.3.1 实验设置

(1)数据集。

参照文献[234,323],本节使用 DIV2K[93] 数据集作为训练集,采用 Set5[88]、Set14[89]、B100[90]、Urban100[91] 及 Manga109[92] 5 个常用的数据集作为测试集。其中,DIV2K 数据集中的训练集包含了 800 张 2K 分辨率以上的高清图像,能提供多样化的图像内容及丰富的图像细节。

(2) 训练设置。

在实验中,首先对训练集中的高分辨率图像进行双三次降采样,得到低分辨率图像。其次,在每张低分辨率图像中随机裁取 96 像素 × 96 像素的图像块,同时也在高分辨率图像中裁取对应的高分辨率图像块。最后,对高分辨率图像块与低分辨率图像块进行随机的图像翻转和图像旋转来实现数据增强。在训练过程中,使用如下损失函数对网络进行训练:

$$L = L_{SR} + \lambda L_{reg} \tag{8.6}$$

其中,$L_{SR}$ 为超分辨结果与高分辨率图像真值间的 $L_1$ 损失,$L_{reg}$ 如式(8.4)所定义,$\lambda$ 为正则化系数。使用 Adam 优化器[202]对网络训练 1000 代,设置 $\beta_1 = 0.9$、$\beta_2 = 0.999$,初始学习率为 $2 \times 10^{-4}$,之后每 200 代后减小一半。在实验中,我们发现训练开始阶段使用较大的 $\lambda$ 会影响训练的稳定性,因此对 $\lambda$ 采用了一种预热(warm-up)策略:

$$\lambda(t) = \lambda_0 \times \min\left(\frac{t}{T_{warm}}, 1\right) \tag{8.7}$$

其中,$t$ 表示训练过程中第 $t$ 代,$\lambda_0$ 在实验中设置为 0.1,$T_{warm}$ 在实验中设置为 50。

(3) 评测指标。

我们使用 2.3 节中介绍的峰值信噪比(PSNR)进行性能评测。参照文献[81,85,203]常用的评测方案,对于 RGB 彩色图像,将图像转换至 YCbCr 空间后只在 Y 通道计算峰值信噪比值;对于灰度图像,直接在图像上计算峰值信噪比值。

#### 8.2.3.2 算法分析

我们在 Set14 数据集上开展消融实验,首先对本章提出的稀疏掩膜超分辨网络中的稀疏掩膜的有效性进行了验证,其次分析了不同稀疏度对网络性能的影响,最后对稀疏掩膜进行了可视化分析。

(1) 稀疏掩膜。

为了说明稀疏掩膜的有效性,我们设计了对比模型 1、2 和 3,其中模型 1 同时去掉了网络中的空域掩膜和通道掩膜,模型 2 只去掉了空域掩膜,模型 3 只去掉了通道掩膜。其定量结果对比如表 8.2 所示。

表 8.2　Set14 数据集上 2 倍超分辨的性能对比

| 模型 | 空域掩膜 | 通道掩膜 | 卷积 | 参数量/K | 稀疏度 | 浮点运算量 | 峰值信噪比/dB | 结构相似度 |
|---|---|---|---|---|---|---|---|---|
| 模型 1 | × | × | 普通 | 926 | 0.00 | 1.00× | 33.65 | 0.9180 |
| 模型 2 | × | √ | 普通 | 587 | 0.46 | 0.60× | 33.53 | 0.9169 |
| 模型 3 | √ | × | 稀疏 | 985 | 0.42 | 0.65× | 33.60 | 0.9176 |
| 模型 4 | √ | √ | 稀疏 | 985 | 0.46 | 0.61× | 33.64 | 0.9179 |

注：1.00× 表示一个基准，× 是一个相对值。

从表 8.2 中可以看出，当去掉空域掩膜和通道掩膜后，模型 1 中的卷积退化成普通卷积形式，对特征的全部位置进行同等处理。因此，模型 1 具有较高的浮点计算量。当只使用通道掩膜时，特征中所有空间位置的指定通道都被剪掉，此时模型 2 可以看成是模型 1 的通道剪枝结果。通过对比可以看出，与模型 1 相比，模型 2 虽然参数量由 926K 下降到了 587K，浮点计算量减少了约 40%，但同时性能也发生了较为明显的下降，峰值信噪比结果由 33.65 dB 下降到 33.53 dB。这是由于，图像中不同区域对网络容量的需求是不同的，边缘纹理区域需要更大的网络容量（即通道数）。模型 2 在进行通道剪枝时没有考虑不同区域的差异，损失了剪掉通道中边缘纹理区域的信息，因此性能发生了下降。当只使用空域掩膜时，模型 3 不能很好地处理网络性能和计算量之间的矛盾。由于平滑区域也需要部分网络容量进行计算，当空域掩膜把这些区域标记为冗余位置时，性能会发生下降；但当空域掩膜把这些区域标记为重要位置时，网络的计算量会较大。因此，与模型 1 相比，模型 3 在减少 35% 浮点计算量的同时，峰值信噪比结果由 33.65 dB 下降到了 33.60 dB。当同时使用空域掩膜和通道掩膜时，能够更精细地定位网络中的冗余计算，此时与模型 1 相比，模型 4 在减少了 39% 浮点计算量的同时仍保持了相当的峰值信噪比结果（33.64 dB）。

需要特别注意的是，在稀疏掩膜模块中，空域掩膜是随不同输入而动态变化的，而通道掩膜经过训练后是固定的，即对所有输入均保持不变。这主要是因为，当不同样本输入网络时，密集特征和稀疏特征对应的通道基本保持不变，如图 8.6 所示。从图 8.6 可以看出,对于不同的输入图像,EDSR 的第 185 个通道和 RCAN 的第 3 个通道得到的均为密集特征,而 EDSR 的第 247 个通道和 RCAN 的第 26 个通道得到的均为稀疏特征。为了进一步分析动态通道掩膜与静态通道掩膜的性能差异,设计了对比模型 5,该模型根据输入图像在线计算通道掩膜。通过表 8.3 可以看出,与模型 6 相比,使用动态通道掩膜并没有给模型 5 带来明显的性能提升,反而带来了额外的参数量和计算开销。因此,本章在提出的稀疏掩膜模块中采用了静态通道掩膜。

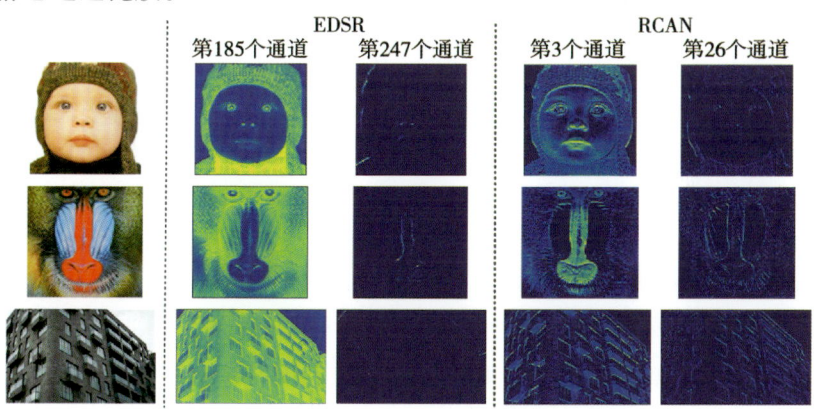

图 8.6 不同网络中的密集特征与稀疏特征

表 8.3 动态通道掩膜与静态通道掩膜的性能对比

| 模型 | $M^{ch}$ | 参数量/K | Set5 | | | Set14 | | |
|---|---|---|---|---|---|---|---|---|
| | | | 稀疏度 | 峰值信噪比/dB | 结构相似度 | 稀疏度 | 峰值信噪比/dB | 结构相似度 |
| 基准模型 | × | 985 | 0.51 | 37.97 | 0.9600 | 0.42 | 33.60 | 0.9176 |
| 模型 5 | 动态 | 1012 | 0.56 | 37.98 | 0.9602 | 0.46 | 33.62 | 0.9178 |
| 模型 6 | 静态 | 985 | 0.58 | 38.00 | 0.9601 | 0.46 | 33.64 | 0.9179 |

(2) 不同稀疏度的影响。

为了分析不同稀疏度下所提网络的性能,我们设计了对比模型 7、8 和 9,通过增大 $\lambda_0$ 并重新进行训练,得到了不同稀疏度的网络。为了对比分析不同稀疏度对网络实际运行速度的影响,我们使用英伟达 RTX 2080Ti、英特尔 I9-9900K 和麒麟 990、麒麟 810 作为显卡、CPU 和手机端的测试平台。需要特别说明的是，网络中的卷积层在不同框架下具有不同的实现形式和加速方法（如 im2col 形式[329]、Winograd 形式[330]和 FFT 形式[331]），不同计算形式在不同设备上具有不同的计算开销和存储开销。为了公平对比不同稀疏度的网络，统一采用 im2col 形式的卷积。

从表 8.4 可以看出，随着 $\lambda_0$ 不断增大，网络的稀疏度不断提高，浮点计算量和存储开销随之不断下降，同时在不同测试平台上的运行时间也不断缩短。需要特别说明的是，由于稀疏掩膜卷积需要对不规则和碎片化的内存进行访问，因此不能很好地利用显卡内存聚合（memory coalescing）的特点，需要对底层代码进行优化以提高碎片化内存的局部性（locality）和缓存命中率（cache hit rate）来提升在显卡上的运行速度[332]。因此，本章提出的稀疏掩膜超分辨网络在显卡上运行速度略慢，但在 CPU、麒麟芯片上都取得了明显的加速效果。与 IDN[322]、CARN[234] 和 FALSR-A[333] 几个对比算法相比，本章所提稀疏掩膜超分辨网络不仅能取得更高的超分辨性能，还具有更低的内存开销，同时在手机端具有更快的运行速度。

表 8.4 动态通道掩膜与静态通道掩膜的性能对比

| 模型 | 卷积 | $\lambda_0$ | 稀疏度 | 参数量/K | 浮点运算量 | 显存 | 运行时间 | | | | 峰值信噪比/dB | 结构相似度 |
| --- | --- | --- | --- | --- | --- | --- | --- | --- | --- | --- | --- | --- |
| | | | | | | | GPU | CPU | 麒麟990 | 麒麟810 | | |
| 标准模型 | 普通 | 0.0 | 0.10 | 926 | 1.00× | 1.00× | 1.00× | 1.00× | 1.00× | 1.00× | 33.65 | 0.9180 |
| 模型 7 | 稀疏 | 0.1 | 0.46 | 985 | 0.61× | 0.89× | 1.22× | 0.79× | 0.64× | 0.57× | 33.64 | 0.9179 |
| 模型 8 | 稀疏 | 0.2 | 0.64 | 985 | 0.46× | 0.87× | 1.11× | 0.73× | 0.55× | 0.50× | 33.61 | 0.9174 |
| 模型 9 | 稀疏 | 0.3 | 0.73 | 985 | 0.38× | 0.85× | 1.04× | 0.68× | 0.54× | 0.45× | 33.52 | 0.9169 |
| IDN | — | — | — | 553 | 0.57× | 0.91× | 1.04× | 0.73× | 0.71× | 0.60× | 33.30 | 0.9148 |
| CARN | — | — | — | 1592 | 0.99× | 1.01× | 1.00× | 0.89× | 0.96× | 1.15× | 33.52 | 0.9166 |
| FALSR-A | — | — | — | 1021 | 1.04× | 2.02× | 1.11× | 1.05× | 1.02× | 0.92× | 33.55 | 0.9168 |

注：×表示时间结果没有到位，是相对值。

（3）稀疏掩膜可视化分析。

我们在 Set14 数据集中的 baby 和 butterfly 这 2 张图像上对稀疏掩膜模块中得到的稀疏掩膜进行可视化分析，其结果如图 8.7 所示。从图 8.7 可以看出，空域掩膜主要将图像中的边缘和纹理区域标记

表8.6　4倍超分辨的峰值信噪比结果对比

单位：dB

| 网络 | 算法 | 参数量/M | 浮点计算量*/G | Set5 | Set14 | B100 | Urban100 |
|---|---|---|---|---|---|---|---|
| SRResNet | 基准模型 | 1.54 | 112.11 | 32.03 | 28.50 | 27.52 | 25.88 |
| | DHP | 0.95 | 69.29(↓38.2%) | 31.97 | 28.47 | 27.48 | 25.76 |
| | Basis | 0.74 | 67.51(↓39.8%) | 31.90 | 28.42 | 27.44 | 25.65 |
| | 本章算法 | 1.58 | 72.65(↓35.2%) | **32.03** | **28.52** | **27.52** | **25.97** |
| | DHP | 0.64 | 46.82(↓58.2%) | 31.90 | 28.45 | 27.47 | 25.72 |
| | Basis | 0.60 | 55.72(↓50.3%) | 31.84 | 28.38 | 27.39 | 25.54 |
| | 本章算法 | 1.54 | 54.26(↓51.6%) | **31.95** | **28.47** | **27.49** | **25.89** |
| IMDN | 基准模型 | 0.72 | 41.22 | 32.21 | 28.58 | 27.56 | 26.04 |
| | Basis | 0.60 | 34.16(↓17.1%) | 32.04 | 28.47 | 27.49 | 25.79 |
| | 本章算法 | 0.77 | 32.12(↓22.1%) | **32.11** | **28.55** | **27.53** | **26.02** |
| | Basis | 0.45 | 24.52(↓40.5%) | 31.98 | 28.44 | 27.46 | 25.74 |
| | 本章算法 | 0.77 | 23.77(↓42.3%) | **32.08** | **28.52** | **27.51** | **25.98** |

注：*使用一张尺寸为320像素×180像素的低分辨率图像作为输入，计算网络的浮点计算量。

### 8.2.3.3　实验结果

接下来，我们将本章提出的稀疏掩膜超分辨网络与11个单帧图像超分辨网络，包括 SRCNN[77]、VDSR[78]、DRCN[217]、LapSRN[218]、MemNet[71]、SRFBN-S[84]、IDN[322]、CARN[234]、FALSR-A[733]、ECBSR[336] 和 ClassSR[337] 等进行定量和定性对比。需要特别说明的是，本章聚焦于轻量级的超分辨网络（即参数量小于2M），因此没有与一些大模型超分辨网络（如 EDSR[81]、RCAN[85] 和 SAN[86] 等）进行对比。

（1）定量结果。

从表8.7可以看出，本章提出的稀疏掩膜超分辨网络在大部分数据集上取得了比已有算法更好的性能。在2倍超分辨任务下，与CARN 相比，本章算法取得了更高的峰值信噪比结果，同时模型的参数量和浮点计算量分别减少了38%和41%。在相同的模型参数量下，本章算法的峰值信噪比结果高于 FALSR-A，同时浮点计算量从234.7G 减少到了131.6G。在相同浮点计算量下，本章算法取得了比 ECBSR 更高的超分辨性能。在4倍超分辨任务下，与 ECBSR 和 ClassSR 相比，本章算法在保持相当浮点计算量的同时，峰值信噪比结果取得了显著的提升。利用稀疏掩膜跳过冗余位置的计算，本章所提算法在 2 倍、3 倍和 4 倍超分辨任务上分别节省了 41%、33% 和 27% 的计算量。

(2) 可视化结果。

图 8.11 展示了不同算法的 4 倍超分辨结果。通过局部细节放大图可以看出，本章所提算法能够更好地恢复图像中的细节信息。例如，在图像 img_004 上，其他对比算法得到的结果中网格均发生了明显的变形和扭曲；相比之下，本章算法得到的超分辨结果中网格更加清晰。同时在图像 ppt3 上，其他对比算法都不能清晰地恢复图中的文字 "Ell"，超分辨结果中具有明显的模糊效应，文字辨识困难；相比之下，本章算法得到的结果中文字 "Ell" 更容易辨识。

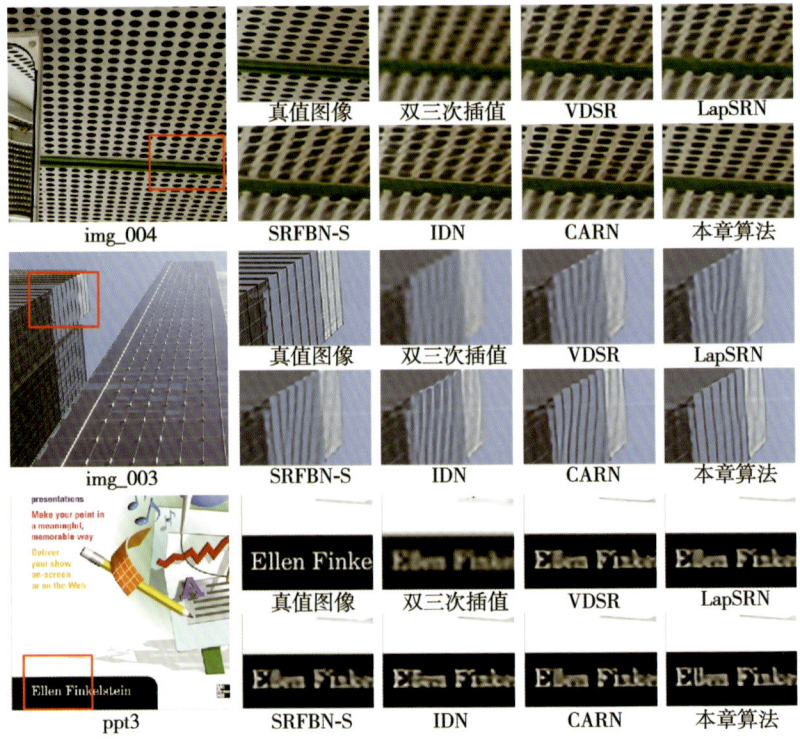

图 8.11 不同算法的 4 倍超分辨结果对比

图 8.12 进一步对比了不同算法在真实低分辨率图像上的可视化结果。通过局部细节放大图可以看出，与其他对比算法相比，本章

所提算法能够更好地恢复窗户以及建筑物上的条纹，取得了更加清晰的视觉效果。这表明本章算法与其他算法相比，在真实场景上具有更好的泛化能力。

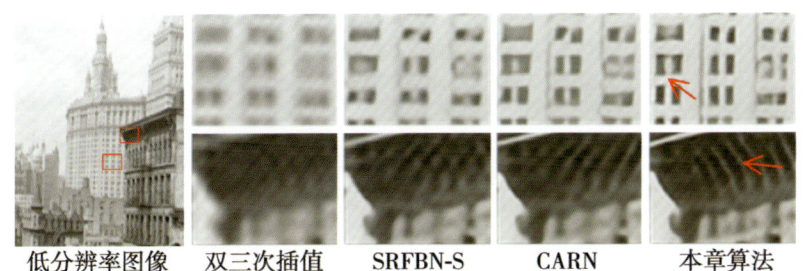

图 8.12 真实低分辨率图像上的 4 倍超分辨结果对比

表 8.7 不同放大倍率下的性能对比

| 方法 | 放大倍率 | 参数量/K | 浮点运算量/G | 峰值信噪比(单位为 dB)/结构相似度 | | | | |
|---|---|---|---|---|---|---|---|---|
| | | | | Set5 | Set14 | B100 | Urban100 | Mango109 |
| 双三次插值 | ×2倍 | — | — | 33.66/0.9299 | 30.24/0.8688 | 29.56/0.8431 | 26.88/0.8403 | 30.80/0.9339 |
| SRCNN | | 57 | 52.7 | 36.66/0.9542 | 32.45/0.9067 | 31.36/0.8879 | 29.50/0.8946 | 35.60/0.9663 |
| VDSR | | 665 | 612.6 | 37.53/0.9590 | 33.05/0.9130 | 31.90/0.8960 | 30.77/0.9140 | 37.22/0.9750 |
| DRCN | | 1774 | 9788.7 | 37.63/0.9588 | 33.04/0.9118 | 31.85/0.8942 | 30.75/0.9133 | 37.55/0.9732 |
| LapSRN | | 813 | 29.9 | 37.52/0.9591 | 33.08/0.9130 | 31.08/0.8950 | 30.41/0.9101 | 37.27/0.9740 |
| MemNet | | 677 | 623.9 | 37.78/0.9597 | 33.28/0.9142 | 32.08/0.8978 | 31.31/0.9195 | 37.72/0.9740 |
| SRFBN-S | | 282 | 574.4 | 37.78/0.9597 | 33.35/0.9156 | 32.00/0.8970 | 31.41/0.9207 | 38.06/0.9757 |
| IDN | | 553 | 127.7 | 37.83/0.9600 | 33.30/0.9148 | 32.08/0.8985 | 31.27/0.9196 | 38.01/0.9749 |
| CARN | | 1592 | 222.8 | 37.76/0.9590 | 33.52/0.9166 | 32.09/0.8978 | 31.92/0.9256 | 38.36/0.9765 |
| FALSR-A | | 1021 | 234.7 | 37.82/0.9595 | 33.55/0.9168 | 32.12/0.8987 | 31.93/0.9256 | — |
| ECBSR | | 596 | 137.3 | 37.90/**0.9615** | 33.34/0.9178 | 32.10/**0.9018** | 31.71/0.9250 | — |
| 本章算法 | | 985 | 131.6 | **38.00**/0.9601 | **33.64**/**0.9179** | **32.17**/0.8990 | **32.19**/**0.9284** | **38.76**/**0.9771** |

续表

| 方法 | 放大倍率 | 参数量/K | 浮点运算量/G | 峰值信噪比(单位为 dB)/结构相似度 | | | | |
|---|---|---|---|---|---|---|---|---|
| | | | | Set5 | Set14 | B100 | Urban100 | Mango109 |
| 双三次插值 | ×3 倍 | — | — | 30.39/0.8682 | 27.55/0.7742 | 27.21/0.7385 | 24.46/0.7349 | 26.95/0.8556 |
| SRCNN | | 57 | 52.7 | 32.75/0.9090 | 29.30/0.8215 | 28.41/0.7863 | 26.24/0.7989 | 30.48/0.9117 |
| VDSR | | 665 | 612.6 | 33.67/0.9210 | 29.78/0.8320 | 28.83/0.7990 | 27.14/0.8290 | 32.01/0.9340 |
| DRCN | | 1774 | 9788.7 | 33.82/0.9226 | 29.76/0.8311 | 28.80/0.7963 | 27.14/0.8279 | 32.24/0.9343 |
| MemNet | | 677 | 623.9 | 34.09/0.9248 | 30.01/0.8350 | 28.96/0.8001 | 27.56/0.8376 | 32.51/0.9369 |
| SRFBN-S | | 375 | 686.4 | 34.20/0.9255 | 30.10/0.8372 | 28.96/0.8010 | 27.66/0.8415 | 33.02/0.9404 |
| IDN | | 553 | 57.0 | 34.11/0.9253 | 29.99/0.8354 | 28.95/0.8013 | 27.42/0.8359 | 32.71/0.9381 |
| CARN | | 1592 | 118.8 | 34.29/0.9255 | 30.29/0.8407 | 29.06/0.8034 | 28.06/0.8493 | 33.50/0.9440 |
| 本章算法 | | 993 | 67.8 | <u>34.40/0.9270</u> | <u>30.33/0.8412</u> | <u>29.10/0.8050</u> | <u>28.25/0.8536</u> | <u>33.68/0.9445</u> |
| 双三次插值 | ×4 倍 | — | — | 28.42/0.8104 | 26.00/0.7027 | 25.96/0.6675 | 23.14/0.6577 | 24.89/0.7866 |
| SRCNN | | 57 | 52.7 | 30.48/0.8628 | 27.50/0.7513 | 26.90/0.7101 | 24.52/0.7221 | 27.58/0.8555 |
| VDSR | | 665 | 612.6 | 31.35/0.8830 | 28.02/0.7680 | 27.29/0.7260 | 25.18/0.7540 | 28.83/0.8870 |
| DRCN | | 1774 | 9788.7 | 31.53/0.8854 | 28.02/0.7670 | 27.23/0.7233 | 25.18/0.7524 | 28.93/0.8854 |
| LapSRN | | 813 | 149.4 | 31.54/0.8850 | 28.19/0.7720 | 27.32/0.7270 | 25.21/0.7560 | 29.09/0.8900 |
| MemNet | | 677 | 623.9 | 31.74/0.8893 | 28.26/0.7723 | 27.40/0.7281 | 25.50/0.7630 | 29.42/0.8942 |

续表

| 方法 | 放大倍率 | 参数量/K | 浮点运算量/G | 峰值信噪比(单位为 dB)/结构相似度 | | | | |
|---|---|---|---|---|---|---|---|---|
| | | | | Set5 | Set14 | B100 | Urban100 | Mango109 |
| SRFBN-S | ×4倍 | 483 | 852.9 | 31.98/0.8923 | 28.45/0.7779 | 27.44/0.7313 | 25.71/0.7719 | 29.91/0.9008 |
| IDN | | 553 | 32.3 | 31.82/0.8903 | 28.25/0.7730 | 27.41/0.7297 | 25.41/0.7632 | 29.41/0.8942 |
| CARN | | 1592 | 90.9 | **32.13**/0.8937 | **28.60**/0.7806 | **27.58**/0.7349 | 26.07/0.7837 | 30.47/0.9084 |
| ECBSR | | 602 | 34.7 | 31.92/**0.8946** | 28.34/**0.7817** | 27.48/**0.7393** | 25.81/0.7773 | — |
| ClassSR | | 645 | 44.7 | 31.82/0.8864 | 28.30/0.7740 | 27.37/0.7250 | 25.58/0.7669 | 29.77/0.8956 |
| 本章算法 | | 1006 | 41.6 | 32.12/0.8932 | 28.55/0.7808 | 27.55/0.7351 | **26.11**/0.7868 | **30.54**/**0.9085** |

注：对于2倍，3倍超分辨任务，分别使用一张尺寸为640像素×360像素，425像素×240像素和320像素×180像素的低分辨率图像作为输入，计算网络的浮点数计算量。

## 8.3 基于查表的神经网络量化加速算法

### 8.3.1 网络量化理论基础

神经网络量化致力于用低精度(如4比特)的数值来表示神经网络中全精度(一般为32位浮点数)的权值和特征值,以减少网络的存储开销,同时利用定点运算器,加速网络的推理过程。根据量化网络得到方式的不同,神经网络的量化算法可以分为后训练量化和量化感知训练两大类。给定训练好的全精度网络,后训练量化算法[338-341]是一种离线量化算法,其不再对网络进行训练,而直接对网络中的权值和特征值进行量化。这类算法操作简单,主要适用于无法获取训练数据等情况下的网络量化,但由于无法对量化后的网络进行微调,量化后网络的性能通常相对较低。与后训练量化算法不同,量化感知训练算法[342-346]在量化的过程中利用训练数据对网络进行再训练,使网络参数能够更好地适应量化后的信息损失,因此其性能通常优于后训练量化算法。鉴于量化感知训练算法在性能上的优势,本节主要关注这一类算法。

根据量化值的分布情况,神经网络的量化算法也可以分为均匀量化(uniform quantization)和非均匀量化(non-uniform quantization)两大类。均匀量化算法[314,347]利用等间隔、均匀分布的量化值对浮点数进行量化,如{0,1,2,3};非均匀量化算法[348-350]利用不等间隔、非均匀分布的量化值对浮点数进行量化,如{0,1,2,4}。均匀量化得到的等间隔量化值可以利用通用的定点运算器进行加速运算,因此在实际中应用更为广泛。非均匀量化考虑了权重值和特征值的钟形长尾分布特点,在0附近位置的量化间隔更小,量化值分布更密,量化误差更小,其性能通常优于均匀量化算法。但非均匀量化算法一般需要专用硬件的支持才能实现加速。鉴于此,本章主要关注均匀量化算法。

由于神经网络主要由卷积层组成,因此网络量化主要针对网络中的卷积层进行量化。对于网络中的某一卷积层,网络量化分为截断、量化、卷积计算及反量化 4 步，如图 8.13 所示。为了便于展示和理解，这里没有考虑卷积层中的偏置项（bias）。

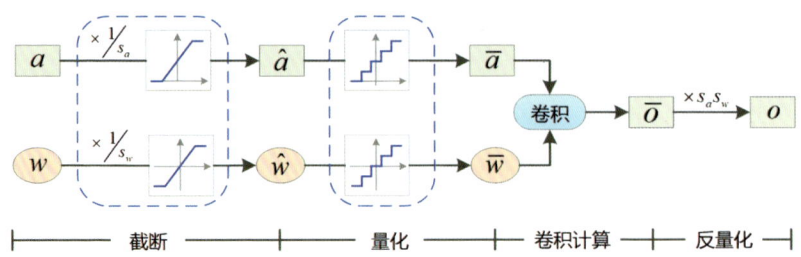

图 8.13　网络量化示意

首先，对于输入卷积层的特征图中的每一个响应值 $a$ 及该层卷积核中的每一个权值 $w$，先利用缩放系数 $s_a$ 和 $s_w$ 对其进行缩放；后利用截断函数将缩放后的值分别限制在量化表示范围内（对于 $b$ 比特量化，将 $a$ 和 $w$ 分别限制在 $[0, 2^{b}-1]$ 和 $[-2^{b-1}-1, 2^{b-1}-1]$），得到 $\hat{a}$ 和 $\hat{w}$。

其次，利用量化函数对上一步得到的 $\hat{a}$ 和 $\hat{w}$ 进行量化，将连续的浮点数映射到离散的定点整数上，得到量化后的 $\bar{a}$ 和 $\bar{w}$。

接着，利用量化后得到的 $\bar{a}$ 和 $\bar{w}$ 进行卷积操作，得到输出结果 $\bar{o}$。由于量化后得到的 $\bar{a}$ 和 $\bar{w}$ 变成了定点整数，因此卷积操作可以利用定点运算进行加速。

最后，利用缩放系数 $s_a$ 和 $s_w$ 对输出结果 $\bar{o}$ 进行反量化，将定点数重新反量化为浮点数 $o$。

量化感知训练在考虑上述量化过程的基础上，致力于对量化后网络进行进一步的训练以提高网络的性能。由于量化后得到的离散值具有不可导性，网络无法进行训练。为了解决这一问题，一般采用伪量化（图 8.14）的方式，在维持特征值和权重值为浮点数的前提下，模拟推理过程中的量化，这样既保证网络可以正常训练，又使其在推理阶段可以利用定点计算实现加速。对于网络中的某一卷积层，网络伪量化可以分为截断、量化和卷积计算 3 步。

首先，对于输入卷积层的特征图中的每一个响应值 $a$ 及该层卷积核中的每一个权值 $w$，先利用缩放系数 $s_a$ 和 $s_w$ 对其进行缩放；后利用截断函数将缩放后的值分别限制在 $[0, 1]$ 和 $[-1, 1]$ 范围内，

得到 $\hat{a}$ 和 $\hat{w}$。具体过程如式(8.8)所示：

$$\begin{cases} \hat{w} = \text{clip}(w/s_w) \\ \hat{a} = \text{clip}(a/s_a) \end{cases} \tag{8.8}$$

其次，利用量化函数对上一步得到的 $\hat{a}$ 和 $\hat{w}$ 进行量化，并乘以对应的缩放系数 $s_a$ 和 $s_w$，得到量化后的 $\bar{a}$ 和 $\bar{w}$。具体过程如式(8.9)所示：

$$\begin{cases} \bar{w} = s_w \cdot Q(\hat{w}/Q_w) \\ \bar{a} = s_a \cdot Q(\hat{a}/Q_a) \end{cases} \tag{8.9}$$

其中，$Q_w$ 和 $Q_a$ 分别表示权重值和特征值的量化值数量，$Q(\cdot)$ 表示浮点数到量化值集合的映射函数。对于特征值 $a$ 来说，量化值集合为 $\left\{0, \dfrac{1}{Q_a}, \cdots, \dfrac{Q_a-1}{Q_a}, 1\right\}$；对于权重值 $w$ 来说，量化值集合为 $\left\{-1, \cdots, -\dfrac{1}{Q_w}, 0, \dfrac{1}{Q_w}, \cdots, 1\right\}$。对于 $b$ 比特量化来说，$Q_a = 2^b - 1$，$Q_w = 2^{b-1} - 1$。

最后，利用量化后得到的 $\bar{a}$ 和 $\bar{w}$ 进行卷积操作，得到输出结果 $o$。需要特别说明的是，量化后得到的 $\bar{a}$ 和 $\bar{w}$ 仍为浮点数。

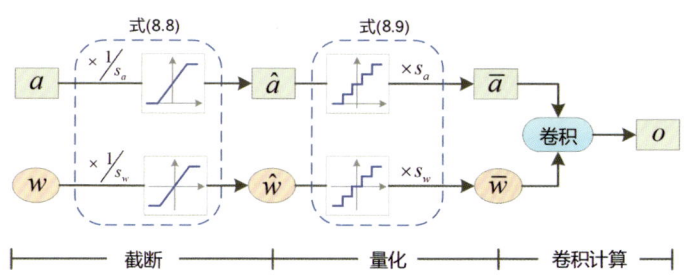

图8.14　网络伪量化示意

式(8.9)中的量化函数 $Q(\cdot)$ 是量化感知训练的关键。已有算法[312,351-352]主要利用线性量化器(即round函数)作为量化函数，将浮点数均匀地映射到临近的量化值上，如图8.15(a)所示。然而，这些算法没有考虑特征值和权重值的钟形长尾分布，限制了量化后模型的性能。本章利用可微分查询表作为量化函数，使其随网络一起被优化，能更好地适配网络中特征值和权重值的分布。

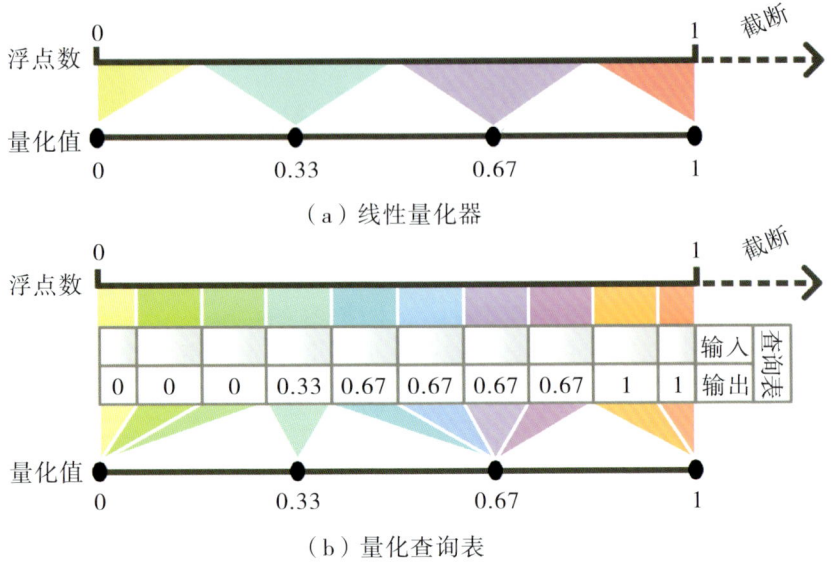

图 8.15 线性量化器与量化查询表对比

## 8.3.2 可微分量化查询表

(1)量化查询表构造。

如图 8.15(b)所示,本章使用量化查询表作为量化函数,将浮点值映射到量化值上,完成网络量化过程。由于查询表本身是离散的,具有不可导性,难以直接对其进行优化训练。为了解决这一问题,我们对量化查询表进行简化。首先,将量化函数划分为 3 个缩放的阶跃函数,如图 8.16(a)所示。需要特别说明的是,为了不引入额外的量化误差,本章认为正好等于量化值的浮点值[如图 8.15(b)中的 $a=1/3$]不应该被映射到其他量化值。因此,我们将量化查询表中的对应单元锚定到对应的量化值上。其次,将量化查询表相应地切分成 3 个二值化的子表,其中每个子表对应一个阶跃函数,如图 8.16(b)所示。理论上,一个阶跃函数可以看成是一个冲激函数的积分结果,因此,可以先利用 $K$ 个辅助参数 $\{t_1, t_2, \cdots, t_K\}$ 来模拟一个冲激函数[图 8.16(d)],之后通过累积得到阶跃函数[图 8.16(c)],这一过程也可以看成是对阶跃函数的求导过程。通过以上步骤,将复杂的量化查询表简化为多个独热分布。由于独热分布的优化问题已经得到了较好的研究,因此可以通过对独热分布的优化实现对量化查询表的训练。

在训练过程中,首先将独热分布软化为带温度参数的 Softmax 分布 $\{p_1, p_2, \cdots, p_K\}$,如图 8.16(e)所示。

$$p_i = \frac{\exp(g_i/\tau)}{\sum_i^K \exp(g_i/\tau)} \tag{8.10}$$

其中,$g_i$ 为可学习参数,$\tau$ 为温度参数。其次,对 $\{p_1, p_2, \cdots, p_K\}$ 进行积累,得到一个子表,如图 8.16(f)所示。最后,重复以上操作,将得到的子表进行组合和缩放,得到最终的量化查询表,如图 8.16(h)所示。

在本章实验中,$g_i$ 被初始化为 0,因此带温度参数的 Softmax 分布被初始化为均匀分布。随着温度参数 $\tau$ 在训练过程中不断从较高温度退火到较低温度,带温度参数的 Softmax 分布逐渐收敛到独热分布。因此,每个子表逐步二值化,整个量化查询表最终演化为浮点数到量化值的映射,实现量化函数功能。

(2)可微分查表。

得到量化查询表后,需要利用查询表对浮点数进行伪量化,将其映射为量化值,如图 8.15 所示。在网络中的某一卷积层,对于一个浮点特征值 $a$ 和浮点权重值 $w$,首先根据式(8.8)计算得到 $\hat{a}$ 和 $\hat{w}$;其次,利用量化查询表作为式(8.9)中的量化函数,将 $\hat{a}$ 和 $\hat{w}$ 映射为量化值,并分别乘以缩放系数 $s_a$ 和 $s_w$ 得到 $\bar{a}$ 和 $\bar{w}$;最后,利用 $\bar{a}$ 和 $\bar{w}$ 作为经过伪量化的特征值和权重值,继续向后进行前向传播,计算网络的损失函数。

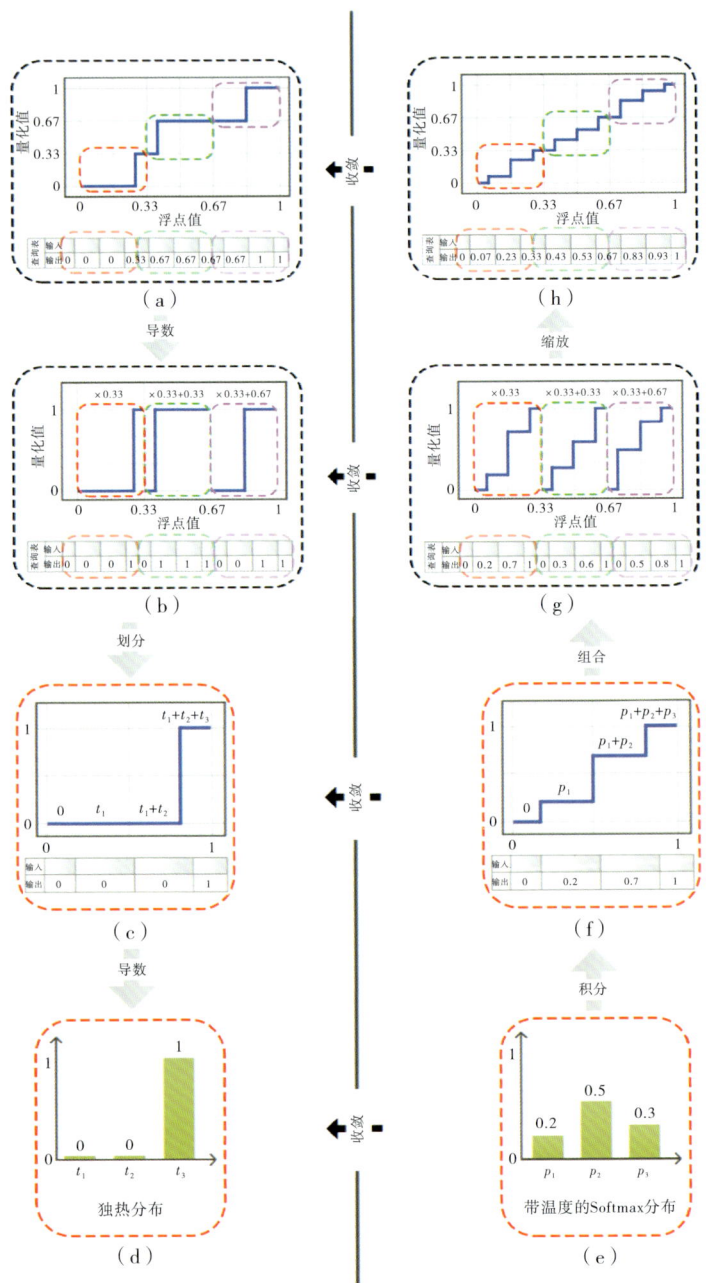

图 8.16 量化查询表构造

在反向传播过程中，利用直通估计器(straight through estimator, STE)[353]计算量化查询表、浮点特征值 $a$ 和浮点权重值 $w$ 的梯度。以浮点特征值 $a$ 为例，假定 $\mathcal{Q}(\hat{a}, Q_a) = p_1$，那么可以得到量化查询表 $p_1$ 和特征值 $a$ 的导数如下：

$$\frac{\partial \bar{a}}{\partial p_1} = \frac{\partial(s_a \cdot \mathcal{Q}(\hat{a}, Q_a))}{\partial p_1}$$

$$= s_a \frac{\partial \mathcal{Q}(\hat{a}, Q_a)}{\partial p_1}$$

$$= s_a \cdot 1$$

$$= s_a \tag{8.11}$$

$$\frac{\partial \bar{a}}{\partial a} = \frac{\partial(s_a \cdot \mathcal{Q}(\hat{a}, Q_a))}{\partial a}$$

$$= s_a \frac{\partial \mathcal{Q}(\hat{a}, Q_a)}{\partial \hat{a}} \frac{\partial \hat{a}}{\partial a}$$

$$= s_a \cdot 1 \cdot \frac{\partial \hat{a}}{\partial a}$$

$$= s_a \frac{\partial \mathrm{clip}(a/s_a)}{\partial a}$$

$$= \begin{cases} 1, & a < s_a \\ 0, & \text{其他} \end{cases} \tag{8.12}$$

对于缩放系数 $s_a$，采用文献[312]中提出的梯度形式对其进行训练，即：

$$\frac{\partial \bar{a}}{\partial s_a} = \frac{\partial(s_a \cdot \mathcal{Q}(\hat{a}, Q_a))}{\partial s_a}$$

$$= \frac{\partial s_a}{\partial s_a} \mathcal{Q}(\hat{a}, Q_a) + s_a \frac{\partial \mathcal{Q}(\hat{a}, Q_a)}{\partial s_a}$$

$$= \mathcal{Q}(\hat{a}, Q_a) + s_a \frac{\partial \mathcal{Q}(\hat{a}, Q_a)}{\partial \hat{a}} \frac{\partial \hat{a}}{\partial s_a}$$

$$= p_1 + s_a \cdot 1 \cdot \frac{\partial \mathrm{clip}(a/s_a)}{\partial s_a}$$

$$= \begin{cases} p_1 - \dfrac{a}{s_a}, & a < s_a \\ p_1, & \text{其他} \end{cases} \tag{8.13}$$

（3）训练策略。

为了增强量化后网络训练过程中的稳定性，提升量化查询表的收敛性，本小节我们介绍训练过程中采用的 2 个训练策略以及温度退火策略。

指数形式的缩放系数：式(8.8)中的缩放系数 $s_a$ 和 $s_w$ 主要用于将浮点特征值 $a$ 和权重值 $w$ 缩放到[0，1]和[-1，1]内，二者均为正数。在实验中，我们观察到缩放系数在训练过程中可能会发生符号翻转，从而影响网络的正常收敛。为了解决这一问题，本章提出了指数形式的缩放系数：

$$\begin{cases} s_w = \exp(e_w) \\ s_a = \exp(e_a) \end{cases} \quad (8.14)$$

在训练时，使用卷积层全精度卷积核的标准差[即 $\ln(3\sigma_w)$]对 $e_w$ 进行初始化，同时使用第一次迭代过程中特征值的标准差[即 $\ln(3\sigma_a)$]对 $e_a$ 进行初始化。

梯度缩放：除上述缩放系数符号的翻转现象外，在实验中我们还发现量化查询表不同单元的梯度具有严重的不平衡性，如图 8.17 所示。该图展示了量化查询表中不同单元 100 次迭代的平均归一化梯度幅值。由于全精度特征值和权重值为钟形长尾分布，在利用量化查询表进行查表操作时，落入查询表中不同单元的浮点数数目严重不同，导致靠近 0 的单元上聚合梯度的幅值远大于靠近 1 的单元，如图 8.17 中蓝线所示，进而主导了整个量化查询表的更新和训练。

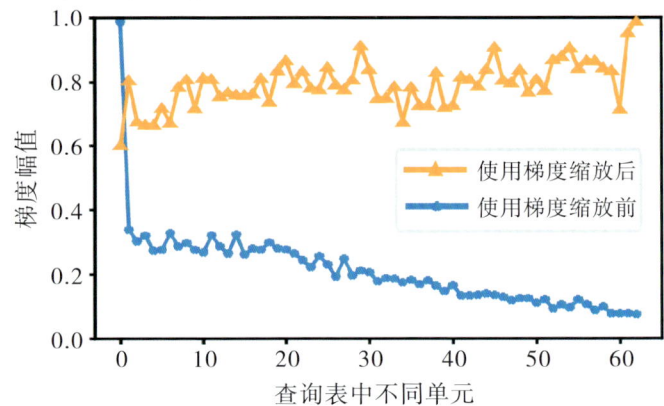

图 8.17 量化查询表中不同单元间的梯度不平衡

为了解决这一问题，本章提出了梯度缩放策略，将量化查询表

中第 $i$ 个单元的梯度 $g_i$ 乘以 $\frac{N_{\text{avg}}}{\sqrt{N_i}}$。其中，$N_{\text{avg}}$ 表示查表过程中平均每个单元的浮点数数量，$N_i$ 表示第 $i$ 个单元中的浮点数数量。利用梯度缩放策略，不同单元间的梯度不平衡被很好地平衡掉了，如图 8.17 中橙线所示。

退火策略：在本章实验中，将式 (8.10) 中的温度参数 $\tau$ 初始化为较高温度，并逐步将其降温至较低温度。具体来说，使用式 (8.15) 所示的指数退火策略对温度参数进行控制：

$$\tau(t) = \begin{cases} \tau_0 \times \left(\dfrac{\tau_1}{\tau_0}\right)^{\frac{t}{MT_{\text{iter}}}}, & n < MT_{\text{iter}} \\ \tau_1, & \text{其他} \end{cases} \quad (8.15)$$

其中，$\tau_0$ 和 $\tau_1$ 分别为初始温度和最终温度，$t$ 表示训练过程中的迭代次数，$T_{\text{iter}}$ 表示训练过程中每代（epoch）的迭代次数，$M$ 表示控制训练过程中学习率的下降速率。

### 8.3.3 实验结果与分析

由于已有的大部分神经网络量化算法是在图像分类任务上进行评测的，为了与这些算法进行对比，本节首先在图像分类任务上与这些算法进行对比，之后又在图像超分辨任务上与部分具有代表性的算法进行对比。需要特别说明的是，本章所提算法具有较强的通用性，在单帧、双目、视频及高光谱图像超分辨网络中都可以进行应用。为了便于分析，本节实验主要在最基础的单帧图像超分辨网络上进行。具体来说，首先，8.3.3.1 节对实验设置进行介绍；其次，8.3.3.2 节将所提算法与已有算法在图像分类和图像超分辨任务上进行对比实验，并对实验结果进行描述和分析；最后，8.3.3.3 节通过消融实验，对所提算法中的不同模块进行分析。

#### 8.3.3.1 实验设置

本章主要在图像分类和图像超分辨任务上进行对比实验，接下来将分别对不同任务不同数据集上的实验设置进行介绍。

（1）图像分类任务。

本章在图像分类任务的实验中共使用了 CIFAR-10[354] 和 ImageNet(ILSVRC-2012)[355] 这 2 个数据集。

(a) CIFAR-10 数据集。

数据集：CIFAR-10 数据集共包含 50K 张训练图像和 10K 张测试图像，所有图像均为 32 像素×32 像素大小。数据集共包含猫、狗、飞机等 10 类目标。

训练设置：参照已有算法[326,328,356]中常用的训练设置，使用 ResNet-20[58]和 VGG-Small[357]作为基准网络进行量化。对于 ResNet-20，使用文献[349]提供的全精度模型对网络进行初始化；对于 VGG-Small，首先训练一个全精度模型用于参数初始化。参照文献[326，352]中的量化设置，不对网络中第一层和最后一层进行量化。

在训练过程中，先对原始的 32 像素×32 像素的图像四周进行 4 个像元的补零操作；后在补零后的图像中随机裁取 32×32 的图像块。本章通过对训练样本的随机旋转和翻转实现数据增强。使用交叉熵损失（cross-entropy loss）作为损失函数对量化后的网络进行训练。使用随机梯度下降（stochastic gradient descent，SGD）优化器对网络训练 200 代，批次大小设置为 200，动量大小设置为 0.9。式（8.15）中的 $\tau_0$、$\tau_1$ 和 $M$ 分别设置为 1、0.001 和 50。对于 ResNet-20，学习率初始化为 0.01 且在第 80 代和 120 代减小为原来的 0.1，权重衰减设置为 $1\times10^{-4}$，同时对梯度幅值超过 5 的梯度进行裁剪。对于 VGG-Small，学习率初始化为 0.02 且在第 80 代和 160 代减小为原来的 0.1，权重衰减设置为 $5\times10^{-4}$，同时对梯度幅值超过 3 的梯度进行裁剪。

评测指标：参照已有算法[326,328,356]中常用的评测设置，使用 Top-1 准确率作为评测指标对不同算法进行对比。

(b) ImageNet 数据集。

数据集：ImageNet 数据集包括约 1.2M 张训练图像和 50K 张验证图像。数据集共包括 1000 类图像。

训练设置：参照已有算法[326,328,356]中常用的训练设置，使用 ResNet-18[59]作为基准网络进行量化。使用 Torchvision 库提供的全精度模型对网络进行初始化。参照文献[326，352]中的量化设置，不对网络中第一层和最后一层进行量化。

在训练过程中，先将原始图像的短边缩放到 256，后在图像中随机裁取 224 像素×224 像素的图像块。本章通过对图像的随机水平翻转实现数据增强。使用交叉熵损失（cross-entropy loss）作为损失函数对网络进行训练。使用 SGD 优化器对网络训练 120 代,批次大小设置为 1024,动量大小设置为 0.9,同时对梯度幅值超过 5 的梯度进行裁剪。将式(8.15)中的 $\tau_0$、$\tau_1$ 和 $M$ 分别设置为 1、$1 \times 10^{-3}$ 和 30,学习率初始化为 0.01 且在第 30 代、60 代和 90 代减小为原来的 0.1。对于 4 比特或者 3 比特量化,权重衰减设置为 $1 \times 10^{-5}$;对于 2 比特量化,权重衰减设置为 $2 \times 10^{-5}$。

评测指标:参照已有算法[326,328,356]中常用的评测设置,使用 Top-1 和 Top-5 准确率作为评测指标对不同算法进行对比。

(2)图像超分辨任务。

数据集:参照文献[324 – 325],本节使用 DIV2K[93] 数据集作为训练集,使用 Set5[88]、Set14[89]、B100[90] 及 Urban100[91] 4 个常用的数据集作为测试集。其中,DIV2K 数据集中的训练集包含 800 张 2K 分辨率以上的高清图像,能提供多样化的图像内容及丰富的图像细节。

训练设置:参照已有算法[324 – 325]中的设置,使用 EDSR[81] 和 RDN[82] 作为基准模型进行量化。对于 EDSR,使用公开的预训练模型进行初始化。对于 RDN,由于其公开的预训练模型是基于 Torch 框架训练得到的,而本章算法是基于 PyTorch 框架实现的,因而无法直接使用公开的预训练模型。为此,我们在实验中利用 PyTorch 重新训练了全精度的 RDN 网络用于量化模型的初始化。参照文献[324 – 325]中的设定,只对超分辨网络主干模块中的卷积层进行量化。

在训练过程中,首先对训练集中的高分辨率图像进行双三次降采样,得到低分辨率图像。其次,在每张低分辨率图像中随机裁取 48 像素×48 像素的图像块,同时也在高分辨率图像中裁取对应的高分辨率图像块。最后,对高分辨率与低分辨率图像块进行随机的图像翻转和图像旋转来实现数据增强。同时,在训练过程中,使用超分辨结果与高分辨率真值图像间的 $L_1$ 损失作为损失函数。使用 Adam 优化器[202]对网络训练 40 代,批次大小设置为 12,设置 $\beta_1 = 0.9$、$\beta_2 = 0.999$,学习率初始化为 $2 \times 10^{-5}$ 且每 10 代减小一半。将公式(8.15)中的 $\tau_0$、$\tau_1$ 和 $M$ 分别设置为 1、$1 \times 10^{-5}$ 和 10。

评测指标:使用本书 2.3 节中介绍的峰值信噪比(PSNR)进行性能评测。参照已有文献[81 – 82,85,203]中常用的评测方案,对于 RGB 彩色图像,将图像转换至 YCbCr 空间后只在 Y 通道计算峰值信噪比值；对于灰度图像，直接在图像上计算峰值信噪比值。

#### 8.3.3.2 实验结果

（1）图像分类任务。

（a）CIFAR-10 数据集。

本小节我们将本章所提算法与 7 个均匀量化算法进行定量对比，包括 DoReFa-Net[356]、PACT[351]、PACT-SAWB[358]、QIL[326]、LSQ[312]、SLB[314] 及 CPQ[359] 等，结果如表 8.8 所示。其中 DoReFa-Net、PACT、PACT-SAWB、LSQ 和 CPQ 使用线性量化器进行网络量化，QIL 使用可训练的量化器进行量化。需要特别说明的是，本章重点关注均匀量化算法，因此没有和 LQ-Net[360]、APoT[348] 及 LCQ[328] 等非均匀量化算法进行对比。对于 DoReFa-Net、PACT、PACT-SAWB、SLB 和 CPQ，本章直接呈现原文中的结果值。由于 QIL 和 LSQ 在原文中没有呈现 CIFAR-10 上的结果，本章重新对其进行了训练和测试。

表 8.8　CIFAR-10 数据集上的 Top-1 准确率对比

单位：%

| 模型 | 算法 | 量化位数（权重／特征） | | | | | | | | | |
|---|---|---|---|---|---|---|---|---|---|---|---|
| | | 32/32 | 4/4 | 3/3 | 2/2 | 3/3 | 4/4 | 8/8 | 32/32 | 8/8 | 32/32 |
| ResNet-20 | DoReFa-Net | | 90.50 | 89.89 | 88.20 | — | — | — | — | — | — |
| | PACT | | 91.30 | 91.10 | 89.70 | — | — | — | — | — | — |
| | PACT-SAWB | | — | — | 89.23 | — | — | — | 90.73 | — | — |
| | QIL | 92.96 | 91.52 | 91.81 | 90.45 | 91.28 | 91.33 | 91.77 | 91.89 | 91.71 | 92.02 |
| | LSQ | | 92.30 | 91.69 | 90.08 | 91.32 | 91.32 | 91.83 | 92.02 | 92.47 | 92.54 |
| | SLB | | 91.60 | — | 90.60 | — | — | 91.80 | 92.00 | 91.80 | 92.10 |
| | 本章算法 | | **92.71** | **92.17** | **90.63** | **91.65** | **91.65** | **92.00** | **92.15** | **92.71** | **92.74** |
| VGG-Small | DoReFa-Net | | 88.20 | 89.90 | 90.50 | — | — | — | — | — | — |
| | QIL | | 93.77 | 93.71 | 93.45 | 93.68 | 93.73 | 93.85 | 93.89 | 93.91 | 94.02 |
| | SLB | 94.10 | 93.80 | — | 93.50 | — | 93.90 | 94.00 | 94.00 | 94.00 | 94.10 |
| | CPQ | | 93.23 | 93.18 | 92.51 | — | — | — | — | — | — |
| | 本章算法 | | **94.20** | **94.03** | **93.83** | **93.90** | **94.02** | **94.10** | **94.10** | **94.17** | **94.24** |

从表 8.8 可以看出，与基准模型相比，利用本章提出的查表法得到的 4 比特 ResNet-20、4 比特和 3 比特 VGG-Small 保持了相近的性能。对于 2 比特量化后的 ResNet-20 和 VGG-Small，Top-1 准确率分别下降了 2.33 个百分点和 0.27 个百分点。与其他量化算法相比，

本章算法取得了较大的性能提升。例如，在 4 比特量化上，本章算法量化得到的 ResNet-20 和 VGG-Small 的准确率相比最好的对比算法分别高了 0.41 个百分点和 0.40 个百分点。在 3 比特量化上，本章算法量化得到的 ResNet-20 和 VGG-Small 比 QIL 分别高 0.36 个百分点和 0.32 个百分点。对于特征值和权重值以不同比特数进行量化的情况，本章算法在各种情况下都一致地取得了比其他算法更高的准确率，这进一步说明了本章算法的优越性。

（b）ImageNet 数据集。

本小节我们将本章所提算法与 6 个均匀量化算法（如 DoReFa-Net[356]、ABC-Net[361]、PACT[351]、DSQ[352]、QIL[326] 及 CPQ[359]）进行定量对比，结果如表 8.9 所示。本章直接呈现 6 种对比算法原文中的结果值。

表 8.9 ImageNet 数据集上的准确率对比

| 模型 | 方法 | Top-1 准确率/% | | | | Top-5 准确率/% | | | |
| --- | --- | --- | --- | --- | --- | --- | --- | --- | --- |
| | | 32 比特 | 4 比特 | 3 比特 | 2 比特 | 32 比特 | 4 比特 | 3 比特 | 2 比特 |
| ResNet-18 | DoReFa-Net | | 68.1 | 67.5 | 62.6 | | — | — | — |
| | ABC-Net | | — | 61.0 | — | | — | 83.2 | — |
| | PACT | | 69.2 | 68.1 | 64.4 | | 89.0 | 88.2 | 85.6 |
| | DSQ | 69.8 | 69.6 | 68.7 | 65.2 | 89.1 | — | — | — |
| | QIL | | 70.1 | 69.2 | 65.7 | | — | — | — |
| | CPQ | | 69.6 | 67.2 | | | 89.0 | 87.4 | |
| | 本章算法 | | **70.4** | **69.5** | **66.0** | | **89.6** | **88.9** | **86.2** |

从表 8.9 可以看出，与基准模型相比，本章算法量化得到的 4 比特模型取得了相当的性能，Top-1 和 Top-5 的准确率分别可以达到 70.4% 和 89.6%。同时与其他量化算法相比，本章提出的基于查表的量化算法在不同量化位数下都取得了更高的准确率。对于 3 比特量化，本章算法得到的量化模型在 Top-1 和 Top-5 的准确率上比最好的对比算法分别高了 0.3 个百分点和 0.7 个百分点。这进一步说明了本章算法的优势。

（2）图像超分辨任务。

本小节我们将所提算法与 4 种量化算法（DoReFa-Net[356]、PACT[351]、PAMS[324] 和 DAQ[325]）进行定量和定性对比。其中 DoReFa-Net 和 PACT 是 2 种通用的量化算法，PAMS 和 DAQ 是 2 种

专门针对超分辨网络提出的量化算法。对于 DoReFa-Net、PACT 和 PAMS，本章直接呈现了文献[322]中的结果；对于 DAQ，本章呈现了文献[323]中的结果。

从表 8.10 可以看出，本章所提算法量化得到的 8 比特和 4 比特模型取得了与全精度网络相近的性能。例如，本章算法得到的 4 比特 EDSR 模型在 4 个数据集上的峰值信噪比结果分别为 32.40 dB、28.74 dB、27.70 dB 及 26.51 dB，与全精度模型的结果（32.46 dB、28.77 dB、27.69 dB 及 26.54 dB）相当。与其他量化算法相比，本章算法得到的量化模型取得了更好的性能。对于 4 比特量化，本章算法量化得到的 RDN 模型在 B100 和 Urban100 这 2 个数据集上的峰值信噪比结果分别为 27.66 dB 和 26.29 dB，与 DAQ 相比具有显著的提升。

表 8.10  4 倍超分辨的峰值信噪比结果对比

单位：dB

| 模型 | 数据集 | 基准模型 | DoReFa-Net | | PACT | | PAMS | | DAQ | | 本章算法 | |
| --- | --- | --- | --- | --- | --- | --- | --- | --- | --- | --- | --- | --- |
| | | | 8 比特 | 4 比特 | 8 比特 | 4 比特 | 8 比特 | 4 比特 | 8 比特 | 4 比特 | 8 比特 | 4 比特 |
| EDSR | Set5 | 32.46 | 30.19 | 29.57 | 31.52 | 31.39 | 32.12 | 31.59 | — | 32.34 | **32.43** | **32.40** |
| | Set14 | 28.77 | 27.30 | 26.82 | 28.18 | 28.10 | 28.59 | 28.20 | — | 28.69 | **28.77** | **28.74** |
| | B100 | 27.69 | 26.77 | 26.47 | 27.29 | 27.25 | 27.57 | 27.32 | — | 27.61 | **27.71** | **27.70** |
| | Urban100 | 26.54 | 24.22 | 23.75 | 25.25 | 25.15 | 26.02 | 25.32 | — | 26.33 | **26.60** | **26.51** |
| RDN | Set5 | 32.32 | — | — | — | — | 32.34 | 30.44 | — | 31.96 | **32.37** | **32.26** |
| | Set14 | 28.71 | — | — | — | — | 28.72 | 27.54 | — | 28.38 | **28.73** | **28.70** |
| | B100 | 27.67 | — | — | — | — | 27.64 | 26.87 | — | 27.38 | **27.68** | **27.66** |
| | Urban100 | 26.35 | — | — | — | — | **26.37** | 24.52 | — | 25.73 | 26.33 | **26.29** |

图 8.18 展示了不同量化算法得到的量化 EDSR 模型的可视化结果。通过局部细节放大图可以看出，本章所提算法能够更好地恢复图像中损失的细节信息，具有更好的可视化效果。例如，在场景一中，其他对比算法都不能很可靠地恢复网格图案，出现了明显的扭曲效应，相比之下本章算法得到的结果更加清晰，与真值图像更加接近。

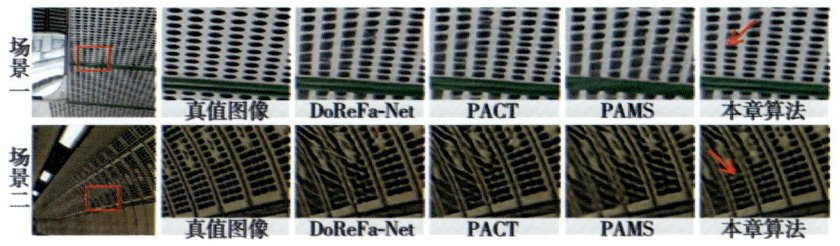

图 8.18　4 比特量化模型 4 倍超分辨结果对比

#### 8.3.3.3　算法分析

本节在图像分类任务上以 ResNet-20 作为基准模型在 CIFAR-10 数据集上开展了消融实验。首先，对本章所提算法中指数形式的缩放系数、梯度缩放策略及退火策略的有效性进行了验证；其次，分析了量化查询表在训练过程中的演化过程，研究了量化查询表颗粒度对性能的影响；最后，对本章提出的量化查询表在推理过程中的高效性进行了分析。

（1）指数形式的缩放系数。

为了避免式（8.8）中的缩放系数在训练过程中发生符号翻转，本章采用了指数形式的缩放系数。为了说明其有效性，我们设计了对比模型 0 和模型 1，其中模型 0 使用原始的不带指数形式的缩放系数，模型 1 使用带指数形式的缩放系数。

从表 8.11 可以看出，使用指数形式的缩放系数后，模型 1 相比于模型 0 有一定的性能提升，特别是在 2 比特量化时，准确率由 89.81% 提升到 90.10%。这是由于，训练过程中缩放系数的符号翻转会严重影响模型的收敛，因此模型 0 的性能相对较低。使用指数形式的缩放系数后，模型 1 的收敛性得到大大改善，因此取得了更高的精度。

表8.11　CIFAR-10 数据集上的 Top-1 准确率对比

单位:%

| 模型 | 指数形式的缩放系数 | 梯度缩放 | 量化位数(权重/特征) | | | |
|---|---|---|---|---|---|---|
| | | | 32/32 | 4/4 | 3/3 | 2/2 |
| 模型0 | × | × | 92.96 | 92.44 | 92.02 | 89.81 |
| 模型1 | √ | × | | 92.42 | 92.08 | 90.10 |
| 模型2 | × | √ | | 92.65 | 92.08 | 90.14 |
| 模型3(本章算法) | √ | √ | | 92.71 | 92.17 | 90.63 |

图 8.19 进一步展示了模型 0 和模型 1 在训练过程中缩放系数的演化过程。从图 8.19 可以看出，模型 0 的缩放系数在训练过程中波动很剧烈，并且在第 50 代和第 70 代附近发生了符号翻转。由于符号翻转严重影响了模型的收敛性，导致模型 0 的性能相对较差。使用指数形式的缩放系数后，模型 1 中缩放系数的变化更加平稳，收敛性更好，因此取得了更高的准确率。

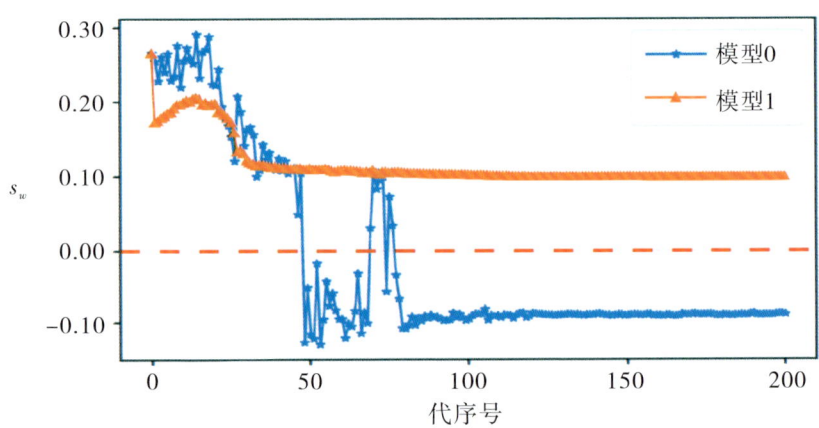

图 8.19　缩放系数 $s_w$ 的演化过程

(2) 梯度缩放策略。

由于在训练过程中，量化查询表中不同单元的梯度幅值间具有严重的不平衡性，本章使用梯度缩放策略来平衡不同单元间的梯度。为了说明其有效性，我们设计了对比模型 2，其在模型 0 的基础上，使用了梯度缩放策略。

从表 8.11 可以看出，使用梯度缩放策略后，模型 2 取得了比模型 0 更高的性能，4 比特、3 比特和 2 比特模型的准确率分别由 92.44%、92.02% 和 89.81% 提升到了 92.65%、92.08% 和 90.14%。由于量化查询表中不同单元的梯度幅值间的不平衡性，模型 0 的收敛性受到影响，导致其性能相对较低。使用梯度缩放策略后，模型 2 中的梯度不平衡问题被很好地改善，因此取得了较好的收敛性，实现了较高的性能。

为了进一步说明梯度缩放策略对网络收敛性的影响，我们对比了 2 比特量化的模型 1 和模型 3 中的权重分布，结果如图 8.20 所示。当不使用梯度缩放策略时，量化查询表中靠近 0 的单元上的梯度会主导整个量化查询表的优化过程，此时网络会因过于重视靠近 0 的值而截断许多比较大的值，如图 8.20(a) 所示。截断后的值由于梯度被切断，不能继续被更新，导致模型 1 的性能相对较低。使用梯度缩放策略后，量化查询表中不同单元的梯度更加平衡，因此模型 3 具有更好的收敛性，如图 8.20(b) 所示。与模型 1 相比，模型 3 在 4 比特、3 比特和 2 比特量化上的精度分别由 92.42%、92.08% 和 90.10% 提高到了 92.71%、92.17% 和 90.63%，如表 8.11 所示。

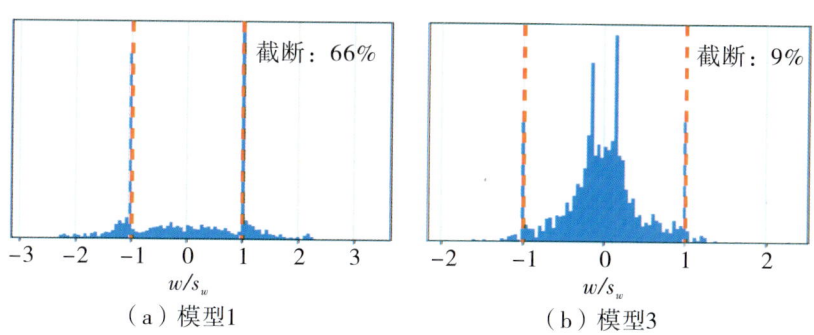

图 8.20　2 比特量化的模型 1 和模型 3 中的权重分布对比

（3）退火策略。

本小节我们以 ResNet-20 作为基准模型，对训练过程中使用的退火策略中的超参数进行分析。具体来说，使用不同组合的超参数对基准模型进行重新训练，并对其性能进行对比。首先，固定最终温度 $\tau_1 = 0.001$，分析不同 $M$ 值对性能的影响。从表 8.12 可以看出，当 $M = 50$ 时，模型取得了整体最好的性能，因此我们选择 $M = 50$ 作为退火策略的默认设置。其次，固定 $M=50$，分析不同 $\tau_1$ 值对性能的影响。从表 8.12 可以看出，当 $\tau_1=0.001$ 时，模型取得了整体更高的准确率。因此我们选择 $\tau_1=0.001$ 作为退火策略的默认设置。

表 8.12　CIFAR-10 数据集上的 Top-1 准确率对比

| 模型 | $\tau_0$ | $\tau_1$ | $M$ | 量化位数(权值/特征)/% | | |
| --- | --- | --- | --- | --- | --- | --- |
|  |  |  |  | 4/4 | 3/3 | 2/2 |
| ResNet-20<br>（全精度：92.96%） | 1 | $10^{-3}$ | 25 | 92.62 | 92.10 | 90.12 |
|  |  |  | 50 | **92.71** | 92.17 | **90.63** |
|  |  |  | 75 | 92.59 | **92.20** | 90.22 |
|  | 1 | $10^{-4}$ | 50 | 92.66 | 92.05 | 90.42 |
|  |  | $10^{-3}$ |  | **92.71** | 92.17 | **90.63** |
|  |  | $10^{-2}$ |  | 92.68 | **92.39** | 90.39 |

（4）量化查询表的演化过程。

通过以上分析可以看出，量化查询表及整个网络的收敛性对性能有重要影响。为此，本小节对训练过程中量化查询表的演化过程进行了分析。

通过图 8.21 可以看出：①特征值的量化查询表的演化速度比权重值的量化查询表的演化速度更快。例如，在第 10 代权重值的量化查询表中，靠近 0 的单元格几乎没有发生变化，而特征值的量化查询表变化更大，如图 8.21(b)所示。由于权重值的分布相比于特征值更加陡峭，在 0 附近的浮点数更集中，因此权重值的量化查询表的优化更加困难。②对于权重值的量化查询表，靠近 1 的单元格比靠近 0 的单元格演化速度更快，如图 8.21(b)所示。由于权重值的钟形分布特点，分布在靠近 1 的单元格的浮点数数量比分布在靠近 0 的单元格的浮点数数量少很多，因此靠近 1 的单元格更容易被优化。

综合来看，量化查询表的演化过程可以看成是一种自步学习和逐步量化的过程。在开始的时候，量化查询表的量化位数较高；随着训练的进行，量化查询表会根据浮点数的分布规律，自适应地调整不同单元格的演化速度，逐步地减少量化位数。对于优化较容易的单元格，量化位数的减小速度更快；反之，对于优化较困难的单元格，量化位数的减小速度更慢。最终，量化查询表逐步收敛为浮点数到指定量化位数的映射。

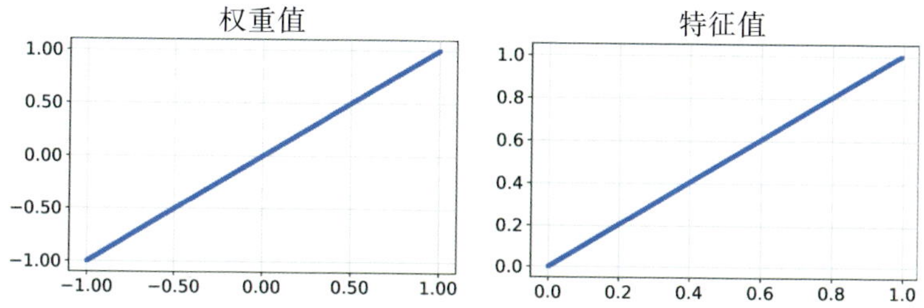


（a）初始化

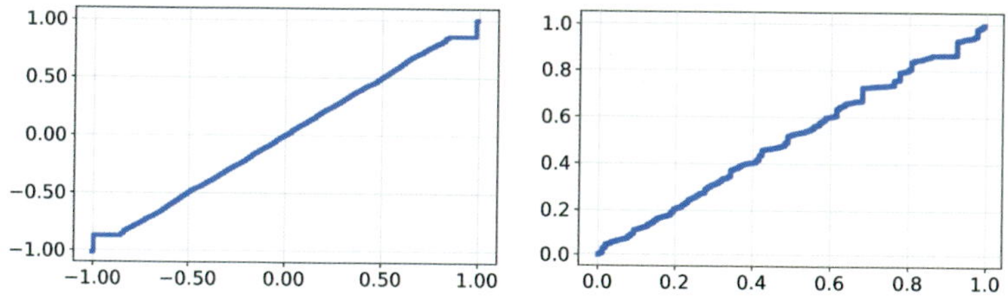

（b）第10代

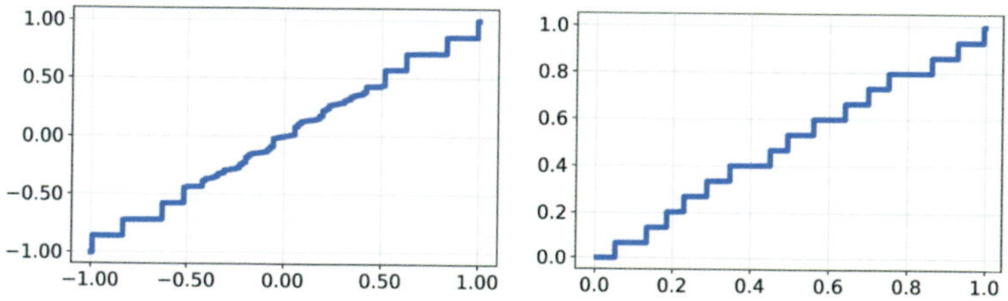

（c）第20代

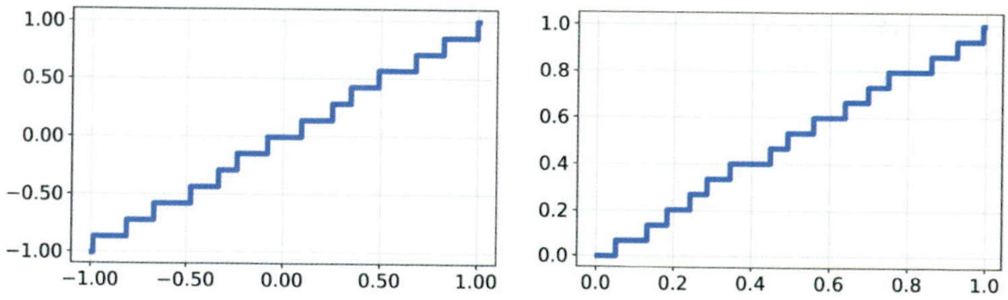

（d）第30代

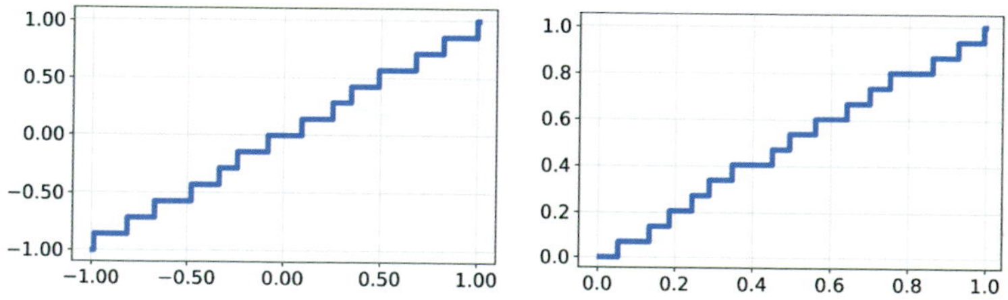

（e）第200代

图 8.21　训练过程中量化查询表的演化过程

图 8.22 展示了在训练过程中量化查询表中量化位数的演化过程。本章重点对权重值和特征值、不同单元格、不同层之间的量化位数的演化过程进行对比。

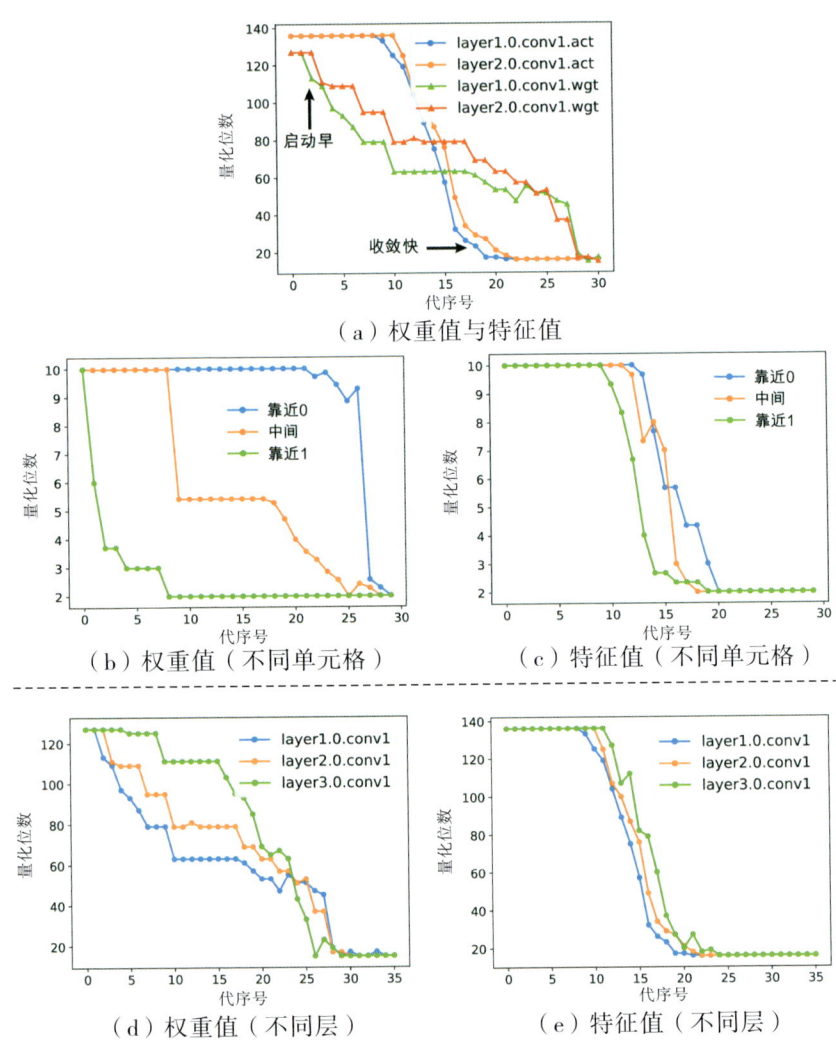

（a）权重值与特征值

（b）权重值（不同单元格）

（c）特征值（不同单元格）

（d）权重值（不同层）

（e）特征值（不同层）

图 8.22　量化查询表中量化位数的演化过程

权重值和特征值：从图 8.22(a) 可以看出，权重值和特征值的量化查询表中量化位数的演化情况具有较大的差异。权重值的量化查询表中量化位数的演化启动更早，但特征值的量化查询表中量化位数收敛更快。这是由于,权重值的分布比特征值更加陡峭,因此权重值的量化查询表优化更加困难。

不同单元格:从图 8.22(b)、(c)可以看出,量化查询表中不同单元格的量化位数的演化过程也具有较大差异。与靠近 0 和中间单元格相比,靠近 1 的单元格的演化启动更早,收敛更快。由于权重值和特征值的钟形分布特点,靠近 1 的浮点数数量更少,因此对应位置的单元格更容易优化;相反,靠近 0 的浮点数数量更多,因此靠近 0 的单元格优化更困难。

不同层:从图 8.22(d)、(e)可以看出,网络中不同层上量化查询表的演化速度也不尽相同,且权重值的量化查询表在不同层上的差异更加明显。从图中还可以看出,浅层网络中量化查询表的演化启动更早,之后逐步向深层蔓延。

综上所述,本章提出的量化查询表在训练过程中,能够根据不同层、不同单元格的分布特点,自适应地进行演化,因此对不同的任务、不同的网络结构都有较好的兼容性和适应性,在多个任务和网络结构上都取得了更好的性能。

(5) 量化查询表的颗粒度。

量化查询表的颗粒度(即 8.3.2 节中的 $K$)一方面决定了量化查询表的初始量化位数[图 8.16(h)],另一方面决定了量化查询表优化过程中的自由度。为了分析不同颗粒度的量化查询表对性能的影响,以 ResNet-20 作为基准模型,我们设计了多个对比模型,分别使用具有不同颗粒度的量化查询表,并使用相同的训练策略在 CIFAR-10 数据集上进行训练。表 8.13 对不同模型的 Top-1 精度进行了对比。

表 8.13 不同颗粒度的量化查询表对准确率的影响

| 模型 | 颗粒度 | 量化位数(权重/特征)/% | | |
| --- | --- | --- | --- | --- |
| | | 4/4 | 3/3 | 2/2 |
| ResNet-20<br>(全精度:92.96%) | 1 | 92.37 | 91.95 | 90.42 |
| | 5 | 92.60 | 92.14 | 90.58 |
| | 9 | 92.71 | **92.17** | **90.63** |
| | 13 | **92.72** | 92.15 | 90.62 |

当颗粒度 $K=1$ 时,量化查询表退化成了线性量化器 round(·) 函数,此时不能根据权重和特征值的钟形分布自适应地调整量化函数,因此性能相对较低。随着颗粒度 $K$ 逐渐增大,网络性能不断提升。然而,当 $K$ 超过 9 时,进一步增大 $K$ 带来的性能增益较小,反而增加了参数量。因此,为了平衡性能和参数量,我们选择 $K=9$ 为量化查询表的默认设置。

(6) 量化查询表的高效性。

为了说明本章提出的量化查询表在实际推理过程中的高效性,我们使用英特尔 i9-9900K 和麒麟 810 作为 CPU 和手机端的测试平台,对不同算法得到的 4 比特量化的 ResNet-18 模型的参数量和推理时间等指标进行对比分析。

我们对不同量化算法得到的 ResNet-18 模型,在 ImageNet 数据集上推理一张 224 像素×224 像素的图像的运行效率进行了对比,结果如表 8.14 所示。可以看出,本章提出的量化查询表的参数量与模型参数量相比非常小,仅有 1.25 KB。同时,与 QIL 和 QNet 中的复杂量化器相比,利用量化查询表进行在线特征量化的运行时间大大缩短。这是由于,QIL 和 QNet 中的量化器在推理过程中需要对特征值进行复杂的计算才能得到量化值,因此运行时间较长。相比之下,本章提出的量化查询表在推理过程中只需要一次简单的查表操作就可以完成量化操作,因此运行时间在 CPU 和手机端上分别至少缩短为原来的 1/4 和 1/2。

表 8.14　ImageNet 数据集上量化模型的运行效率对比

| 算法 | 参数量*/KB | 运行时间†/ms | | Top-1 精度/% |
| --- | --- | --- | --- | --- |
|  |  | CPU | 手机端 |  |
| QIL | 7553.7 | 90 | 120 | 70.1 |
| QNet | 7553.7 | 85 | 95 | 69.7 |
| 本章算法 | (+1.25)7554.9 | **20** | **40** | **70.4** |

注:① * 表示括号内的参数量为量化查询表的参数量。

② † 表示运行时间为推理过程中特征在线量化的运行时间。

## 8.4　代码实现

### 8.4.1　基于动态稀疏卷积的神经网络加速算法

#### 8.4.1.1　代码组成

本章提出的基于动态稀疏卷积的神经网络加速算法的代码链接为 https://github.com/The-Learning-And-Vision-Atelier-LAVA/SMSR，该链接下的代码组成如图 8.23 所示。

图 8.23　代码组成示意

代码主要分为模型训练及基准数据集测试 2 个部分，代码结构如图 8.24 所示。模型训练部分主要负责利用训练数据集对网络模型进行训练，如图 8.24（a）所示，训练日志及模型参数保存在 experiment 文件夹下；基准数据集测试部分主要负责在基准数据集（如 Set5、Set14、Urban100 等）上对训练好的网络模型进行测试，并得到定量评测结果，如图 8.24（b）所示，超分辨结果图像也保存在

experiment 文件夹下。

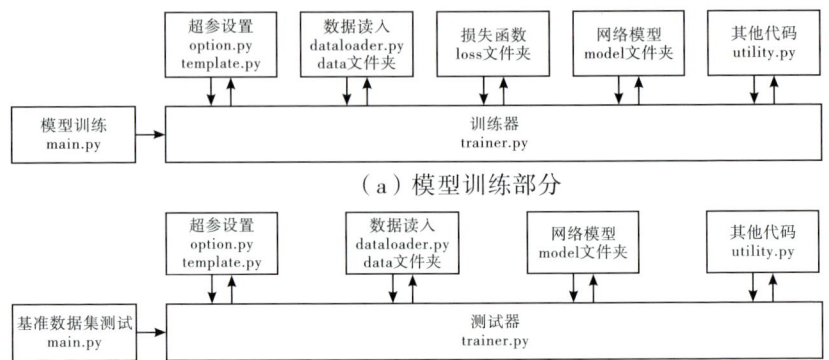

图 8.24　代码结构示意

### 8.4.1.2　代码运行

（1）环境配置。

完成 GPU、CUDA、cuDNN、Python 等基础环境的配置后，执行如下指令完成环境配置。

pip install pytorch==1.1.0 numpy skimage imageio matplotlib cv2

（2）数据集准备。

①根据 readme.md 中的链接下载 DIV2K 数据集。

②将数据集中的高分辨率图像解压到 路径1/HR 下。

③根据 readme.md 中的链接下载基准测试数据集（如 Set5、Set14、Urban100 等）。

④将数据集中的高分辨率与低分辨率图像对解压到 路径2/benchmark 。

（3）模型训练。

①将 option.py 中的 dir_data 设置为 路径1 。

②运行如下指令进行训练。其中，model 表示使用模型名称，save 指定保存名称，scale 表示超分辨倍率，batch_size 和 patch_size

分别控制训练过程中的批次大小和图像块大小。

> python main.py -- model SMSR -- save SMSR_X2 -- scale 2 -- patch_size 96 -- batch_size 16

(4) 基准数据集测试。

运行如下指令在基准数据集上进行测试。dir_data 表示测试集路径，data_test 表示测试的基准数据集名称，scale 表示超分辨率倍率，model 表示使用模型名称，save 指定保存名称，pre_train 指定预训练模型的路径，test_only 表示测试模型，save_results 表示对超分辨结果进行保存，保存在 experiment 路径下。

> python main.py -- dir_data testsets -- data_test Set5 -- scale 2 -- model SMSR -- save SMSR_X2 -- pre_train experiment/SMSR_X2/model/model_1000.pt -- test_only -- save_results

## 8.4.2 基于查表的神经网络量化加速算法

### 8.4.2.1 代码组成

本章提出的任意倍率的单帧图像超分辨率重建算法的代码链接为 https://github.com/The-Learning-And-Vision-Atelier-LAVA/LLT/SR，该链接下的代码组成如图 8.25 所示。

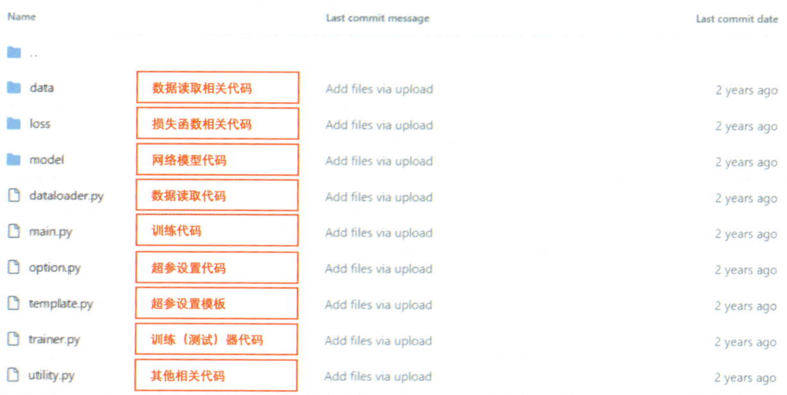

图 8.25 代码组成示意

代码主要分为模型训练及基准数据集测试 2 个部分，代码结构如图 8.26 所示。模型训练部分主要负责利用训练数据集对网络模型进行训练，如图 8.26（a）所示，训练日志及模型参数保存在 experiment 文件夹下；基准数据集测试部分主要负责在基准数据集（如 Set5、Set14、Urban100 等）上对训练好的网络模型进行测试，并得到定量评测结果，如图 8.26（b）所示，超分辨结果图像保存在 experiment 文件夹下。

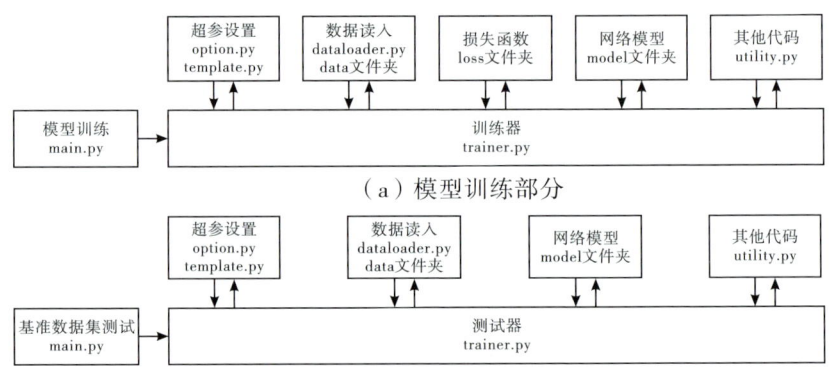

图 8.26　代码结构示意

### 8.4.2.2　代码运行

（1）环境配置。

完成 GPU、CUDA、cuDNN、Python 等基础环境的配置后，执行如下指令完成环境配置。

> pip install pytorch==1.1.0 numpy skimage imageio matplotlib cv2

（2）数据集准备。

①根据 readme.md 中的链接下载 DIV2K 数据集。

②将数据集中的高分辨率图像解压到 路径1/HR 下。

③根据 readme.md 中的链接下载基准测试数据集（如 Set5、Set14、Urban100 等）。

④将数据集中的高分辨率与低分辨率图像对解压到 路径2/benchmark 。

(3)模型准备。

根据 readme.md 中的链接下载预训练好的全精度图像超分辨率重建模型(如 EDSR 模型),并将预训练模型参数保存在 model/EDSR 文件夹下。

(4)模型训练。

①将 option.py 中的 dir_data 设置为 路径1 。

②运行如下指令进行训练。其中,model 表示使用模型名称,scale 表示超分辨倍率,save 指定保存名称,w_bits 和 a_bits 分别控制量化模型的权重和激活值量化位宽,pre_train 表示预训练全精度模型参数的路径,patch_size 与 batch_size 分别表示训练过程中的图像块大小与批次大小。

> python main.py —— model EDSR —— scale 4 —— w_bits 4 —— a_bits 4 —— save EDSR_w4a4 —— pre_train model/EDSR/EDSR_x4.pth —— patch_size 48 —— batch_size 12

(5)基准数据集测试。

运行如下指令在基准数据集上进行测试。dir_data 表示测试集路径,data_test 表示测试的基准数据集名称,scale 表示超分辨率倍率,model 表示使用模型名称,pre_train 指定模型的路径,test_only 表示测试模型,save_results 表示对超分辨结果进行保存,保存在 experiment 路径下。

> python main.py —— dir_data testsets —— data_test Set5 —— model EDSR —— scale 4 —— w_bits 4 —— a_bits 4 —— pre_train experiment/EDSR_w4a4/model/model_40.pt —— test_only —— save_results

## 8.5 本章小结

本章在图像超分辨率重建加速推理领域,针对图像超分辨率重建的稀疏特性和图像超分辨网络中浮点数的分布特点开展了相关研究。本章取得的研究成果主要包括以下 2 个方面。

其一，提出了一种基于动态稀疏卷积的神经网络加速算法。该算法先通过学习空域和通道域二值掩膜，对超分辨网络中的冗余计算进行定位，再利用稀疏掩膜卷积动态地跳过这些冗余计算，实现网络的加速推理。实验结果表明，该算法能够准确地定位网络中的冗余计算，在保持网络性能的同时，有效降低网络的计算复杂度，提高网络的实际运行速度；同时，该算法在多个数据集上都取得了比已有的超分辨网络加速算法更好的超分辨性能和运行效率。

其二，提出了一种基于查表的神经网络量化加速算法。该算法构造了可微量化查询表，在训练过程中通过端对端的优化，使量化查询表能够适配到网络中浮点数的分布上；在推理过程中，利用简单的查表操作提升网络特征值在线量化的效率。实验结果表明，该算法提出的量化查询表在训练过程中能够根据网络中浮点数的分布特点，自适应地进行适配，同时能够有效缩短推理过程中特征值在线量化的时间。

# 第 9 章 结　　语

## 9.1　全书总结

本书围绕图像超分辨率重建这一科学问题，提出了针对单帧图像、双目图像、视频图像、高光谱图像、光场图像等不同场景的图像超分辨率重建算法。本书的主要贡献可概括为以下 9 个方面。

（1）提出了一种面向多种退化的单帧图像超分辨率重建算法。

针对多种退化下的图像超分辨问题，本书提出了一种基于退化表示学习的单帧图像超分辨率重建算法。该算法首先通过退化表示学习无监督地从低分辨率图像中提取退化表示来隐式地提供退化信息，之后通过退化感知的超分辨网络利用隐式的退化信息实现多种退化条件下的图像超分辨率重建。实验结果表明，该算法能够更好地处理不同图像退化，在合成数据与真实数据上、在不同退化条件下都取得了比已有算法更好的超分辨性能，同时具有更好的运行效率。

（2）提出了一种任意倍率的单帧图像超分辨率重建算法。

针对不同放大倍率的图像超分辨问题，本书提出了一种任意倍率的单帧图像超分辨率重建算法。该算法通过倍率感知的特征适配模块，对超分辨网络中的特征进行调制，使其适配到对应的放大倍率上，同时通过倍率感知的上采样层，实现对特征任意倍率的上采样。实验结果表明，该算法能够只用一个模型实现对低分辨率图像任意倍率的超分辨率重建，在对称非整数倍率、非对称倍率的超分辨任务上都取得了比已有算法更好的性能，同时具有更低的内存开销和更短的运行时间。

图像超分辨率重建

(3)提出了一种基于视差注意力机制的双目图像超分辨率重建算法。

针对双目图像超分辨中的双目对应关系的捕获问题,本书提出了一种基于视差注意力机制的双目图像超分辨率重建算法。该算法不需要手动设置先验最大视差范围,就能够捕获左、右图像极线方向上全局范围内像素级别的对应关系,并利用得到的对应关系对双目图像中的信息进行融合。实验结果表明,该算法能够有效地融合双目图像中的信息,在不同数据集上都取得了比已有算法更好的超分辨性能,同时具有更高的运行效率,对视差变化具有更强的适应能力。

(4)提出了一种基于高分辨率光流估计的视频图像超分辨率重建算法。

针对视频图像超分辨中的时域连贯性问题,本书提出了一种基于高分辨率光流估计的视频图像超分辨率重建算法。该算法将单帧空域信息及帧间时域信息的超分辨集成到了一个端对端的卷积神经网络中,先利用光流重建模块恢复帧间时域信息,再利用得到的时域信息对序列图像进行融合。实验结果表明,该算法能够有效地融合序列图像中的信息,在不同数据集上都取得了比已有算法更好的超分辨性能,同时具有更高的运行效率。

(5)提出了一种基于 Transformer 的高光谱图像超分辨率重建算法。

针对高光谱图像超分辨中空域和谱域信息的融合问题,本书提出了一种基于 Transformer 的高光谱图像超分辨率重建算法。该算法将端元模型与神经网络相结合,利用端元作为纽带实现了高光谱图像超分辨率重建任务中空域信息与谱域信息的有效融合。实验结果表明,该算法能够利用 Transformer 结构的全局感受野增强网络的长程建模能力,在室内和遥感多个数据集上都取得了比已有算法更好的超分辨性能。

(6)提出了一种基于光场解耦的光场超分辨率重建算法。

针对已有算法利用光场高维度结构信息不充分的问题,本书提出了一种光场解耦机制,该机制结合光场图像特有的结构特性设计了空间、角度和极平面 3 类特征提取子,将四维光场解耦至多个二维子空间。所提特征提取子可以在简化光场数据的同时充分利用所有视角的信息,从而降低网络学习四维光场数据的难度。基于所提

光场解耦机制，本书进一步设计了光场图像超分辨率重建网络。实验结果表明，所提算法能够在领域多个公开数据集上取得先进的超分辨性能，并具有较少的参数量与较高的运行效率。

（7）提出了一种基于退化建模与调制的光场图像超分辨率重建算法。

针对领域现有光场图像超分辨率重建算法在实测图像上应用效果不佳的问题，本文提出了基于退化建模与调制的光场图像超分辨率重建法，结合光场相机成像过程中的点扩散函数与噪声水平对光场图像的退化过程进行建模，并在图像退化信息的调制下动态生成卷积核的权重，实现对不同退化下的光场图像差异化的处理。实验结果表明，所提算法在真实拍摄的光场图像上具有很好的超分辨效果。

（8）提出了一种基于动态稀疏卷积的神经网络加速算法。

针对图像超分辨中的冗余计算问题，本书提出了一种基于动态稀疏卷积的神经网络加速算法。该算法首先通过学习空域和通道域二值掩膜，对超分辨网络中的冗余计算进行定位，然后利用稀疏掩膜卷积动态地跳过这些冗余计算，实现网络的加速推理。实验结果表明，该算法能够准确地定位网络中的冗余计算，在保持网络性能的同时，有效地降低网络的计算复杂度，提高网络的实际运行速度。

（9）提出了一种基于查表的神经网络量化加速算法。

针对图像超分辨网络量化中特征值的在线量化效率问题，本书提出了一种基于查表的神经网络量化加速算法。该算法构造了可微量化查询表，在训练过程中通过端对端的优化，使量化查询表能够适配到网络中浮点数的分布上；在推理过程中，利用简单的查表操作提高网络特征值在线量化的效率。实验结果表明，该算法提出的量化查询表在训练过程中能够根据网络中浮点数的分布特点进行自适应适配，同时能够有效缩短推理过程中特征值在线量化的时间，提高量化模型的运行效率。

## 9.2 未来展望

虽然本书的研究取得了一定的成果，针对不同应用场景中面临的实际问题提出了多个可行的解决思路,但在图像超分辨率重建领域仍有很多问题有待进一步研究,主要包括以下 7 个方面。

(1)真实图像超分辨率重建。

早期的图像超分辨率重建研究主要聚焦于单一的双三次图像退化,近期越来越多的工作开始关注多种退化条件下的图像超分辨率重建。虽然这些算法具备一定处理多种不同图像退化的能力,但由于真实的图像退化通常非常复杂,这些算法仍不能很好地解决真实图像的超分辨率重建问题。因此,面向真实退化的图像超分辨率重建技术是一个值得进一步研究的方向。

(2)非配对图像超分辨率重建。

大部分已有的图像超分辨网络都依赖于配对的高分辨率和低分辨率图像对进行训练,由于真实的高分辨率和低分辨率配对图像获取较为困难,因此这些网络多使用合成数据进行训练,这也限制了这些算法在真实图像上的性能。在实际中,非配对的高分辨率和低分辨率图像获取非常便捷,因此,如何从非配对的高分辨率 - 低分辨率图像中学习可靠的图像超分辨网络具有重要的研究价值。

(3)轻量化实时图像超分辨率重建。

图像超分辨率重建作为典型的低层计算机视觉任务,在任务特点、网络结构等方面与其他高层计算机视觉任务具有显著不同。在处理相同大小的图像时,图像超分辨网络具有远高于图像分类网络和目标检测网络的计算复杂度,这就导致目前移动端有限的计算资源难以满足较高分辨率图像的实时超分辨率重建。因此,研究面向端侧设备的轻量化实时图像超分辨率重建算法具有重要意义。

(4)三维世界超分辨率重建。

图像超分辨率重建致力于恢复分辨率更高的图像,还原更加清晰的世界。由于我们生活的真实世界是三维的,而二维图像只是三维世界的一个投影,因此,人们对三维世界的感知和重建越来越关注。随着整个计算机视觉领域开始逐步由二维图像感知向三维世界感知发展,超分辨技术也将逐步向三维世界超分辨发展。如何结合计算机图形学等技术,在元宇宙等应用场景下恢复分辨率更高、更加清晰的三维世界是未来重要的一个研究方向。

(5)新型超分辨率重建网络架构设计。

自首个基于卷积神经网络的图像超分辨网络诞生以来,后续工作基本都沿用了这一网络架构。近年来，Transformer、MLP等新型网络结构的迅速发展启发了研究人员对网络架构的重新思考。作为典型的低层视觉任务，图像超分辨率重建与图像分类、目标检测等在任务特性上具有较大的差异，因此跳出已有网络架构的思维束缚，重新审视超分辨率重建的特点，设计新型超分辨率重建网络架构具有重要的价值。

（6）图像超分辨率网络的可解释性。

虽然图像超分辨率重建技术已经取得了长足的发展，很多图像超分辨网络都取得了优异的效果，但针对超分辨网络可解释性的研究仍相对匮乏。目前，研究人员朴素地认为超分辨网络学习了一个由低分辨率图像到高分辨率图像的非线性映射，但这一映射在网络不同层、不同滤波器上的具体体现等可解释性问题仍有待进一步深入的研究。

（7）训练数据研究。

当前的研究主要聚焦于网络模型设计方面，而对训练数据方面的研究相对较少。为了更好地刻画整个样本空间的分布，提高网络的泛化性能，产业界通常利用超大规模的数据进行模型训练，这导致了巨大的能耗和碳排放问题。在绿色人工智能和碳平衡的战略发展趋势下，研究如何利用有限的数据刻画整个样本空间的分布规律具有重要的现实意义。

# 参 考 文 献

[1] BAI Y C, ZHANG Y Q, DING M L, et al. Finding tiny faces in the wild with generative adversarial network[C]//Proceedings of the 2018 conference on computer vision and pattern recognition. Piscataway: IEEE, 2018: 41-53.

[2] SHERMEYER J, VAN ETTEN A. The effects of super-resolution on object detection performance in satellite imagery[C]//Proceedings of the 2019 conference on computer vision and pattern recognition. Piscataway: IEEE, 2019: 1432-1441.

[3] NOH J, BAE W, LEE W, et al. Better to follow, follow to be better: towards precise supervision of feature super-resolution for small object detection[C]//Proceedings of the 2019 conference on computer vision and pattern recognition. Piscataway: IEEE, 2019: 9725-9734.

[4] WANG L, LI D, ZHU Y, et al. Dual super-resolution learning for semantic segmentation[C]//Proceedings of the 2020 conference on computer vision and pattern recognition. Piscataway: IEEE, 2020: 3774-3783.

[5] PARK S C, PARK M K, KANG M G. Super-resolution image reconstruction: a technical overview[J]. IEEE signal processing magazine, 2003, 20(3): 21-36.

[6] 苏衡, 周杰, 张志浩. 超分辨率图像重建方法综述[J]. 自动化学报, 2013, 39(8): 1202-1213.

[7] HAYAT K. Multimedia super-resolution via deep learning: a survey [J]. Digital signal processing, 2018, 81: 198-217.

[8] WANG Z, CHEN J, HOI S C STEVEN. Deep learning for image super-resolution: a survey[J]. IEEE transactions on pattern

analysis and machine intelligence, 2019, 43(10): 3365 - 3387.

[9] AKHTAR N, SHAFAIT F, MIAN A. Bayesian sparse representation for hyperspectral image super resolution [C]//Proceedings of the 2015 conference on computer vision and pattern recognition. Piscataway: IEEE, 2015: 3631 - 3640.

[10] LI F, XIN L, GUO Y, et al. Super-resolution for GaoFen-4 remote sensing images[J]. IEEE geoscience and remote sensing letters, 2017, 15 (1): 28 - 32.

[11] LEI S, SHI Z, ZOU Z. Super-resolution for remote sensing images via local-global combined network [J]. IEEE geoscience and remote sensing letters, 2017, 14 (8): 1243 - 1247.

[12] GIUSTI E, CATALDO D, BACCI A, et al. ISAR image resolution enhancement: compressive sensing versus state-of-the-art super-resolution techniques [J]. IEEE transactions on aerospace and electronic systems, 2018, 54 (4): 1983 - 1997.

[13] LEI S, SHI Z, ZOU Z. Coupled adversarial training for remote sensing image super-resolution [J]. IEEE transactions on geoscience and remote sensing, 2019, 58 (5): 3633 - 3643.

[14] 杜奕, 张挺. 基于多点信息统计法的土地覆盖图像超分辨率重建方法[J]. 电子学报, 2016, 44 (11): 2576 - 2582.

[15] HE C, LIU L, XU L, et al. Learning based compressed sensing for SAR image super-resolution [J]. IEEE journal of selected topics in applied earth observations and remote sensing, 2012, 5 (4): 1272 - 1281.

[16] HAUT J M, FERNANDEZ-BELTRAN R, PAOLETTI M E, et al. A new deep generative network for unsupervised remote sensing single-image super-resolution [J]. IEEE transactions on geoscience and remote sensing, 2018: 1 - 19.

[17] KANAKARAJ S, NAIR M S, KALADY S. Adaptive importance sampling unscented Kalman filter with kernel regression for SAR image super-resolution[J]. IEEE geoscience and remote sensing letters, 2020, 19: 1 - 5.

[18] SHEN H, LIN L, LI J, et al. A residual convolutional neural

network for polarimetric SAR image super-resolution[J]. ISPRS journal of photogrammetry and remote sensing, 2020, 161: 90-108.

[19] TUO X, ZHANG Y, HUANG Y, et al. Fast sparse-TSVD super-resolution method of real aperture radar forward-looking imaging [J]. IEEE transactions on geoscience and remote sensing, 2020, 59(8): 6609-6620.

[20] 张雪松, 江静, 彭思龙. 人脸图像超分辨率的自适应流形学习方法[J]. 计算机辅助设计与图形学学报, 2008, 20(7): 856-863.

[21] XU X, SUN D, PAN J, et al. Learning to super-resolve blurry face and text images[C]//Proceedings of the 2017 conference on computer vision and pattern recognition. Piscataway: IEEE, 2017: 251-260.

[22] CHEN Y, TAI Y, LIU X, et al. FSRNet: end-to-end learning face super-resolution with facial priors[C]//Proceedings of the 2018 conference on computer vision and pattern recognition. Piscataway: IEEE, 2018: 2492-2501.

[23] MA C, JIANG Z, RAO Y, et al. Deep face super-resolution with iterative collaboration between attentive recovery and landmark estimation[C]//Proceedings of the 2020 conference on computer vision and pattern recognition. Piscataway: IEEE, 2020: 5569-5578.

[24] WANG X, LI Y, ZHANG H, et al. Towards real-world blind face restoration with generative facial prior[C]//Proceedings of the 2021 conference on computer vision and pattern recognition. Piscataway: IEEE, 2021: 9168-9178.

[25] SHI F, CHENG J, WANG L, et al. LRTV: MR image super-resolution with low-rank and total variation regularizations[J]. IEEE transactions on medical imaging, 2015, 34(12): 2459-2466.

[26] MAHAPATRA D, BOZORGTABAR B, HEWAVITHARANAGE S, et al. Image super-resolution using generative adversarial networks and local saliency maps for retinal image analysis[C]//

Proceedings of the 2017 international conference on medical image computing and computer-assisted intervention. Berlin：Springer，2017：382 - 390.

[27] 徐军, 刘慧, 郭强, 等. 结合反卷积的 CT 图像超分辨重建网络[J]. 计算机辅助设计与图形学学报, 2018, 30 (11)：2084 - 2092.

[28] ZHAO X, ZHANG Y, ZHANG T, et al. Channel splitting network for single MR image super-resolution [J]. IEEE transactions on image processing, 2019, 28 (11)：5649 - 5662.

[29] LYU Q, SHAN H, WANG G. MRI super-resolution with ensemble learning and complementary priors [J]. IEEE transactions on computational imaging, 2020, 6：615 - 624.

[30] ZHANG Y, LI K, LI K P, et al. MR image super-resolution with squeeze and excitation reasoning attention network [C]// Proceedings of the 2021 conference on computer vision and pattern recognition. Piscataway：IEEE, 2021：13425 - 13434.

[31] 李书林, 冯朝路, 于鲲, 等. 基于深度学习的心脏磁共振影像超分辨率前沿进展[J]. 中国图象图形学报, 2021(3)：704 - 721.

[32] ISOBE T, JIA X, GU S, et al. Video super-resolution with recurrent structure-detail network [C]//Proceedings of the 2020 European conference on computer vision. Berlin：Springer, 2020：645 - 660.

[33] ZHANG W, LIU Y, DONG C, et al. RankSRGAN：generative adversarial networks with ranker for image and super-resolution [C]//Proceedings of the 2019 international conference on computer vision. Piscataway：IEEE, 2019：3096 - 3105.

[34] LUGMAYR A, DANELLJAN M, VAN GOOL L, et al. SRflow：learning the super-resolution space with normalizing flow [C]// Proceedings of the 2020 European conference on computer vision. Berlin：Springer, 2020：715 - 732.

[35] WANG X, YU K, WU S, et al. ESRGAN：enhanced super-resolution generative adversarial networks[C]//Proceedings of the 2018 European conference on computer vision. Berlin：Springer,

2018: 63-79.

[36] JO Y, YANG S, KIM S J. SRflow-DA: super-resolution using normalizing flow with deep convolutional block[C]//Proceedings of the 2021 conference on computer vision and pattern recognition. Piscataway: IEEE, 2021: 364-372.

[37] 呼延康, 樊鑫, 余乐天, 等. 图神经网络回归的人脸超分辨率重建[J]. 软件学报, 2018, 29(4): 914-925.

[38] QIAO C, LI D, GUO Y, et al. Evaluation and development of deep neural networks for image super-resolution in optical microscopy[J]. Nature methods, 2021, 18(2): 194-202.

[39] WU Y, HAN X, SU Y, et al. Multiview confocal super-resolution microscopy[J]. Nature, 2021, 600(7888): 279-284.

[40] CAO S, WU C-Y, KRÄHENBÜHL P. Lossless image compression through super-resolution[J]. arXiv, 2020.

[41] XIAO M, ZHENG S, LIU C, et al. Invertible image rescaling[C]//Proceedings of the 2020 European conference on computer vision. Berlin: Springer, 2020: 126-144.

[42] SUZUKI A, AKUTSU H, NARUKO T, et al. Learned image compression with super-resolution residual modules and DISTS optimization[C]//Proceedings of the 2021 conference on computer vision and pattern recognition. Piscataway: IEEE, 2021: 1906-1910.

[43] SCHOENBERG I. Cardinal interpolation and spline functions[J]. Journal of approximation theory, 1969, 2(2): 167-206.

[44] HOU H, ANDREWS H. Cubic splines for image interpolation and digital filtering[J]. IEEE transactions on acoustics, speech, and signal Processing. 1978, 26(6): 508-517.

[45] CROCHIERE R E, RABINER L R. Interpolation and decimation of digital signals: a tutorial review[J]. Proceedings of the IEEE, 1981, 69(3): 300-331.

[46] UNSER M, ALDROUBI A, EDEN M. Enlargement or reduction of digital images with minimum loss of information[J]. IEEE transactions on image processing, 1995, 4(3): 247-258.

[84] LI Z, YANG J, LIU Z, et al. Feedback network for image super-resolution[C]//Proceedings of the 2018 conference on computer vision and pattern recognition. Piscataway: IEEE, 2018: 3867-3876.

[85] ZHANG Y, LI K, LI K, et al. Image super-resolution using very deep residual channel attention networks[C]//Proceedings of the 2018 European conference on computer vision. Berlin: Springer, 2018: 1646-1654.

[86] DAI T, CAI J, ZHANG Y, et al. Second-order attention network for single image super-resolution[C]//Proceedings of the 2019 conference on computer vision and pattern recognition. Piscataway: IEEE, 2019: 11065-11074.

[87] MEI Y, FAN Y, ZHOU Y, et al. Image super-resolution with cross-scale non-local attention and exhaustive self-exemplars mining[C]//Proceedings of the 2020 conference on computer vision and pattern recognition. Piscataway: IEEE, 2020: 5690-5699.

[88] BEVILACQUA M, ROUMY A, GUILLEMOT C, et al. Low-complexity single-image super-resolution based on nonnegative neighbor embedding[C]//Proceedings of the 2012 British machine vision conference. Guildford: BMVA Press, 2012: 1-10.

[89] ZEYDE R, ELAD M, PROTTER M. On single image scale-up using sparse-representations[C]//Proceedings of the 2010 international conference on curves and surfaces. Berlin: Springer, 2010: 711-730.

[90] MARTIN D, FOWLKES C, TAL D, et al. A database of human segmented natural images and its application to evaluating segmentation algorithms and measuring ecological statistics[C]//Proceedings of the 2001 international conference on computer vision. Piscataway: IEEE, 2001: 416-423.

[91] HUANG J-B, SINGH A, AHUJA N. Single image super-resolution from transformed self-exemplars[C]//Proceedings of the 2015 conference on computer vision and pattern recognition. Piscataway: IEEE, 2015: 5197-5206.

[92] MATSUI Y, ITO K, ARAMAKI Y, et al. Sketch-based manga

retrieval using Manga109 dataset [J]. Multimedia tools and applications, 2017, 76 (20): 21811-21838.

[93] AGUSTSSON E, TIMOFTE R. NTIRE 2017 challenge on single image super-resolution: dataset and study[C]//Proceedings of the 2017 conference on computer vision and pattern recognition workshops. Piscataway: IEEE, 2017: 1122-1131.

[94] XU Y-S, TSENG S-Y R, TSENG Y, et al. Unified dynamic convolutional network for super-resolution with variational degradations[C]//Proceedings of the 2020 conference on computer vision and pattern recognition. Piscataway: IEEE, 2020: 12496-12505.

[95] ZHANG K, GOOL L V, TIMOFTE R. Deep unfolding network for image super-resolution[C]//Proceedings of the 2020 conference on computer vision and pattern recognition. Piscataway: IEEE, 2020: 3217-3226.

[96] HUSSEIN S A, TIRER T, GIRYES R. Correction filter for single image super-resolution: robustifying off-the-shelf deep super-resolvers[C]//Proceedings of the 2020 conference on computer vision and pattern recognition. Piscataway: IEEE, 2020: 1428-1437.

[97] SHOCHER A, COHEN N, IRANI M. "Zero-Shot" super-resolution using deep internal learning[C]//Proceedings of the 2018 conference on computer vision and pattern recognition. Piscataway: IEEE, 2018: 3118-3126.

[98] SOH J W, CHO S, CHO N I. Meta-transfer learning for zero-shot super-resolution [C]//Proceedings of the 2020 conference on computer vision and pattern recognition. Piscataway: IEEE, 2020: 3513-3522.

[99] MICHAELI T, IRANI M. Nonparametric blind super-resolution [C]//Proceedings of the 2013 international conference on computer vision. Piscataway: IEEE, 2013: 945-952.

[100] BELl-KLIGLER S, SHOCHER A, IRANI M. Blind super-resolution kernel estimation using an internal-GAN [C]//Proceedings of the 2019 conference on advances in neural

information processing systems. Cambridge, MA: MIT Press, 2019: 284-293.

[101] GU J, LU H, ZUO W, et al. Blind super-resolution with iterative kernel correction [C]//Proceedings of the 2019 conference on computer vision and pattern recognition. Piscataway: IEEE, 2019: 1604-1613.

[102] LUO Z, HUANG Y, LI S, et al. Unfolding the alternating optimization for blind super resolution[C]//Proceedings of the 2020 conference on advances in neural information processing systems. Cambridge, MA: MIT Press, 2020: 5632-5643.

[103] HU X C, MU H Y, ZHANG X Y, et al. Meta-SR: a magnification-arbitrary network for super-resolution [C]// Proceedings of the 2019 conference on computer vision and pattern recognition. Piscataway: IEEE, 2019: 1575-1584.

[104] FU Y, CHEN J, ZHANG T, et al. Residual scale attention network for arbitrary scale image super-resolution [J]. Neurocomputing, 2021, 427: 201-211.

[105] BHAVSAR A V, RAJAGOPALAN A. Resolution enhancement in multi-image stereo[J]. IEEE transactions on pattern analysis and machine intelligence, 2010, 32(9): 1721-1728.

[106] JEON D S, BAEK S-H, CHOI I, et al. Enhancing the spatial resolution of stereo images using a parallax prior [C]// Proceedings of the 2018 conference on computer vision and pattern recognition. Piscataway: IEEE, 2018: 1721-1730.

[107] YAN B, MA C, BARE B, et al. Disparity-aware domain adaptation in stereo image restoration[C]//Proceedings of the 2020 conference on computer vision and pattern recognition. Piscataway: IEEE, 2020: 13179-13187.

[108] DAI Q, LI J, YI Q, et al. Feedback network for mutually boosted stereo image super-resolution and disparity estimation [C]//Proceedings of the 2021 ACM international conference on multimedia. New York: ACM, 2021: 1985-1993.

[109] SCHARSTEIN D, SZELISKI R. A taxonomy and evaluation of dense

two-frame stereo correspondence algorithms [J]. International journal of computer vision, 2002, 47 (1/2/3): 7-42.

[110] SCHARSTEIN D, SZELISKI R. High-accuracy stereo depth maps using structured light [C]//Proceedings of the 2003 conference on computer vision and pattern recognition. Piscataway: IEEE, 2003: 195-202.

[111] HIRSCHMULLER H, SCHARSTEIN D. Evaluation of cost functions for stereo matching[C]//Proceedings of the 2007 conference on computer vision and pattern recognition. Piscataway: IEEE, 2007: 1-8.

[112] SCHARSTEIN D, PAL C. Learning conditional random fields for stereo [C]//Proceedings of the 2007 conference on computer vision and pattern recognition. Piscataway: IEEE, 2007.

[113] SCHARSTEIN D, HIRSCHMÜLLER H, KITAJIMA Y, et al. High-resolution stereo datasets with subpixel-accurate ground truth [C]//Proceedings of the 2014 German conference on pattern recognition. Berlin: Springer, 2014: 31-42.

[114] GEIGER A, LENZ P, URTASUN R. Are we ready for autonomous driving? The KITTI vision benchmark suite[C]// Proceedings of the 2012 conference on computer vision and pattern recognition. Piscataway: IEEE, 2012: 3354-3361.

[115] MENZE M, GEIGER A. Object scene flow for autonomous vehicles[C]//Proceedings of the 2015 conference on computer vision and pattern recognition. Piscataway: IEEE, 2015: 3061-3070.

[116] HUANG Y, WANG W, WANG L. Video super-resolution via bidirectional recurrent convolutional and networks [J]. IEEE transactions on pattern analysis and machine intelligence, 2017, 40(4): 1015-1028.

[117] YI P, WANG Z, JIANG K, et al. Progressive fusion video super-resolution network via exploiting non-local spatio-temporal correlations [C]//Proceedings of the 2019 international conference on computer vision. Piscataway: IEEE, 2019:

3106 – 3115.

[118] HARIS M, SHAKHNAROVICH G, UKITA N. Recurrent back-projection network for video super-resolution[C]//Proceedings of the 2019 conference on computer vision and pattern recognition. Piscataway: IEEE, 2019: 3892 – 3901.

[119] ISOBE T, LI S, JIA X, et al. Video super-resolution with temporal group attention [C]//Proceedings of the 2020 conference on computer vision and pattern recognition. Piscataway: IEEE, 2020: 8008 – 8017.

[120] XIANG X, TIAN Y, ZHANG Y, et al. Zooming slow-mo: fast and accurate one-stage space-time video super-resolution[C]// Proceedings of the 2020 conference on computer vision and pattern recognition. Piscataway: IEEE, 2020: 3370 – 3379.

[121] TSAI R, HUANG T S. Multiframe image restoration and registration [J]. Advances in computer vision and image processing, 1984, 1(2): 317 – 339.

[122] SCHULTZ R R, STEVENSON R L. Extraction of high-resolution frames from video sequences[J]. IEEE transactions on image processing, 1996, 5 (6): 996 – 1011.

[123] HARDIE R C, BARNARD K J, ARMSTRONG E E. Joint MAP registration and high-resolution image estimation using a sequence of undersampled images [J]. IEEE transactions on image processing, 1997, 6 (12): 1621 – 1633.

[124] PROTTER M, ELAD M, TAKEDA H, et al. Generalizing the nonlocal-means to super-resolution reconstruction [J]. IEEE transactions on image processing, 2009, 18 (1): 36 – 51.

[125] TAKEDA H, MILANFAR P, PROTTER M, et al. Super-resolution without explicit subpixel motion estimation[J]. IEEE transactions on image processing, 2009, 18 (9): 1958 – 1975.

[126] FRANSENS R, STRECHA C, GOOL L J V. Optical flow based super-resolution: a probabilistic approach[J]. Computer vision and image understanding, 2007, 106 (1): 106 – 115.

[127] MA Z, LIAO R, TAO X, et al. Handling motion blur in multi-

frame super-resolution[C]//Proceedings of the 2015 conference on computer vision and pattern recognition. Piscataway: IEEE, 2015: 5224-5232.

[128] KAPPELER A, YOO S, DAI Q, et al. Video super-resolution with convolutional neural networks[J]. IEEE transactions on computational imaging, 2016, 2(2): 109-122.

[129] LIAO R, TAO X, LI R, et al. Video super-resolution via deep draft-ensemble learning[C]//Proceedings of the 2015 international conference on computer vision. Piscataway: IEEE, 2015: 531-539.

[130] CABALLERO J, LEDIG C, AITKEN A, et al. Real-time video super-resolution with spatio-temporal networks and motion compensation[C]//Proceedings of the 2017 conference on computer vision and pattern recognition. Piscataway: IEEE, 2017: 4778-4787.

[131] TAO X, GAO H, LIAO R, et al. Detail-revealing deep video super-resolution[C]//Proceedings of the 2017 international conference on computer vision. Piscataway: IEEE, 2017: 4482-4490.

[132] LIU D, WANG Z, FAN Y, et al. Learning temporal dynamics for video super-resolution: a deep learning approach[J]. IEEE transactions on image processing, 2018, 27(7): 3432-3445.

[133] SAJJADI M S M, VEMULAPALLI R, BROWN M. Frame-recurrent video super-resolution[C]//Proceedings of the 2018 conference on computer vision and pattern recognition. Piscataway: IEEE, 2018: 6626-6634.

[134] HUANG Y, WANG W, WANG L. Bidirectional recurrent convolutional networks for multi-frame super-resolution[C]// Proceedings of the 2015 conference on advances in neural information processing systems. Cambridge, MA: MIT Press. 2015: 235-243.

[135] JO Y, WUG S, JAEYEON O, et al. Deep video super-resolution network using dynamic upsampling filters without explicit motion compensation[C]//Proceedings of the 2018 conference on

computer vision and pattern recognition. Piscataway: IEEE, 2018: 3224 – 3232.

[136] TIAN Y, ZHANG Y, FU Y, et al. TDAN: temporally deformable alignment network for video super-resolution [C]// Proceedings of the 2020 conference on computer vision and pattern recognition. Piscataway: IEEE, 2020: 3357 – 3366.

[137] WANG X, CHAN K C, YU K, et al. EDVR: video restoration with enhanced deformable convolutional networks [C]// Proceedings of the 2019 conference on computer vision and pattern recognition workshops. Piscataway: IEEE, 2019: 1954 – 1963.

[138] XUE T, CHEN B, WU J, et al. Video enhancement with task-oriented flow[J]. arXiv, 2017.

[139] YOKOYA N, YAIRI T, IWASAKI A. Coupled nonnegative matrix factorization unmixing for hyperspectral and multispectral data fusion [J]. IEEE transactions on geoscience and remote sensing, 2011, 50 (2): 528 – 537.

[140] WEI Q, BIOUCAS-DIAS J, DOBIGEON N, et al. Hyperspectral and multispectral image fusion based on a sparse representation [J]. IEEE transactions on geoscience and remote sensing, 2015, 53 (7): 3658 – 3668.

[141] VEGANZONES M A, SIMOES M, LICCIARDI G, et al. Hyperspectral super-resolution of locally low rank images from complementary multisource data[J]. IEEE transactions on image processing, 2015, 25 (1): 274 – 288.

[142] SIMOES M, BIOUCAS-DIAS J, ALMEIDA L B, et al. A convex formulation for hyperspectral image super-resolution via subspace-based regularization [J]. IEEE transactions on geoscience and remote sensing, 2014, 53 (6): 3373 – 3388.

[143] LANARAS C, BALTSAVIAS E, SCHINDLER K. Hyperspectral super-resolution by coupled spectral unmixing[C]//Proceedings of the 2015 international conference on computer vision. Piscataway: IEEE, 2015: 3586 – 3594.

[144] LIN T, GOYAL P, GIRSHICK R B, et al. Focal loss for dense

object detection [C]//Proceedings of the 2017 international conference on computer vision. Piscataway: IEEE, 2017: 2999-3007.

[145] CHEN L, PAPANDREOU G, KOKKINOS I, et al. DeepLab: semantic image segmentation with deep convolutional nets, atrous convolution, and fully connected CRFs[J]. IEEE transactions on pattern analysis and machine intelligence, 2018, 40(4): 834-848.

[146] YANG M, YU K, ZHANG C, et al. DenseASPP for semantic segmentation in street scenes [C]//Proceedings of the 2018 conference on computer vision and pattern recognition. Piscataway: IEEE, 2018: 3684-3692.

[147] XIE Q, ZHOU M, ZHAO Q, et al. Multispectral and hyperspectral image fusion by MS/HS fusion net [C]// Proceedings of the 2019 conference on computer vision and pattern recognition. Piscataway: IEEE, 2019: 1585-1594.

[148] QU Y, QI H, KWAN C. Unsupervised sparse Dirichlet-net for hyperspectral image super-resolution [C]//Proceedings of the 2018 conference on computer vision and pattern recognition. Piscataway: IEEE, 2018: 2511-2520.

[149] ZHENG K, GAO L, LIAO W, et al. Coupled convolutional neural network with adaptive response function learning for unsupervised hyperspectral super resolution [J]. IEEE transactions on geoscience and remote sensing, 2020, 59(3): 2487-2502.

[150] YAO J, HONG D, CHANUSSOT J, et al. Cross-attention in coupled unmixing nets for unsupervised hyperspectral super-resolution[C]//Proceedings of the 2020 European conference on computer vision. Berlin: Springer, 2020: 208-224.

[151] DONG W S, ZHOU C, WU F F, et al. Model-guided deep hyperspectral image super-resolution[J]. IEEE transactions on image processing, 2021: 5754-5768.

[152] YASUMA F, MITSUNAGA T, ISO D, et al. Generalized

assorted pixel camera: postcapture control of resolution, dynamic range, and spectrum [J]. IEEE transactions on image processing, 2010, 19 (9): 2241 -2253.

[153] CHAKRABARTI A, ZICKLER T. Statistics of real-world hyperspectral images [C]//Proceedings of the 2011 conference on computer vision and pattern recognition. Piscataway: IEEE, 2011: 193 -200.

[154] YOKOYA N, GROHNFELDT C, CHANUSSOT J. Hyperspectral and multispectral data fusion: a comparative review of the recent literature [J]. IEEE geoscience and remote sensing magazine, 2017, 5 (2): 29 -56.

[155] YOON Y, JEON H-G, YOO D, et al. Learning a deep convolutional network for light-field image super-resolution [C]// Proceedings of the 2015 conference on computer vision and pattern recognition workshops. Piscataway: IEEE, 2015: 24 -32.

[156] FAN H, LIU D, XIONG Z, et al. Two-stage convolutional neural network for light field super-resolution [C]//Proceedings of the 2017 international conference on image processing. Piscataway: IEEE, 2017: 1167 -1171.

[157] KIM J, KWON LEE J, MU LEE K. Accurate image super-resolution using very deep convolutional networks [C]// Proceedings of the 2016 conference on computer vision and pattern recognition. Piscataway: IEEE, 2016: 1646 -1654.

[158] CHENG Z, XIONG Z, LIU D. Light field super-resolution by jointly exploiting internal and external similarities [J]. IEEE transactions on circuits and systems for video technology, 2019, 30 (8): 2604 -2616.

[159] YUAN Y, CAO Z, SU L. Light-field image super-resolution using a combined deep CNN based on EPI [J]. IEEE signal processing letters, 2018, 25 (9): 1359 -1363.

[160] LIM B, SON S, KIM H, et al. Enhanced deep residual networks for single image super-resolution [C]//Proceedings of the 2017 conference on computer vision and pattern recognition workshops.

Piscataway: IEEE, 2017: 136 - 144.

[161] WANG Y, LIU F, ZHANG K, et al. LFNet: a novel bidirectional recurrent convolutional neural network for light-field image super-resolution [J]. IEEE transactions on image processing, 2018, 27 (9): 4274 - 4286.

[162] YEUNG H W F, HOU J, CHEN X, et al. Light field spatial super-resolution using deep efficient spatial-angular separable convolution[J]. IEEE transactions on image processing, 2018, 28 (5): 2319 - 2330.

[163] ZHANG S, LIN Y, SHENG H. Residual networks for light field image super-resolution[C]//Proceedings of the 2019 conference on computer vision and pattern recognition. Piscataway: IEEE, 2019: 11046 - 11055.

[164] ZHANG S, CHANG S, LIN Y. End-to-end light field spatial super-resolution network using multiple epipolar geometry [J]. IEEE transactions on image processing, 2021, 30: 5956 - 5968.

[165] MENG N, WU X, LIU J, et al. High-order residual network for light field super-resolution[C]//Proceedings of the 2020 AAAI conference on artificial intelligence. Menlo Park, CA: AAAI Press, 2020: 11757 - 11764.

[166] JIN J, HOU J, CHEN J, et al. Light field spatial super-resolution via deep combinatorial geometry embedding and structural consistency regularization [C]//Proceedings of the 2020 conference on computer vision and pattern recognition. Piscataway: IEEE, 2020: 2260 - 2269.

[167] 邓武, 张旭东, 熊伟, 等. 融合全局与局部视角的光场超分辨率重建[J]. 计算机应用研究, 2019, 36 (5): 1549 - 1554.

[168] 安平, 陈欣, 陈亦雷, 等. 基于视点图像与EPI特征融合的光场超分辨率[J]. Journal of signal processing, 2022, 38 (9): 1818 - 1830.

[169] MO Y, WANG Y, XIAO C, et al. Dense dual-attention network for light field image super-resolution[J]. IEEE transactions on circuits and systems for video technology, 2021, 32 (7):

4431-4443.

[170] WANG Z, LU Y, ZHANG Y, et al. LF-MAGNet: learning mutual attention guidance of sub-aperture images for light field image super-resolution[C]//Proceedings of the 2021 Chinese conference on pattern recognition and computer vision. Berlin: Springer, 2021: 105-116.

[171] YANG J, WRIGHT J, HUANG T S, et al. Image super-resolution via sparse representation[J]. IEEE transactions on image processing, 2010, 19(11): 2861-2873.

[172] WANG X, YU K, DONG C, et al. Recovering realistic texture in image super-resolution by deep spatial feature transform[C]//Proceedings of the 2018 conference on computer vision and pattern recognition. Piscataway: IEEE, 2018: 606-615.

[173] TIMOFTE R, AGUSTSSON E, GOOL L V, et al. NTIRE 2017 challenge on single image super-resolution: methods and results[C]//Proceedings of the 2017 conference on computer vision and pattern recognition workshops. Piscataway: IEEE, 2017: 1110-1121.

[174] CAI J, ZENG H, YONG H, et al. Toward real-world single image super-resolution: a new benchmark and a new model[C]//Proceedings of the 2019 international conference on computer vision. Piscataway: IEEE, 2019: 3086-3095.

[175] CHEN C, XIONG Z, TIAN X, et al. Camera lens super-resolution[C]//Proceedings of the 2019 conference on computer vision and pattern recognition. Piscataway: IEEE, 2019: 1652-1660.

[176] SCHOPS T, SCHONBERGER J L, GALLIANI S, et al. A multi-view stereo benchmark with high-resolution images and multi-camera videos[C]//Proceedings of the 2017 conference on computer vision and pattern recognition. Piscataway: IEEE, 2017: 3260-3269.

[177] NAH S, TIMOFTE R, GU S, et al. NTIRE 2019 challenge on video super-resolution: methods and results[C]//Proceedings of

the 2019 conference on computer vision and pattern recognition workshops. Piscataway: IEEE, 2019: 1985 – 1995.

[178] MA C, YANG C-Y, YANG X, et al. Learning a no-reference quality metric for single-image super-resolution [J]. Computer vision and image understanding, 2017, 158: 1 – 16.

[179] SESHADRINATHAN K, BOVIK A C. Motion tuned spatio-temporal quality assessment of natural videos [J]. IEEE transactions on image processing, 2010, 19 (2): 335 – 350.

[180] WOLF S, PINSON M H. Video quality model for variable frame delay (VQM_VFD) [J]. NTIA technical memorandum, 2011, TM-11-482: 1 – 15.

[181] KRUSE F A, LEFKOFF A B, BOARDMAN J W, et al. The spectral image processing system (SIPS) interactive visualization and analysis of imaging spectrometer data [J]. Remote sensing of environment, 1993, 44 (2/3): 145 – 163.

[182] WALD L. Quality of high resolution synthesised images: is there a simple criterion? [C]//Proceedings of the 2000 3rd conference fusion of earth data: merging point measurements, raster maps and remotely sensed images. Nice: SEE/URISCA, 2000: 99 – 103.

[183] WANG Z, BOVIK A C. A universal image quality index [J]. IEEE signal processing letters, 2002, 9 (3): 81 – 84.

[184] ZOMET A, RAV-ACHA A, PELEG S. Robust super-resolution [C]//Proceedings of the 2001 conference on computer vision and pattern recognition. Piscataway: IEEE, 2001: I-645 – I-650.

[185] ALY H H, DUBOIS E. Image up-sampling using total-variation regularization with a new observation model [J]. IEEE transactions on image processing, 2005, 14 (10): 1647 – 1659.

[186] DONG C, LOY C C, TANG X. Accelerating the super-resolution convolutional neural network [C]//Proceedings of the 2016 European conference on computer vision. Berlin: Springer, 2016: 391 – 407.

[187] LUO X, XIE Y, ZHANG Y, et al. LatticeNet: towards lightweight image super-resolution with lattice block [C]//

Proceedings of the 2020 European conference on computer vision. Berlin: Springer, 2020: 272 – 289.

[188] LIANG J, CAO J, SUN G, et al. SwinIR: image restoration using swin transformer[C]//Proceedings of the 2021 conference on computer vision and pattern recognition workshops. Piscataway: IEEE, 2021: 1833 – 1844.

[189] MA C, RAO Y M, LU J W, et al. Structure-preserving image super-resolution[J]. IEEE transactions on pattern analysis and machine intelligence, 2021: 7769 – 7778.

[190] YANG F, YANG H, FU J, et al. Learning texture transformer network for image super-resolution[C]//Proceedings of the 2020 conference on computer vision and pattern recognition. Piscataway: IEEE, 2020: 5791 – 5800.

[191] GUO Y, CHEN J, WANG J, et al. Closed-loop matters: dual regression networks for single image super-resolution [C]//Proceedings of the 2020 conference on computer vision and pattern recognition. Piscataway: IEEE, 2020: 5407 – 5416.

[192] FAN Y, YU J, MEI Y, et al. Neural sparse representation for image restoration [C]//Proceedings of the 2020 34th international conference on neural information processing systems. Cambridge, MA: MIT Press, 2020: 15394 – 15404.

[193] ZHANG Y, WEI D, QIN C, et al. Context reasoning attention network for image super-resolution[C]//Proceedings of the 2021 international conference on computer vision. Piscataway: IEEE, 2021: 4278 – 4287.

[194] CHEN T, KORNBLITH S, NOROUZI M, et al. A simple framework for contrastive learning of visual representations[C]//Proceedings of the 2020 37th international conference on machine learning. New York: ACM, 2020: 1597 – 1607.

[195] CHEN X, FAN H, GIRSHICK R, et al. Improved baselines with momentum contrastive learning[J]. arXiv, 2020.

[196] HE K, FAN H, WU Y, et al. Momentum contrast for unsupervised visual representation learning[C]//Proceedings of

the 2020 conference on computer vision and pattern recognition. Piscataway: IEEE, 2020: 9729 – 9738.

[197] PARK T, EFROS A A, ZHANG R, et al. Contrastive learning for unpaired image-to-image translation[C]//Proceedings of the 2020 European conference on computer vision. Berlin: Springer, 2020: 319 – 345.

[198] HE J, DONG C, QIAO Y. Modulating image restoration with continual levels via adaptive feature modification layers[C]// Proceedings of the 2019 conference on computer vision and pattern recognition. Piscataway: IEEE, 2019: 11056 – 11064.

[199] HE J, DONG C, QIAO Y. Interactive multi-dimension modulation with dynamic controllable residual learning for image restoration[C]//Proceedings of the 2020 European conference on computer vision. Berlin: Springer, 2020: 53 – 68.

[200] ZHU H, CHEN X, DAI W, et al. Orientation robust object detection in aerial images using deep convolutional neural network[C]//Proceedings of the 2015 international conference on image processing. Piscataway: IEEE, 2015: 3735 – 3739.

[201] MING Q, ZHOU Z, MIAO L, et al. Dynamic anchor learning for arbitrary-oriented object detection[C]//Proceedings of the 2021 AAAI conference on artificial intelligence. Cambridge, MA: MIT Press, 2021: 2355 – 2363.

[202] KINGMA D P, BA J. Adam: a method for stochastic optimization [C]//Proceedings of the 2015 international conference on learning representations. London: ICLR, 2015: 1 – 15.

[203] ZHANG Y, TIAN Y, KONG Y, et al. Residual dense network for image restoration[J]. IEEE transactions on pattern analysis and machine intelligence, 2020, 43 (7): 2480 – 2495.

[204] ZHANG K, ZUO W, CHEN Y, et al. Beyond a Gaussian denoiser: residual learning of deep CNN for image denoising[J]. IEEE transactions on image processing, 2017, 26 (7): 3142 – 3155.

[205] MAATEN L V D, HINTON G. Visualizing data using t-SNE[J]. Journal of machine learning research, 2008, 9: 2579 – 2605.

[206] YIN M, YAO Z, CAO Y, et al. Disentangled non-local neural networks[C]//Proceedings of the 2020 European conference on computer vision. Berlin: Springer, 2020: 191 – 207.

[207] CHEN Y, LIU S, WANG X. Learning continuous image representation with local implicit image function[C]//Proceedings of the 2021 conference on computer vision and pattern recognition. Piscataway: IEEE, 2021: 8628 – 8638.

[208] CHANG J-R, CHEN Y-S. Pyramid stereo matching network[C]//Proceedings of the 2018 conference on computer vision and pattern recognition. Piscataway: IEEE, 2018: 5410 – 5418.

[209] LIANG Z, GUO Y, FENG Y, et al. Stereo matching using multi-level cost volume and multi-scale feature constancy[J]. IEEE transactions on pattern analysis and machine intelligence, 2019, 43 (1): 300 – 315.

[210] NIE G-Y, CHENG M-M, LIU Y, et al. Multi-level context ultra-aggregation for stereo matching[C]//Proceedings of the 2019 conference on computer vision and pattern recognition. Piscataway: IEEE, 2019: 3283 – 3291.

[211] XU H, ZHANG J. AANet: adaptive aggregation network for efficient stereo matching[C]//Proceedings of the 2020 conference on computer vision and pattern recognition. Piscataway: IEEE, 2020: 1959 – 1968.

[212] GU X D, FAN Z W, ZHU S Y, et al. Cascade cost volume for high-resolution multi-view stereo and stereo matching[C]//Proceedings of the 2020 conference on computer vision and pattern recognition. Piscataway: IEEE, 2020: 2492 – 2501.

[213] YAO C, JIA Y, DI H, et al. A decomposition model for stereo matching[C]//Proceedings of the 2021 conference on computer vision and pattern recognition. Piscataway: IEEE, 2021: 6091 – 6100.

[214] SHEN Z, DAI Y, RAO Z. CFNet: cascade and fused cost

[215] WANG Y, WANG L, YANG J, et al. Flickr1024: a large-scale dataset for sereo image super-resolution[C]//Proceedings of the 2019 international conference on computer vision workshop. Piscataway: IEEE, 2019: 3852-3857.

[216] KANG L, YE P, LI Y, et al. Convolutional neural networks for no-reference image quality assessment[C]//Proceedings of the 2014 conference on computer vision and pattern recognition. Piscataway: IEEE, 2014: 1733-1740.

[217] KIM J, LEE J K, LEE K M. Deeply-recursive convolutional network for image super-resolution[C]//Proceedings of the 2016 conference on computer vision and pattern recognition. Piscataway: IEEE, 2016: 1637-1645.

[218] LAI W, HUANG J, AHUJA N, et al. Deep laplacian pyramid networks for fast and accurate super-resolution[C]//Proceedings of the 2017 conference on computer vision and pattern recognition. Piscataway: IEEE, 2017: 5835-5843.

[219] WANG Z, YI P, JIANG K, et al. Multi-memory convolutional neural network for video super-resolution[J]. IEEE transactions on image processing, 2019, 28(5): 2530-2544.

[220] CHAN K C, WANG X, YU K, et al. BasicVSR: the search for essential components in video super-resolution and beyond[C]//Proceedings of the 2021 conference on computer vision and pattern recognition. Piscataway: IEEE, 2021: 4947-4956.

[221] IGNATOV A, ROMERO A, KIM H, et al. Real-time video super-resolution on smartphones with deep learning, mobile AI 2021 challenge: report[C]//Proceedings of the 2021 conference on computer vision and pattern recognition workshops. Piscataway: IEEE, 2021: 2535-2544.

[222] LIU D, WANG Z, FAN Y, et al. Robust video super-resolution with learned temporal dynamics[C]//Proceedings of the 2017

international conference on computer vision. Piscataway: IEEE, 2017: 2526 – 2534.

[223] DOSOVITSKIY A, FISCHER P, ILG E, et al. FlowNet: learning optical flow with convolutional networks [C]// Proceedings of the 2015 international conference on computer vision. Piscataway: IEEE, 2015: 2758 – 2766.

[224] SUN D, YANG X, LIU M, et al. PWC-Net: CNNs for optical flow using pyramid, warping, and cost volume[C]//Proceedings of the 2017 conference on computer vision and pattern recognition. Piscataway: IEEE, 2017: 8934 – 8943.

[225] HUI T, TANG X, LOY C C. LiteFlowNet: a lightweight convolutional neural network for optical flow estimation [C]// Proceedings of the 2018 conference on computer vision and pattern recognition. Piscataway: IEEE, 2018: 8981 – 8989.

[226] RANJAN A, BLACK M J. Optical flow estimation using a spatial pyramid network [C]//Proceedings of the 2017 conference on computer vision and pattern recognition. Piscataway: IEEE, 2017: 2720 – 2729.

[227] GUO X, YANG K, YANG W, et al. Group-wise correlation stereo network [C]//Proceedings of the 2019 conference on computer vision and pattern recognition. Piscataway: IEEE, 2019: 3273 – 3282.

[228] SHI W, CABALLERO J, HUSZAR F, et al. Real-time single image and video super-resolution using an efficient sub-pixel convolutional neural network [C]//Proceedings of the 2016 conference on computer vision and pattern recognition. Piscataway: IEEE, 2016: 1874 – 1883.

[229] PONT-TUSET J, PERAZZI F, CAELLES S, et al. The 2017 DAVIS challenge on video object segmentation[J]. arXiv, 2018.

[230] SUN X, GUO L, ZHANG W, et al. A dataset of semi-synthetic detection for small infrared moving target detection under clutter background[J]. China scientific data, 2024, 9(3): 1 – 17.

[231] BUTLER D J, WULFF J, STANLEY G B, et al. A naturalistic

open source movie for optical flow evaluation[C]//Proceedings of the 2012 European conference on computer vision. Berlin: Springer, 2012: 611 -625.

[232] BAKER S, SCHARSTEIN D, LEWIS J, et al. A database and evaluation methodology for optical flow[J]. International journal of computer vision, 2011, 92 (1): 1 -31.

[233] MAYER N, ILG E, HAUSSER P, et al. A large dataset to train convolutional networks for disparity, optical flow, and scene flow estimation[C]//Proceedings of the 2016 conference on computer vision and pattern recognition. Piscataway: IEEE, 2016: 4040 - 4048.

[234] AHN N, KANG B, SOHN K. Fast, accurate, and lightweight super-resolution with cascading residual network [C]// Proceedings of the 2018 European conference on computer vision. Berlin: Springer, 2018: 252 -268.

[235] 余旭初, 冯伍法, 林丽霞. 高光谱——遥感测绘的新机遇[J]. 测绘科学技术学报, 2006, 23 (2): 101 -105.

[236] 何勇, 赵春江, 吴迪, 等. 作物-环境信息的快速获取技术与传感仪器[J]. 中国科学: 信息科学, 2010, 40(13): 1 -20.

[237] 王锦坚, 洪添胜, 岳学军, 等. 基于高光谱的柑橘树红边特征及叶绿素和 LAI 的监测[J]. 中国科学: 信息科学, 2010, 40 (13): 125 -132.

[238] VIVONE G, ALPARONE L, CHANUSSOT J, et al. A critical comparison among pansharpening algorithms [J]. IEEE transactions on geoscience and remote sensing, 2014, 53 (5): 2565 -2586.

[239] LONCAN L, DE ALMEIDA L B, BIOUCAS-DIAS J M, et al. Hyperspectral pansharpening: a review[J]. IEEE geoscience and remote sensing magazine, 2015, 3 (3): 27 -46.

[240] YANG J, FU X, HU Y, et al. PanNet: a deep network architecture for pan-sharpening[C]//Proceedings of the 2017 international conference on computer vision. Piscataway: IEEE, 2017: 1753 -1761.

[241] DIAN R, LI S, GUO A, et al. Deep hyperspectral image sharpening[J]. IEEE transactions on neural networks and learning systems, 2018, 29(11): 5345-5355.

[242] DONG W, FU F, SHI G, et al. Hyperspectral image super-resolution via non-negative structured sparse representation[J]. IEEE transactions on image processing, 2016, 25(5): 2337-2352.

[243] DIAN R, FANG L, LI S. Hyperspectral image super-resolution via non-local sparse tensor factorization[C]//Proceedings of the 2017 conference on computer vision and pattern recognition. Piscataway: IEEE, 2017: 3862-3871.

[244] DIAN R, LI S, FANG L. Learning a low tensor-train rank representation for hyperspectral image super-resolution[J]. IEEE transactions on neural networks and learning systems, 2019, 30(9): 2672-2683.

[245] KANG X, ZHANG X, LI S, et al. Hyperspectral anomaly detection with attribute and edge-preserving filters[J]. IEEE transactions on geoscience and remote sensing, 2017, 55(10): 5600-5611.

[246] WANG Z, BOVIK A C, SHEIKH H R, et al. Image quality assessment: from error visibility to structural similarity[J]. IEEE transactions on image processing, 2004, 13(4): 600-612.

[247] LI S, DIAN R, FANG L, et al. Fusing hyperspectral and multispectral images via coupled sparse tensor factorization[J]. IEEE transactions on image processing, 2018, 27(8): 4118-4130.

[248] WEI Q, DOBIGEON N, TOURNERET J-Y. Fast fusion of multi-band images based on solving a Sylvester equation[J]. IEEE transactions on image processing, 2015, 24(11): 4109-4121.

[249] UNGER J, WENGER A, HAWKINS T, et al. Capturing and rendering with incident light fields[C]//Proceedings of the 2003 14th eurographics workshop on rendering. Goslar: Eurographics Association, 2003: 141-149.

[250] IHRKE I, STICH T, GOTTSCHLICH H, et al. Fast incident

light field acquisition and rendering[J]. Journal of WSCG, 2008, 16(1): 25-32.

[251] TAGUCHI Y, AGRAWAL A, RAMALINGAM S, et al. Axial light field for curved mirrors: reflect your perspective, widen your view[C]//Proceedings of the 2010 conference on computer vision and pattern recognition. Piscataway: IEEE, 2010: 499-506.

[252] ADELSON E H, WANG J Y. Single lens stereo with a plenoptic camera[J]. IEEE transactions on pattern analysis and machine intelligence, 1992, 14(2): 99-106.

[253] NG R, LEVOY M, BRÉDIF M, et al. Light field photography with a hand-held plenoptic camera [J]. Computer science technical report, 2005, 2: 1-11.

[254] GEORGIEV T G, ZHENG K C, CURLESS B, et al. Spatio-angular resolution tradeoffs in integral photography [C]// Proceedings of the 2006 17th eurographics conference on rendering techniques. Goslar: Eurographics Association, 2006: 263-272.

[255] YANG J C, EVERETT M, BUEHLER C, et al. A real-time distributed light field camera[C]//Proceedings of the 2002 13th eurographics worshop on rendeering. Goslar: Eurographics Association, 2002: 77-86.

[256] XIAO Z, SI L, ZHOU G. Seeing beyond foreground occlusion: ajoint framework for sap-based scene depth and appearance reconstruction[J]. IEEE journal of selected topics in signal processing, 2017, 11(7): 979-991.

[257] VENKATARAMAN K, LELESCU D, DUPARRÉ J, et al. PiCam: an ultra-thin high performance monolithic camera array [J]. ACM transactions on graphics, 2013, 32(6): 1-13.

[258] WANG Y, LIU Y, HEIDRICH W, et al. The light field attachment: turning a DSLR into a light field camera using a low budget camera ring[J]. IEEE transactions on visualization and computer graphics, 2016, 23(10): 2357-2364.

[259] SHIH K-T, CHEN H H. Generating high-resolution image and depth map using a camera array with mixed focal lengths[J]. IEEE transactions on computational imaging, 2018, 5(1): 68-81.

[260] YUAN X, FANG L, DAI Q, et al. Multiscale gigapixel video: a cross resolution image matching and warping approach[C]//Proceedings of the 2017 international conference on computational photography. Piscataway: IEEE, 2017: 1-9.

[261] LEISTNER T, SCHILLING H, MACKOWIAK R, et al. Learning to think outside the box: wide-baseline light field depth estimation with EPI-shift[C]//Proceedings of the 2019 international conference on 3D vision. Piscataway: IEEE, 2019: 249-257.

[262] WANG Y, WU T, YANG J, et al. DeOccNet: learning to see through foreground occlusions in light fields[C]//Proceedings of the 2020 winter conference on applications of computer vision. Piscataway: IEEE, 2020: 118-127.

[263] JIN J, HOU J, CHEN J, et al. Deep coarse-to-fine dense light field reconstruction with flexible sampling and geometry-aware fusion[J]. IEEE transactions on pattern analysis and machine intelligence, 2020, 44(4): 1819-1836.

[264] WU G, LIU Y, DAI Q, et al. Learning sheared EPI structure for light field reconstruction[J]. IEEE transactions on image processing, 2019, 28(7): 3261-3273.

[265] WU G, LIU Y, FANG L, et al. Light field reconstruction using convolutional network on EPI and extended applications[J]. IEEE transactions on pattern analysis and machine intelligence, 2018, 41(7): 1681-1694.

[266] LEVOY M, HANRAHAN P. Light field rendering[C]//Proceedings of the 1996 annual conference on computer graphics and interactive techniques. New York: ACM, 1996: 31-42.

[267] WU G, ZHAO M, WANG L, et al. Light field reconstruction using deep convolutional network on EPI[C]//Proceedings of the

2017 conference on computer vision and pattern recognition. Piscataway: IEEE, 2017: 6319 - 6327.

[268] WANNER S, GOLDLUECKE B. Variational light field analysis for disparity estimation and super-resolution [J]. IEEE transactions on pattern analysis and machine intelligence. Piscataway: IEEE, 2013, 36 (3): 606 - 619.

[269] ZHANG S, SHENG H, LI C, et al. Robust depth estimation for light field via spinning parallelogram operator [J]. Computer vision and image understanding, 2016, 145: 148 - 159.

[270] SHENG H, ZHAO P, ZHANG S, et al. Occlusion-aware depth estimation for light field using multi-orientation EPIs[J]. Pattern recognition, 2018, 74: 587 - 599.

[271] SCHILLING H, DIEBOLD M, ROTHER C, et al. Trust your model: light field depth estimation with inline occlusion handling [C]//Proceedings of the 2018 conference on computer vision and pattern recognition. Piscataway: IEEE, 2018: 4530 - 4538.

[272] YANG W, ZHANG X, TIAN Y, et al. Deep learning for single image super-resolution: a brief review[J]. IEEE transactions on multimedia, 2019, 21 (12): 3106 - 3121.

[273] WANG Z, CHEN J, HOI S C. Deep learning for image super-resolution: a survey[J]. IEEE transactions on pattern analysis and machine intelligence, 2020, 43 (10): 3365 - 3387.

[274] LI J, PEI Z, ZENG T. From beginner to master: a survey for deep learning-based single-image super-resolution [J]. arXiv, 2021.

[275] FARRUGIA R A, GALEA C, GUILLEMOT C. Super resolution of light field images using linear subspace projection of patch-volumes [J]. IEEE journal of selected topics in signal processing, 2017, 11 (7): 1058 - 1071.

[276] ROSSI M, FROSSARD P. Geometry-consistent light field super-resolution via graph-based regularization[J]. IEEE transactions on image processing, 2018, 27 (9): 4207 - 4218.

[277] ALAIN M, SMOLIC A. Light field super-resolution via LFBM5D

sparse coding [C]//Proceedings of the 2018 international conference on image processing. Piscataway: IEEE, 2018: 2501-2505.

[278] MITRA K, VEERARAGHAVAN A. Light field denoising, light field super-resolution and stereo camera based refocusing using a GMM light field patch prior [C]//Proceedings of the 2012 conference on computer vision and pattern recognition workshops. Piscataway: IEEE, 2012: 22-28.

[279] DONG C, LOY C C, HE K, et al. Learning a deep convolutional network for image super-resolution [C]//Proceedings of the 2014 European conference on computer vision. Berlin: Springer, 2014: 184-199.

[280] HUANG Y, WANG W, WANG L. Bidirectional recurrent convolutional networks for multi-frame super-resolution [C]//Proceedings of the 2015 advances in neural information processing systems. Cambridge, MA: MIT Press, 2015: 235-243.

[281] YOON Y, JEON H-G, YOO D, et al. Light-field image super-resolution using convolutional neural network [J]. IEEE signal processing letters, 2017, 24(6): 848-852.

[282] WANG Y, WANG L, YANG J, et al. Spatial-angular interaction for light field image super-resolution [C]//Proceedings of the 2020 European conference on computer vision. Berlin: Springer, 2020: 290-308.

[283] ZHANG Y, LI K, LI K, et al. Image super-resolution using very deep residual channel attention networks [C]//Proceedings of the 2018 European conference on computer vision. Berlin: Springer, 2018: 286-301.

[284] BOK Y, JEON H-G, KWEON I S. Geometric calibration of micro-lens-based light field cameras using line features [J]. IEEE transactions on pattern analysis and machine intelligence, 2016, 39(2): 287-300.

[285] KINGMA D P, BA J. Adam: a method for stochastic optimization [C]//Proceedings of the 2015 3rd international

conference on learning representations. London: ICLR, 2015: 1-15.

[286] LIANG J, ZHANG K, GU S, et al. Flow-based kernel prior with application to blind super-resolution [C]//Proceedings of the 2021 conference on computer vision and pattern recognition. Piscataway: IEEE, 2021: 10601-10610.

[287] ZHANG K, ZUO W, ZHANG L. Learning a single convolutional super-resolution network for multiple degradations [C]//Proceedings of the 2018 conference on computer vision and pattern recognition workshops. Piscataway: IEEE, 2018: 3262-3271.

[288] WANG L, WANG Y, DONG X, et al. Unsupervised degradation representation learning for blind super-resolution [C]//Proceedings of the 2021 conference on computer vision and pattern recognition. Piscataway: IEEE, 2021: 10581-10590.

[289] XU Y-S, TSENG S-Y R, TSENG Y, et al. Unified dynamic convolutional network for super-resolution with variational degradations [C]//Proceedings of the 2020 conference on computer vision and pattern recognition. Piscataway: IEEE, 2020: 12496-12505.

[290] HONAUER K, JOHANNSEN O, KONDERMANN D, et al. A dataset and evaluation methodology for depth estimation on 4D light fields [C]//Proceedings of the 2016 Asian conference on computer vision. Berlin: Springer, 2016: 19-34.

[291] WANNER S, MEISTER S, GOLDLUECKE B. Datasets and benchmarks for densely sampled 4D light fields [C]//Proceedings of the 2016 vision, modelling and visualization. Goslar: Eurographics Association, 2013: 225-226.

[292] RERABEK M, EBRAHIMI T. New light field image dataset [C]//Proceedings of the 2016 international conference on quality of multimedia experience. Piscataway: IEEE, 2016: 1-2.

[293] LE PENDU M, JIANG X, GUILLEMOT C. Light field inpainting propagation via low rank matrix completion [J]. IEEE

transactions on image processing, 2018, 27 (4): 1981-1993.

[294] GUILLO L, JIANG X, LAFRUIT G, et al. Light field video dataset captured by a R8 Raytrix camera (with disparity maps) [R]. International organization for standardisation ISO/IEC JTC1/SC29/WG1 & WG11, 2018: 1-6.

[295] GU J, LU H, ZUO W, et al. Blind super-resolution with iterative kernel correction [C]//Proceedings of the 2019 conference on computer vision and pattern recognition. Piscataway: IEEE, 2019: 1604-1613.

[296] ZHANG K, LIANG J, VAN GOOL L, et al. Designing a practical degradation model for deep blind image super-resolution [C]//Proceedings of the 2021 international conference on computer vision. Piscataway: IEEE, 2021: 4791-4800.

[297] WANG X, XIE L, DONG C, et al. Real-ESRGAN: training real-world blind super-resolution with pure synthetic data[C]// Proceedings of the 2021 international conference on computer vision workshops. Piscataway: IEEE, 2021: 1905-1914.

[298] YU X, LIU T, WANG X, et al. On compressing deep models by low rank and sparse decomposition[C]//Proceedings of the 2017 conference on computer vision and pattern recognition. Piscataway: IEEE, 2017: 7370-7379.

[299] WANG Y H, XU C, XU C, et al. Beyond filters: compact feature map for portable deep model [C]//Proceedings of the 2017 international conference on machine learning. New York: ACM, 2017: 3703-3711.

[300] LI Y, GU S, GOOL L V, et al. Learning filter basis for convolutional neural network compression [C]//Proceedings of the 2019 international conference on computer vision. Piscataway: IEEE, 2019: 5623-5632.

[301] LI H, KADAV A, DURDANOVIC I, et al. Pruning filters for efficient ConvNets [C]//Proceedings of the 2017 international conference on learning representations. Washington, DC: ICLR, 2017: 1-13.

[302] LIU Z, SUN M, ZHOU T, et al. Rethinking the value of network pruning[C]//Proceedings of the 2018 international conference on learning representations. Washington, DC: ICLR, 2018: 1-21.

[303] MOLCHANOV P, MALLYA A, TYREE S, et al. Importance estimation for neural network pruning[C]//Proceedings of the 2019 international conference on computer vision. Piscataway: IEEE, 2019: 11264-11272.

[304] ZHAO C, NI B, ZHANG J, et al. Variational convolutional neural network pruning[C]//Proceedings of the 2019 international conference on computer vision. Piscataway: IEEE, 2019: 2780-2789.

[305] WANG Y, ZHANG X, XIE L, et al. Pruning from scratch[C]//Proceedings of the 2020 association for the advancement of artificial intelligence. Menlo Park, CA: AAAI Press, 2020: 12273-12280.

[306] WANG Z, LI C, WANG X. Convolutional neural network pruning with structural redundancy reduction[C]//Proceedings of the 2021 international conference on computer vision. Piscataway: IEEE, 2021: 14913-14922.

[307] HOU Y, MA Z, LIU C, et al. Learning lightweight lane detection CNNs by self attention distillation[C]//Proceedings of the 2019 international conference on computer vision. Piscataway: IEEE, 2019: 1013-1021.

[308] PARK W, KIM D, LU Y, et al. Relational knowledge distillation[C]//Proceedings of the 2019 conference on computer vision and pattern recognition. Piscataway: IEEE, 2019: 3967-3976.

[309] PHUONG M, LAMPERT C. Towards understanding knowledge distillation[C]//Proceedings of the 2019 international conference on machine learning. New York: ACM, 2019: 5142-5151.

[310] CHO J H, HARIHARAN B. On the efficacy of knowledge distillation[C]//Proceedings of the 2019 international conference on computer vision. Piscataway: IEEE, 2019: 4794-4802.

[311] GOU J, YU B, MAYBANK S J, et al. Knowledge distillation: a survey[J]. International journal of computer vision, 2021, 129(6): 1789-1819.

[312] ESSER S K, MCKINSTRY J L, BABLANI D, et al. Learned step size quantization[C]//Proceedings of the 2018 international conference on learning representations. Washington, DC: ICLR, 2019: 1-12.

[313] CHEN S, WANG W, PAN S J. Deep neural network quantization via layer-wise optimization using limited training data[C]//Proceedings of the 2020 association for the advancement of artificial intelligence. Menlo Park, CA: AAAI Press, 2019: 3329-3336.

[314] YANG Z, WANG Y, HAN K, et al. Searching for low-bit weights in quantized neural networks[C]//Proceedings of the 2020 34th conference on advances in neural information processing systems. Cambridge, MA: MIT Press, 2020: 1-11.

[315] WANG P, HE X, CHEN Q, et al. Unsupervised network quantization via fixed-point factorization[J]. IEEE transactions on neural networks and learning systems, 2021, 32(6): 2706-2720.

[316] JIN Q, YANG L, LIAO Z. Adabits: neural network quantization with adaptive bit-widths[C]//Proceedings of the 2020 conference on computer vision and pattern recognition. Piscataway: IEEE, 2020: 2146-2156.

[317] YAO Z, DONG Z, ZHENG Z, et al. HAWQ-V3: dyadic neural network quantization[C]//Proceedings of the 2021 international conference on machine learning. New York: ACM, 2021: 11875-11886.

[318] HE X, LU J, XU W, et al. Generative zero-shot network quantization[C]//Proceedings of the 2021 conference on computer vision and pattern recognition. Piscataway: IEEE, 2021: 3000-3011.

[319] BOCHKOVSKIY A, WANG C-Y, LIAO H-Y M. YOLOv4:

optimal speed and accuracy of object detection [J]. arXiv, 2020.

[320] REDMON J, FARHADI A. YOLOv3: an incremental improvement[J]. arXiv, 2018.

[321] CAI Y, LI H, YUAN G, et al. YOLObile: real-time object detection on mobile devices via compression-compilation co-design [C]//Proceedings of the 2021 association for the advancement of artificial intelligence. Menlo Park, CA: AAAI Press, 2021: 955 – 963.

[322] HUI Z, WANG X M, GAO X B. Fast and accurate single image super-resolution via information distillation network [C]// Proceedings of the 2018 conference on computer vision and pattern recognition. Piscataway: IEEE, 2018: 723 – 731.

[323] HUI Z, GAO X, YANG Y, et al. Lightweight image super-resolution with information multi-distillation network [J]. ACM transactions on multimedia computing, communications, and applications, 2019, 17: 1 – 17.

[324] LI H, YAN C, LIN S, et al. PAMS: quantized super-resolution via parameterized max scale [C]//Proceedings of the 2020 European conference on computer vision. Berlin: Springer, 2020: 564 – 580.

[325] HONG C, KIM H, OH J, et al. DAQ: distribution-aware quantization for deep image super-resolution networks [J]. arXiv, 2020.

[326] JUNG S, SON C, LEE S, et al. Learning to quantize deep networks by optimizing quantization intervals with task loss[C]// Proceedings of the 2019 conference on computer vision and pattern recognition. Piscataway: IEEE, 2019: 4350 – 4359.

[327] YANG J, SHEN X, XING J, et al. Quantization networks[C]// Proceedings of the 2019 conference on computer vision and pattern recognition. Piscataway: IEEE, 2019: 7308 – 7316.

[328] YAMAMOTO K. Learnable companding quantization for accurate low-bit neural networks[C]//Proceedings of the 2019 conference

on computer vision and pattern recognition. Piscataway: IEEE, 2021: 5029-5038.

[329] CHELLAPILLA K, PURI S, SIMARD P. High performance convolutional neural networks for document processing[C]//Proceedings of the 2006 10th international workshop on frontiers in handwriting recognition. Piscataway: IEEE, 2006: 1-7.

[330] LAVIN A, GRAY S. Fast algorithms for convolutional neural networks[C]//Proceedings of the 2016 conference on computer vision and pattern recognition. Piscataway: IEEE, 2016: 4013-4021.

[331] VASILACHE N, JOHNSON J, MATHIEU M, et al. Fast convolutional nets with fbfft: a GPU performance evaluation[C]//Proceedings of the 2015 international conference on learning representations. Washington, DC: ICLR, 2015: 1-17.

[332] YU J, LUKEFAHR A, PALFRAMAN D, et al. Scalpel: customizing DNN pruning to the underlying hardware parallelism [C]//Proceedings of the 2017 44th annual international symposium on computer architecture. Piscataway: IEEE, 2017: 548-560.

[333] CHU X, ZHANG B, MA H, et al. Fast, accurate and lightweight super-resolution with neural architecture search[C]//Proceedings of the 2020 25th international conference on pattern recognition. Piscataway: IEEE, 2020: 59-64.

[334] LEDIG C, THEIS L, HUSZAR F, et al. Photo-realistic single image super-resolution using a generative adversarial network [C]//Proceedings of the 2017 conference on computer vision and pattern recognition. Piscataway: IEEE, 2017: 105-114.

[335] LI Y, GU S, ZHANG K, et al. DHP: differentiable meta pruning via hypernetworks[C]//Proceedings of the 2020 European conference on computer vision. Berlin: Springer, 2020: 608-624.

[336] ZHANG X D, ZENG H, ZHANG L. Edge-oriented convolution block for real-time super resolution on mobile devices[C]//

Proceedings of the 2021 29th ACM international conference on multimedia. New York：ACM，2021：4034 – 4043.

[337] KONG X, ZHAO H, QIAO Y, et al. ClassSR：a general framework to accelerate super-resolution networks by data characteristic[C]//Proceedings of the 2021 conference on computer vision and pattern recognition. Piscataway：IEEE, 2021：12016 – 12025.

[338] ZHAO R, HU Y, DOTZEL J, et al. Improving neural network quantization without retraining using outlier channel splitting[C]//Proceedings of the 2019 international conference on machine learning. New York：ACM，2019：7543 – 7552.

[339] WANG P, CHEN Q, HE X, et al. Towards accurate post-training network quantization via bit-split and stitching[C]//Proceedings of the 2020 international conference on machine learning. New York：ACM，2020：9847 – 9856.

[340] FANG J, SHAFIEE A, ABDEL-AZIZ H, et al. Post-training piecewise linear quantization for deep neural networks[C]//Proceedings of the 2020 European conference on computer vision. Berlin：Springer，2020：69 – 86.

[341] LIU Z, WANG Y, HAN K, et al. Post-training quantization for vision transformer[C]//Proceedings of the 2021 35th conference on neural information processing systems. Cambridge, MA：MIT Press, 2021：1 – 11.

[342] DONG Z, YAO Z, GHOLAMI A, et al. HAWQ：hessian aware quantization of neural networks with mixed-precision[C]//Proceedings of the 2019 international conference on computer vision. Piscataway：IEEE，2019：293 – 302.

[343] LI B, HUANG K, CHEN S, et al. DFQF：data free quantization-aware fine-tuning[C]//Proceedings of the 2019 Asian conference on machine learning. New York：PMLR, 2019：289 – 304.

[344] SHEN M, LIANG F, GONG R, et al. Once quantization-aware training：high performance extremely low-bit architecture search

[C]//Proceedings of the 2021 international conference on computer vision. Piscataway: IEEE, 2021: 5340 - 5349.

[345] HUBARA I, NAHSHAN Y, HANANI Y, et al. Accurate post training quantization with small calibration sets[C]//Proceedings of the 2021 international conference on machine learning. New York: ACM, 2021: 4466 - 4475.

[346] ZHOU Y, HU X, WANG L, et al. QuantBayes: weight optimization for memristive neural networks via quantization-aware bayesian inference[J]. IEEE transactions on circuits and systems, I: regular papers, 2021, 68 (12): 4851 - 4861.

[347] WANG P, HU Q, ZHANG Y, et al. Two-step quantization for low-bit neural networks[C]//Proceedings of the 2018 conference on computer vision and pattern recognition. Piscataway: IEEE, 2018: 4376 - 4384.

[348] LI Y, DONG X, WANG W. Additive powers-of-two quantization: an efficient non-uniform discretization for neural networks[C]//Proceedings of the 2018 international conference on learning representations. Washington, DC: ICLR, 2020: 1 - 15.

[349] NASCIMENTO M G D, COSTAIN T W, PRISACARIU V A. Finding non-uniform quantization schemes using multi-task gaussian processes[C]//Proceedings of the 2020 European conference on computer vision. Berlin: Springer, 2020: 383 - 398.

[350] BASKIN C, LISS N, SCHWARTZ E, et al. UNIQ: uniform noise injection for non-uniform quantization of neural networks[J]. ACM transactions on computer systems, 2021, 37 (1/2/3/4): 1 - 15.

[351] CHOI J, WANG Z, VENKATARAMANI S, et al. Pact: parameterized clipping activation for quantized neural networks[J]. arXiv, 2018.

[352] GONG R, LIU X, JIANG S, et al. Differentiable soft quantization: bridging full-precision and low-bit neural networks[C]//Proceedings of the 2019 international conference on computer vision. Piscataway: IEEE, 2019: 4852 - 4861.

[353] BENGIO Y, LÉONARD N, COURVILLE A. Estimating or propagating gradients through stochastic neurons for conditional computation[J]. arXiv, 2013.

[354] KRIZHEVSKY A, HINTON G E. Learning multiple layers of features from tiny images[J]. Handbook of systemic autoimmune diseases, 2009, 1(4): 1-58.

[355] DENG J, DONG W, SOCHER R, et al. ImageNet: a large-scale hierarchical image database [C]//Proceedings of the 2009 conference on computer vision and pattern recognition. Piscataway: IEEE, 2009: 248-255.

[356] ZHOU S, WU Y, NI Z, et al. DoReFa-Net: training low bitwidth convolutional neural networks with low bitwidth gradients [J]. arXiv, 2016.

[357] CAI Z, HE X, SUN J, et al. Deep learning with low precision by half-wave gaussian quantization[C]//Proceedings of the 2017 conference on computer vision and pattern recognition. Piscataway: IEEE, 2017: 5918-5926.

[358] CHOI J, VENKATARAMANI S, SRINIVASAN V, et al. Accurate and efficient 2-bit quantized neural networks [C]// Proceedings of the 2019 2nd conference on machine learning and systems. New York: ACM, 2019: 348-359.

[359] LEE J H, YUN J, HWANG S J, et al. Cluster-promoting quantization with bit-drop for minimizing network quantization loss[C]//Proceedings of the 2021 international conference on computer vision. Piscataway: IEEE, 2021: 5370-5379.

[360] ZHANG D, YANG J, YE D, et al. LQ-Nets: learned quantization for highly accurate and compact deep neural networks[C]//Proceedings of the 2018 European conference on computer vision. Cham: Springer, 2018: 365-382.

[361] LIN X, ZHAO C, PAN W. Towards accurate binary convolutional neural network[C]//Proceedings of the 2017 31st international conference on neural information processing systems. Cambridge, MA: MIT Press, 2017: 344-352.